de Gruyter Lehrbuch
Falke, Geologische Karte

Inhaltsverzeichnis

Vorwort   V

I. Einleitung 1

II. Die topographische Unterlage 2
    1. Die Karte 2
       1.1. Der Maßstab 2
       1.2. Der Inhalt der Karte 4
       1.3. Die verschiedenen Kartentypen 7
    2. Die topographische Karte 1 : 25 000 = TK 25 = 4 cm Karte = Meßtischblatt   11
       2.1. Art und Bedeutung ihrer Randausstattung 11
       2.2. Ortsbestimmungen mit Hilfe der Gauss-Krügerschen Koordinaten 13
       2.3. Ermittlungen von Richtungen, Entfernungen und Flächen in der Karte   16
       2.4. Die Darstellung der 3. Dimension 20
       2.5. Der Böschungsmaßstab 22
       2.6. Das morphologische Profil 25

III. Die geologische Karte 31
    1. Allgemeiner Überblick über die Entwicklung der geologischen Karten 31
    2. Die verschiedenen geologischen Karten 33
    3. Die Darstellung der Geologie eines Gebietes in einer topographischen Karte   40
    4. Die geologische Karte 1 : 25 000 (GK 25) und ihre Ausdeutung 45
       4.1. Die Randausstattung der Karte 46
       4.2. Die kolorierte Kartenfläche und ihre Ausdeutung 50
           4.2.1. Zusammensetzung und Alter der Schichten 50
           4.2.2. Die Lagerungsverhältnisse der Gesteine 56
                a) Die Zeichen für Streichen und Einfallen in der geologischen Karte 1 : 25 000 56
                b) Die Ausstrichgrenze und das Einfallen und Streichen einer Schicht 57
                c) Die Ausstrichbreite und Mächtigkeit einer Schicht 67
                d) Die Faltenstrukturen 71
                e) Beule und Flexur 76
                f) Diskordanzen und Schichtlücken 77
                g) Störungen 79
                    Aufschiebungen 81
                    Überschiebungen 83
                    Decken 85
                    Horizontalverschiebungen 86
                    Abschiebungen 87
           4.2.3. Das geologische Profil 104
           4.2.4. Sonderfälle 114
           4.2.5. Herstellung von Spezialkarten 121
           4.2.6. Beschreibung einiger geologischer Blattausschnitte 124

IV. Das Luftbild 130
    1. Die Luftbildauswertung 130

V. Die Erstellung einer geologischen Karte ... 137

1. Die Feldausrüstung ... 138
   1.1. Die topographische Karte ... 138
   1.2. Hammer ... 139
   1.3. Kompaß ... 141
   1.4. Weitere Ausrüstungsgegenstände ... 146
2. Die Ausdeutung der topographischen Unterlage ... 149
3. Selbstanfertigung von Kartenskizzen und Routenaufnahmen ... 156
   3.1. Die vereinfachte Meßtischaufnahme ... 156
   3.2. Die Routenaufnahme ... 159
4. Die Durchführung der Kartierung ... 162
   4.1. Allgemeine Orientierung ... 162
   4.2. Das Messen von Einfallen und Streichen ... 164
   4.3. Die Aufnahme der Aufschlüsse ... 167
   4.4. Die Geländebegehung ... 180

VI. Das Blockbild ... 198

1. Die Parallelprojektion ... 198
2. Die Parallelperspektive ... 203

Sachverzeichnis ... 206

I. Einleitung

Die geologische Karte benutzt als Unterlage die zuvor erfolgte topographische Darstellung eines Gebietes in Form einer Karte, die schon häufig einige wichtige Hinweise über seinen geologischen Aufbau enthält. Dies trifft ebenfalls auf das Luftbild zu, das zuweilen anstelle einer Karte verwendet werden muß. Deshalb muß der Geologe in der Lage sein, eine topographische Karte bzw. Luftbilder zu lesen. Manchmal ist er sogar verpflichtet, selbst eine Kartenskizze anzufertigen. Auf diesen Unterlagen trägt er im Verlauf von Feldbegehungen seine geologischen Beobachtungen ein. Das Ergebnis dieser Arbeiten ist die geologische Karte. Sie gibt unter Berücksichtigung der z. Z. der Aufnahme vorhandenen Aufschlüsse und der Meinung des Verfassers die augenblicklichen Kenntnisse über die Geologie dieses Gebietes wieder. Somit ist sie eine sehr wichtige Unterlage für weitere wissenschaftliche, aber auch auf die Praxis bezogene Arbeiten. Deshalb müssen nicht nur der Geologe, sondern auch der Mineraloge, Geograph, Bergmann und weitere Interessenten in der Lage sein, sie nach der jeweiligen Fragestellung auszuwerten. Hierfür stehen eine größere Anzahl von Methoden und Verfahren zur Verfügung, mit denen man sich zwecks Lesen der Karte beschäftigen muß.

Aus den oben kurz umrissenen Erläuterungen ergibt sich in entsprechender Reihenfolge von selbst die Gliederung des Stoffes, welcher in diesem Buch behandelt werden soll.

II. Die topographische Unterlage

Sie kann in verschiedener Darstellung vorliegen z. B. als Karte, Luft- und Blockbild. Von ihnen sind für die Geologie außer dem Luftbild besonders die topographische Karte 1 : 25 000, abgekürzt TK 25, auch Meßtischblatt genannt, wie seine Vergrößerungen wichtig.

1. Die Karte

Die Karte ist das verkleinerte Abbild der Erdoberfläche oder eines Ausschnittes von ihr, projiziert auf eine horizontale Ebene. Ihr Inhalt richtet sich nach ihrem Verwendungszweck. Die topographische Karte, die in den folgenden Ausführungen im Vordergrund der Betrachtung steht, gibt die Geländeformen, das Gewässernetz, den Bewuchs und die in diesem Abschnitt vom Menschen geschaffenen Anlagen und Einrichtungen wieder. Hierbei kann die 3. Dimension durch mehrfarbige Höhenschichten, Zahlen, Schraffen bzw. Schummerung und/oder Höhenlinien kenntlich gemacht sein.

1.1. Der Maßstab

Die lineare Verkleinerung der Karte gegenüber dem dargestellten Teil der Erdoberfläche ist ihr Maßstab. Er ist das Verhältnis einer Strecke (M) auf der Karte zur wahren horizontalen Länge (N) dieser Strecke in der Natur, also M : N bzw. $\frac{M}{N}$. Setzt man M gleich einen Zentimeter und N, auch als den Modul oder die Kennziffer des Maßstabes bezeichnet, gleich m, so lautet er in allgemeiner Fassung 1 : m bzw. $\frac{1}{m}$. Er wird in den Karten graphisch, als Verhältniszahl z. B. 1 : 25 000, als Quotient $\frac{1}{25\,000}$ und zuweilen auch durch die Anzahl der Zentimeter, die einem Kilometer in der Karte entsprechen z. B. 4 cm = 4 Zentimeter Karte, angegeben. Nach der oben gegebenen Definition bedeutet also 1 : 25 000, daß 1 cm auf der Karte 25 000 cm = 250 m = 0,25 km in der Natur entsprechen.

Jede Entfernung auf der Karte mit dem Maßstabsmodul multipliziert, ergibt ihren wirklichen Wert in der Natur, d. h. 4 cm auf der Karte 1 : 25 000 sind 4 · 25 000 cm = 1000 m = 1 km. Solche Umrechnungen kann man sich durch die Zuhilfenahme eines Reduktionsmaßstabes ersparen, der fast stets an dem unteren Kartenrand angegeben ist (Abb. 1,1). In ihn paßt man die mit einem Papierstreifen oder Stechzirkel aus der Karte entnommene Strecke so ein, daß die dem jeweiligen Maßstab entsprechenden vollen hundert Meter bzw. die Kilometer rechts von 0, jene ihrer Unterteilung links von 0 abgelesen werden können. Zur genauen

1.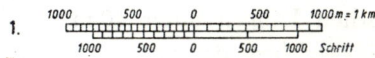

Abb. 1. Der Redustionsmaßstab (1). Der Transversalmaßstab (2) (Erläuterung s. Text).

2.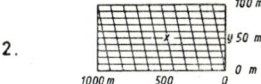

Bestimmung von Entfernungen bedient man sich auch des der Karte entsprechend angelegten Transversalmaßstabes (Abb. 1, 2), der manchmal ebenfalls auf dem Kartenrand vorhanden ist. Hierzu fügt man die aus der Karte entnommene Strecke in diesen Maßstab parallel zu seinen waagerechten Linien, welche eine Unterteilung in Zehner von Metern aufweisen, und hinsichtlich der Transversallinien, die in jeweils 100 m unterteilt sind, so ein, daß sie mit einem aus beiden Größen gebildeten Abschnitt zur Deckung kommt. So ist im vorliegenden Fall x–y in Abb. 1,2 = 450 m.
Wenn man die Länge einer Strecke im Gelände auf einer gegebenen Karte in Zentimetern erfassen will, so dividiert man durch den Maßstabsmodul dieser Karte. Infolgedessen ist 1 km auf einer Karte 1 : 25 000 gleich
$$\frac{100\,000 \text{ cm}}{25\,000 \text{ cm}} = 4 \text{ cm}.$$
Geht man für eine bestimmte Strecke von einem gegebenen in einen anderen Maßstab über, so geschieht die Umrechnung nach der Formel $x = \frac{a \cdot m}{m_1}$. Hierbei ist a die Strecke in der Ausgangskarte mit dem Maßstabsmodul m und m_1 jener in der Karte, auf der die Strecke übertragen werden soll. So sind 4 cm, gemessen in der Karte 1 : 25 000, in jener 1 : 50 000 x
$= \frac{4 \cdot 25\,000 \text{ cm}}{50\,000 \text{ cm}} = 2$ cm. Aus diesem Ergebnis folgt, daß man die Länge, die man im Maßstab 1 : 25 000 mit 4 cm dargestellt hat, nunmehr bei einem Verhältnis 1 : 50 000 um 2 cm verkleinert zur Darstellung brin-

gen muß. Damit wird die Aussage getroffen, daß je größer m, um so stärker die Verkleinerung der Karte ist, also Karten mit einem großen Modul einen kleinen Maßstab besitzen.

Er muß, einmal für einen ausgewählten Abschnitt der Erdoberfläche festgesetzt, in der gegebenen Kartengröße und Kartenreihe überall der gleiche sein. Er wird jedoch bei der Darstellung der Breite von Flüssen, Straßen und anderen wichtigen Objekten meist etwas vergrößert, um sie im Kartenbild deutlicher hervortreten zu lassen. So beträgt die kleinste Dimension, die in der Karte 1 : 25 000 noch wahrnehmbar ist, $^1/_4$ mm = 0,025 cm · · 25 000 cm = 625 cm = 6,25 m. Deshalb müssen bei diesem Maßstab z. T. schon Längen unter 10 m zu ihrer Kenntlichmachung meist maßstäblich übertrieben dargestellt werden. Hierauf kann man also verzichten, je größer der Maßstab ist. So kann man bei Riß- und Katasterkarten (bis 1 : 5000) die meisten Einzelheiten gut sicht- und lesbar zur Darstellung bringen. Aus seinem Verkleinerungsverhältnis ergibt sich eine entsprechende Flächenreduktion, wobei der Flächeninhalt einer Karte zu jenem in der Natur wie Fl = m^2 (als Modul des Maßstabes) · A (= gewählte Abmessung der Fläche in qcm in der Karte) ist. Zum Beispiel entspricht eine Abmessung von 4 qcm bei 1 : 25 000 einem Flächeninhalt in der Natur von 25 000 · · 25 000 · 4 = 25 · 10^4 qm = 250 000 qm = 0,25 qm (km²). Bei einem Maßstab 1 : 50 000 steht also nur noch $^1/_4$ der Fläche von 1 : 25 000 zur Verfügung. Infolgedessen muß bei kleinen Maßstäben auf eine Grundrißtreue zugunsten einer grundrißähnlichen Darstellung der Topographie manchmal verzichtet werden. Jedoch sollte stets der Grundsatz erfüllt sein, daß die im Gelände vorhandenen Flächenproportionen auch in der Karte gewahrt bleiben. Desweiteren zwingt die Flächenschrumpfung dazu, den darzustellenden Stoff zu sichten, gliedern, zusammenzufassen, damit einzuschränken oder auch ihn teilweise in der Darstellung zu übertreiben. Somit ist der Wiedergabe von Einzelheiten durch den gewählten Maßstab eine Grenze gesetzt. Je kleiner er ist, um so mehr vermag er, Länder und Kontinente zu umfassen, aber nur noch von ihnen eine Übersicht zu geben. Seine Wahl muß sich also nach Art, Form, Größe wie Bedeutung des Darzustellenden richten.

1.2. Der Inhalt der Karte

Er hängt von dem Verwendungszweck, aber auch von dem Maßstab der Karte ab. Dementsprechend sind Zahl und Form der in ihr benutzten

Die Karte

Zeichen unterschiedlich. Ihre Bedeutung ist aus der jeweils auf dem Kartenrand vorhandenen Legende zu entnehmen. (s. S. 7).
Kartenmaßstab und Relief bestimmen auch die Verwendung von Zeichen zur Darstellung der Morphologie d. h. der dritten Dimension. Hierfür kann man, wie früher meist geschehen, die plastische Darstellungsweise mit Schraffen benutzen. Außer den Schattenschraffen und der Schummerung, die den räumlichen Eindruck der Geländeform durch Schattenwiedergabe

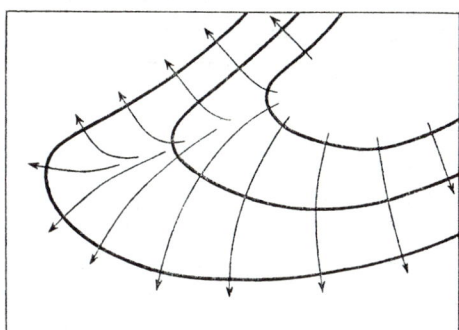 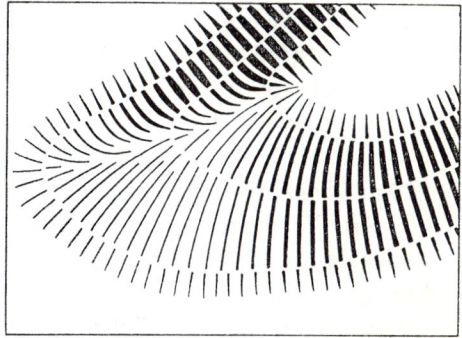

Abb. 2. Böschungsschraffen (entnommen aus E. Imhoff, „Kartographische Geländedarstellung" 1965 (Erläuterung s. Text.).

bei jeweils verschiedener Beleuchtung und Beleuchtungsrichtung verstärken soll, ist die Gelände- oder Böschungsschraffe zu nennen. Durch Festlegung ihrer Länge, Dicke und Dichte in Abhängigkeit vom Böschungswinkel und mit der Aufstellung von dementsprechenden Schraffenreihen erhält sie eine gewisse mathematische Grundlage. Hierbei gilt die Regel, daß ihre Länge, nicht parallel dem Hang, sondern senkrecht zu ihm bzw. zu den Höhenlinien (s. S. 6) eingezeichnet, von dem Höhenabstand der Höhenkurven abhängig ist, d. h. je flacher das Gelände, desto länger sind die Schraffen. Ihr seitlicher Abstand beträgt häufig $1/4$ ihrer Länge, so daß je kürzer, enger und dicker sie sind, d. h. je dunkler also eine Fläche erscheint, desto steiler ist die betreffende Böschung (Abb. 2). Mithin kann eine Schraffurskala als eine Art Böschungsmaßstab angesehen werden. Trotzdem ist sie für eine Karte, die für eine geologische Kartierung benutzt werden soll, ungeeignet, schon allein aus dem Grunde, weil sie die Eintragung von geologischen Befunden, besonders in Farbe, erschwert, z. T. unmöglich macht und den Entwurf von Profilen nicht gestattet bzw. sehr erschwert.
Dies trifft ebenfalls auf die Höhenschichtkarten zu, in denen Flächen, welche zwischen Höhenlinien gleichen Abstandes liegen, in einer bestimmten

Farbtönung angelegt sind. Somit werden die unterschiedlichen Höhen des Geländes durch Farbabstufungen gekennzeichnet. Durch diese Farbkontraste wird zugleich eine räumliche Wirkung erzielt. Diese Methode verbindet also die plastische Beschreibung der Geländeformen mit ihrer geometrischen Darstellung in Form von Höhenlinien.

Mit Hilfe dieser Höhenkurven wird die räumliche Wiedergabe des Geländes optimal verwirklicht, denn sie folgen in allen Einzelheiten den Umrissen seines Formenschatzes. Sie finden vor allem in Karten größeren Maßstabes Verwendung. Sie werden ausführlicher im Kapitel 2.4. behandelt, da sie im Maßstab der Karte 1 : 25 000 als Unterlage für die maßgebende geologische Karte von großer Wichtigkeit sind. Hier sei nur erwähnt, daß ihre Eintragung in die topographische Unterlage dort meist entfällt, wo der Maßstab dieser Karte das Verhältnis 1 : 500 000 und die ihm angepaßte, in graphischer Darstellung kleinstmögliche Höhendifferenz den Wert von 200 m überschreitet. Die Verwendung von Höhenlinien stößt schon dort auf Schwierigkeiten und läßt nur noch eine beschränkte Aussage zu, wo Maßstäbe zwischen 1 : 100 000 bis 1 : 500 000 und gleichzeitig ein stärker gegliedertes Relief bei relativ geringer Gesamthöhe vorliegen. In diesen Fällen werden häufig die Höhenunterschiede durch Zahlen, z. T. auch durch Schraffen und Schummerung mit und ohne Höhenlinien kenntlich gemacht.

Die Höhendarstellung wird also nicht nur durch stärkere Reliefunterschiede, sondern auch durch die Einengung des Karteninhaltes bei fortschreitender Verkleinerung der Maßstabsverhältnisse stark beeinflußt. Je kleiner also der Maßstab, um so größer muß auch der Höhenunterschied der Höhenlinien gewählt werden, um noch mit ihrer Hilfe einigermaßen deutlich das Relief wiedergeben zu können. Dies bedeutet, daß man auf die Darstellung von Kleinformen in der Morphologie zunehmend verzichten muß, bis sie bei einem sehr kleinen Maßstab nur noch eine Übersicht über die Großformen zu vermitteln vermag. Die Verwendung der Höhenlinien mit einem geringeren oder größeren Höhenabstand hängt mithin vom Maßstab der Karte, von der Geländeneigung und von dem Formenschatz in dem darzustellenden Gebiet ab. Auf jeden Fall sollte eine zu enge Linienführung der Höhenkurven zur Aufrechterhaltung einer Übersichtlichkeit der Karte vermieden werden.

Andere Signaturen in der Legende dienen zur Kennzeichnung weiterer, natürlicher wie künstlicher Oberflächenformen und der vom Menschen ausgeführten Anlagen wie z. B. Siedlungen, Verkehrswege usw. (Abb. 3). Welchem Zeichen hierbei einmal weniger, einmal mehr der Vorzug gegeben wird, richtet sich vor allem nach dem Verwendungszweck d. h. der Art der Karte.

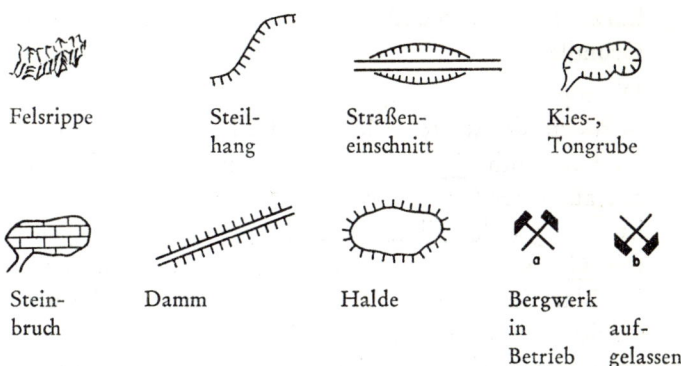

Abb. 3. Einige der in einer topographischen Karte verwendeten Signaturen.

1.3. Die verschiedenen Kartentypen

Sie können nach ihrem Maßstab und Inhalt bezeichnet werden, der meist bevorzugt herausgestellt wird. Abgesehen von den Riß- und Katasterkarten gibt es topographische und thematische wie Siedlungs-, Wirtschafts-Karten, um nur einige zu nennen. Ihre Verwendungsmöglichkeiten hängen von ihrer Genauigkeit und diese vom Maßstab ab. Nach ihm lassen sich die topographischen Karten einteilen in Detailkarten von 1 : 5000 bis 1 : 100 000 einschließlich wie in Übersichtskarten kleiner als 1 : 100 000. Ein Optimum an Darstellung erreichen sie zwischen 1 : 5000 und 1 : 100 000, die z. T. als Grund- und Originalkarten bezeichnet werden und zu denen auch jene gehören, die durch photogrammetrische Auswertung entstanden sind. Die z. Z. deutschen, topographischen Karten sind folgende:
    1. Die deutsche Grundkarte.   1 : 5000
    (20 cm auf der Karte = 1 km in der Natur; 20 cm-Karte)
    Sie ist nach Gauss-Krügerschen Koordinaten geschnitten und eine Rahmenkarte mit Gitterlinien von 200 zu 200 m (= 4 x 4 cm). Sie entsteht aus der Katasterplankarte in Verbindung mit Luftbildaufnahmen durch Höhenmessungen und Einzeichnen der Höhenlinien von 5 m und 10 m, ergänzt durch Zwischenlinien. Als grundrißtreue Situationszeichnung bildet sie die Grundlage für Planungen zur Raumordnung usw. und ist eine wichtige

Arbeitsgrundlage für Geologen, Bodenkundler usw. Sie schließt die Lücke zwischen den großen, nicht zusammenhängenden Maßstäben der Katasterpläne und der topographischen Karte (abgekürzt TK) 1 : 25 000, für die sie wie für die Folgemaßstäbe Grundlage ist.

2. Die topographische Karte (TK 25).   1 : 25 000
(4 cm auf der Karte = 1 km in der Natur; 4 cm-Karte)
Sie wird auch „Meßtischblatt" genannt, da sie, jedoch nicht überall, aus einer Originalmeßtischaufnahme hervorgegangen ist. Sie ist eine Gradabteilungskarte in preußischer Polyederprojektion mit Gauss-Krügerschen Koordinaten, z. T. nur am Rand oder im Blatt in Form eines Kreuzes angerissen. Sie umschließt ein Gebiet von 6 Breiten- und 10 Längenminuten. Sie enthält je nach dem gegebenen Relief (s. S. 20) Höhenlinien mit verschiedenen Abständen.

3. Die topographische Karte (TK 50).   1 : 50 000
(2 cm auf der Karte = 1 km in der Natur; 2 cm = Karte)
Sie ist eine Gradabteilungskarte von 12 Breiten- und 20 Längenminuten und mit am Kartenrand angerissenen Gitternetzlinien in 4 cm Abstand. Sie umfaßt die Fläche von 4 Karten 1 : 25 000. Sie enthält Höhenlinien mit verschiedenen Höhenabstandssystemen.

4. Die topographische Karte (TK 100).   1 : 100 000
(1 cm auf der Karte = 1 km in der Natur; 1 cm-Karte)
Sie war eine Gradabteilungskarte von 15 Breiten- und 30 Längenminuten mit Meridian von Ferro als Nullmeridian. Sie verwendete für die Höhendarstellung neben Schraffen auch Höhenlinien. Seit 1945 wird sie als Gradabteilungskarte mit verändertem Schnitt von 24 Breiten- und 40 Längenminuten herausgegeben. Sie umfaßt damit einen Darstellungsraum von 4 Blättern 1 : 50 000 oder von 16 Blättern 1 : 25 000. Der Haupthöhenlinienabstand beträgt im Flachland 10 m, im Mittelgebirge 20 m, im Hochgebirge 40 m.

5. Topographische Übersichtkarte.   1 : 200 000
(5 mm auf der Karte = 1 km in der Natur; 5 mm-Karte)
Sie ist eine Gradabteilungskarte von 30 Breiten- ($^1/_2$ Grad) und 60 Längenminuten (1 Grad). Sie enthält 10 m Höhenkurven im Flach-, 20 m im Bergland. Sie besitzt den kleinsten Maßstab, der in dichtbesiedelten Kulturlandschaften noch weitgehend eine

Die Karte

vollständige, grundrißähnliche Darstellung erlaubt. Sie wird unter der Bezeichnung „Neue Topographische Übersichtskarte 1 : 200 000" für das Gebiet der Bundesrepublik unter Verwendung verschiedener Höhenabstandssysteme neu bearbeitet und zwar mit einem veränderten Schnitt von 48 Breiten- und 80 Längenminuten.

6. Deutsche Generalkarte.   1 : 200 000
   Ihr ist das internationale UTM-Gitter der Zone 32 mit einer Gitterweite von 10 km aufgedruckt. Die Blätter sind innerhalb der Bundesrepublik von Norden nach Süden geordnet.

7. Übersichtskarte von Mitteleuropa.   1 : 300 000
   (3 mm auf der Karte = 1 km in der Natur; 3 mm-Karte)
   Eine Gradabteilungskarte von 1 Grad Breite und 2 Grad Länge mit uneinheitlicher Projektion und Höhendarstellung. Gelände in einer Art Schummerung, z. T. durch Bergstriche, aber ohne Höhenlinien dargestellt.

8. Vogelskarte von Deutschland.   1 : 500 000
   (2 mm auf der Karte = 1 km in der Natur; 2 mm-Karte)
   Eine Gradabteilungskarte von 2 Grad Breite und 3 Grad Länge.

9. Übersichtskarte von Europa und Vorderasien.   1 : 800 000
   (1,25 mm auf der Karte = 1 km in der Natur; 1,25 mm-Karte)
   Eine Gradabteilungskarte von 4 Grad Breite und 4 Grad Länge.

10. Internationale Weltkarte der verschiedenen Länder.   1 : 1 000 000
    (1 mm auf der Karte = 1 km in der Natur; 1 mm-Karte)
    Eine Gradabteilungskarte von 4 Grad Breite und 5 Grad Länge, von Penck ins Leben gerufen und seit 1913 ein internationales Gemeinschaftswerk. Für Deutschland nach 1945 zwei Blätter neu hergestellt. Mehrfarbige Höhenschichtkarte.

11. Außerdem gibt es noch Kataster-, Plan-, Höhenflur-, Verwaltungs- und Verkehrs-Karten usw. der einzelnen Länder der Bundesrepublik wie Luftbilder und Luftbildpläne. Die letztgenannten Darstellungen eines Gebietes werden im Kap. IV ausführlicher behandelt.

Wie aus der obigen Aufstellung zu entnehmen ist, sind mit Ausnahme der deutschen Grundkarte als Gitternetzkarte und der unter Nr. 11 aufgeführten Blätter verschiedenen Typs alle genannten Karten Gradabteilungskarten, d. h. der Bereich ihrer jeweiligen Ränder fällt mit Linien des Gradnetzes zusammen, wobei ihnen zusätzlich ein Gauss-Krügersches Gitternetz aufgedruckt sein kann. Hierbei liegt den Karten, die unter Nr. 2 und Nr. 4 aufgeführt worden sind, als Abbildungsart die Polyeder-Projektion zugrunde. Bei ihr werden Segmente der Erdoberfläche z. B. von 1 Grad Länge und Breite einzeln auf eine Ebene projiziert. Die Kartenränder solcher Gradfelder bilden also Abschnitte von Meridianen und Parallelkreisen. Infolge der Konvergenz der Längenkreise zu den Polen stellt hierbei jedes Blatt bzw. Gradfeld als Projektion eines Ausschnittes aus der Erdkugel ein Trapez dar. Die gekrümmte Erdoberfläche wird also in Vielflächner (Polyeder) aufgelöst. Die Erdkrümmung innerhalb der einzelnen, kleinen Erdausschnitte ist bei ihrer großmaßstäblichen Wiedergabe so gering, daß sie für die Darstellung ohne Bedeutung ist. Infolge der Trapezform weisen die in einer Ebene aneinandergefügten Blätter eine Klaffung auf. Sie lassen sich also nicht zu beliebig großen Karten zusammenfassen.

Die weiterhin in der obigen Aufstellung angeführten Karten Nr. 5 und Nr. 9 sind nach dem Prinzip der mittabstandstreuen Schnittkegelprojektion von de l'Isle entworfen.

Die Darstellung der Übersichtkarte von Mitteleuropa 1 : 300 000 ist nach der Polyeder- und nördlich 50° Breite und östlich 10° 20′ östlich Greenwich nach der winkeltreuen Kegelprojektion ausgerichtet.

Desweiteren ist bemerkenswert, daß in allen deutschen Karten von größerem Maßstab bis 1 : 200 000 einschließlich die Geländeformen durch Höhenlinien von unterschiedlicher Aequidistanz (= Höhenabstand) wiedergegeben sind. Hiervon macht die veraltete Karte des Deutschen Reiches eine Ausnahme, da sie nur für das Hochgebirge Höhenkurven im Abstand von 50 m kennt, darüber hinaus Schraffen bzw. Schummerung wie alle Karten mit kleinerem Maßstab.

Außerdem sind auf den Blatträndern der meisten Karten die Anschlußblätter verzeichnet. Sie sind meist untereinander nach einem Zahlensystem mit oder ohne Buchstaben in einer bestimmten geographischen Richtung geordnet. So erfolgt die Numerierung der Karten 1 : 100 000 und 1 : 200 000 für Deutschland von links oben nach rechts unten (für die Blätter TK 25 siehe die Ausführungen in dem nächsten Kapitel über die topographische Karte 1 : 25 000). Dieses Zahlensystem steht vor der Namensbezeichnung des Blattes z. B. 1 : 50 000 Karte L 7916 Villingen. Darüber hinaus befinden sich am Kartenrand für das Lesen der Karte wichtige Angaben. Sie sollen im einzelnen bei der folgenden Besprechung der topographischen Karte 1 : 25 000 abgehandelt werden.

2. Die topographische Karte 1:25 000 = TK 25 = 4cm Karte = Meßtischblatt

Unter Berücksichtigung des Maßstabes und der durch ihn begünstigten Darstellung der Oberflächenformen mit Hilfe von Höhenlinien ist die topographische Karte 1 : 25 000 = TK 25 die geeignetste Unterlage für eine geologische Karte, da sie durch die Höhenlinien eine vielseitige Ausdeutung der in ihr eingetragenen geologischen Befunde zuläßt. Deshalb soll sie in den folgenden Ausführungen entsprechend der Thematik des Buches ausführlicher behandelt werden.

2.1. Art und Bedeutung ihrer Randausstattung

Die Karte wird nach einer, in ihrem Bereich gelegenen, größeren Siedlung benannt. Diese Bezeichnung ist in der Mitte oder auf der rechten Seite des oberen Randes angegeben. Ebenfalls zur Rechten, dann meist dem Ortsnamen vorangestellt, befindet sich eine vierstellige Zahl, die auf die räumliche Anordnung der einzelnen topographischen Blätter zueinander Bezug nimmt. Die ersten beiden Ziffern bedeuten ihre von Norden nach Süden gezählten vertikalen, die beiden folgenden die von Westen nach Osten erfaßten horizontalen Blattreihen. Mit dieser Kennziffer ist jedes Blatt im deutschen Raum festgelegt. Zuweilen befindet sich eine größere Übersicht über seine Lage zu den benachbarten Blättern auf seiner Rückseite oder in der Mitte des oberen bzw. unteren Blattrandes.

Auf seinem linken, manchmal auch auf seinem rechten, oberen Rand ist hinter der kartographischen Bezeichnung „Topographische Karte" oder „Meßtischblatt" ihr Maßstab als Verhältniszahl 1 : 25 000 und ausgedrückt in Zentimetern vermerkt und zwar 4 cm-Karte d. h. 4 cm auf der Karte = 1 km in der Natur. Diese Angaben können auch in der Mitte des unteren Randes stehen. Hier befindet sich nebst einer graphischen Darstellung des Längenmaßstabes (in Metern, Kilometern und Schritten), der zugleich als Reduktionsmaßstab verwendbar ist (s. S. 3), auch der Böschungsmaßstab (s. S. 22). Dieser Randabschnitt enthält ebenfalls einen Hinweis auf die amtliche Stelle, die das Blatt veröffentlicht hat, außerdem noch zur Linken eine Übersicht der im Blattraum vorhandenen Verwaltungsgrenzen. Daneben bzw. in der Mitte dieses Randes ist manchmal der Berichtigungsstand der Karte angegeben.

Zur Rechten des Längenmaßstabes am unteren oder, von ihm getrennt, am oberen Kartenrand ist die Nadelabweichung d. h. der Winkel zwischen Gitter- und Magnetisch-Nord (s. S. 17) aufgeführt. Hierbei wird auf ihre jährliche Änderung und auf das Datum hingewiesen, auf das sich diese Angabe bezieht. Auf der rechten Seite des unteren Kartenrandes sind eine Gradeinteilung und am oberen Rand auf der gleichen Seite ein „M" angegeben. Die Verbindungslinie zwischen der Marke „M" und der Stelle innerhalb der Gradeinteilung, welche dem in der Karte vermerkten Nadelabweichungswert entspricht, stellt die Richtung der Magnetnadel d. h. Magnetisch-Nord dar. Diese Angaben sind für die Ausrichtung der Karte wie für die Feststellung der Lagebestimmungen von Objekten in der Karte wichtig. (s. S. 17 ff.).

Innerhalb der Randbearbeitung ist die Zeichenerklärung oder Legende, die meistens an der rechten Randseite angegeben ist, besonders wichtig. Von oben nach unten sind nach den Signaturen für die politischen und Verwaltungsgrenzen die Kennzeichnung des Verkehrsnetzes unter Berücksichtigung von Art und Größe der Verkehrswege, die z. T. grün angelegten Waldflächen (unterschieden nach ihrer Zusammensetzung) und jene der besonders beschaffenen Flurflächen aufgeführt.

Von den sich anschließenden Zeichen seien nur solche genannt, die für den Geologen von besonderer Bedeutung sind. Unter ihnen sind die eingetragenen Nivellements-, Trigonometrischen und Höhen-Punkte wie die besonders hervorgehobenen natürlichen und künstlichen Wahrzeichen (Berggipfel, Kirchen usw.) für eine Geländeorientierung wichtig. Bergwerke, Gruben, Steinbrüche, Bruchfelder infolge Bergbaues oder einer unterirdischen Verwitterung, Gräben, Felsvorsprünge mit ihrer Schraffur und Geländeeinschnitte, vor allem entlang der Verkehrswege, können für eine geologische Kartierung gewisse Hinweise auf anstehendes Gestein geben (Abb. 3). Dies betrifft ebenfalls das Vorkommen von Kalköfen, Ziegeleien usw. Anmoorige und vernäßte Stellen deuten auf undurchlässigen Boden hin. Quellenaustritte können ein Hinweis auf Störungen und ihren Verlauf sein. Damm- und Haldenaufschüttungen verdecken den Untergrund. Als Bergwerkshalden können sie wertvolle Fundpunkte für in diesem Gebiet vorkommende Erze und Gesteine sein. Schließlich sind in der Legende noch die Gewässer in den alten Karten in schwarzer, in den neuen Karten in blauer bzw. brauner Farbe und die Höhenlinien ebenfalls in schwarzer, häufig aber in brauner Farbe vermerkt.

Zwischen der äußeren Kartenrandlinie, die durch einen dicken Strich kenntlich gemacht ist, und der inneren Randlinie, die in den Bereich der geographischen Koordinaten der eigentlichen Karte fällt, sind noch die An-

2. Die topographische Karte 1 : 25 000 = TK 25 = 4 cm Karte = Meßtischblatt

schlußblätter mit ihren Namen und Ordnungszahlen (Kennziffer) wie gewisse Richtungshinweise für die Verkehrslinien eingetragen.

Desweiteren stehen in diesem Kartenabschnitt an den Blattecken die jeweiligen geographischen Koordinaten, von denen die Meridiane = Längenkreise die geographische Nordrichtung d. h. die Richtung gegen den Nordpol angeben. Durch sie ist die geographische Lage des Blattes auf dem Erdellipsoid eindeutig bestimmt. Gleichzeitig geht aus ihnen hervor, daß eine TK 25 ein Gebiet von 6 Breiten- und 10 Längenminuten umfaßt. Außerdem sind in diesem Kartenrand auch die Gauss-Krügerschen Koordinaten vermerkt.

2.2. Ortsbestimmungen mit Hilfe der Gauss-Krügerschen Koordinaten

Abgesehen von den geographischen Koordinaten sind auch die sog. Gauss-Krügerschen Koordinaten für die Orts- und Richtungsbestimmungen wichtig. Als ein quadratisches Koordinatensystem, dessen senkrecht verlaufende Gitterlinien nach Karten-Nord ausgerichtet sind, sind sie in Karten der größeren Maßstäbe bis 1 : 200 000 vorhanden. Ihrer Konstruktion liegt eine querachsige Zylinderprojektion zugrunde. Hierbei werden einzelne Meridianstreifen des Erdellipsoides winkeltreu auf die Projektionsebene übertragen. Die in ihrer Mitte gelegenen Meridiane werden als jeweilige Berührungslinien des Erdellipsoides mit dem Zylinder längentreu abgebildet. Sie sind die x = Abszissenachse, auf der die y-Achse als Ordinate senkrecht steht. Um die Verzerrungen, die als Folge der parallelen Abbildung der konvergierenden Ordinaten beiderseits dieser Mittelmeridiane eintreten, auf ein Mindestmaß herabzusetzen, wird die Abbildung östlich wie westlich von ihnen auf jeweils 1,5° beschränkt. Es liegen also 3° breite Meridianstreifensysteme vor (Abb. 4). Der jeweilige Mittelmeridian wird auch als Hauptmeridian bezeichnet. In Deutschland stellen die Meridiane 6°, 9°, 12° usw. solche Hauptmeridiane in den entsprechenden Streifensystemen 2, 3, 4 usw. dar (Abb. 4). Von diesen Koordinaten aus werden im Abstand von jeweils 4 cm für die Maßstäbe 1 : 5000, 1 : 25 000, 1 : 50 000 und von jeweils 5 cm für die Maßstäbe 1 : 100 000 und 1 : 200 000 die Ordinaten und senkrecht dazu im gleichen Abstand die Abszissen des Gauss-Krügerschen Gitternetzes entworfen. Dieses Netz von Gitterlinien, bei einem Maßstab 1 : 25 000 im Km-Abstand, ist den Karten aufgedruckt. Da die Gitternetzlinien jedes Meridianstreifens, wie schon zuvor ausgeführt, für sich konstruiert sind, treffen die Gitter benachbarter Streifen an bestimmten Stellen in spitzem Winkel aufeinander. Ihr Ausgleich wird durch rechts-

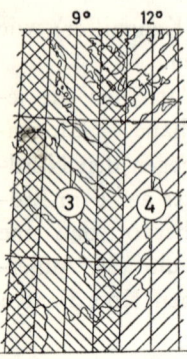

sinnige Sprungstellen von je 10 km erreicht. Sie liegen in den deutschen Karten bei Hochwert 57°° und 62°° (Abb. 5).

Abb. 4. Gauss-Krügersche Meridianstreifensysteme (Erläuterung s. Text).

Das Gitter der Gauss-Krügerschen Koordinaten kann vollständig der topographischen Karte 1 : 25 000 aufgedruckt, in ihr nur durch Kreuze oder am Blattrand angerissen sein. Am Nord- wie Südrand des Kartenblattes sind die senkrecht verlaufenden Linien des Netzes von West nach Ost in einem jeweiligen Abstand von 1 km mit einer laufenden Zahlenreihe z. B. von 06 bis 17 versehen. Im Bereich der Blattecken zwischen der äußeren und

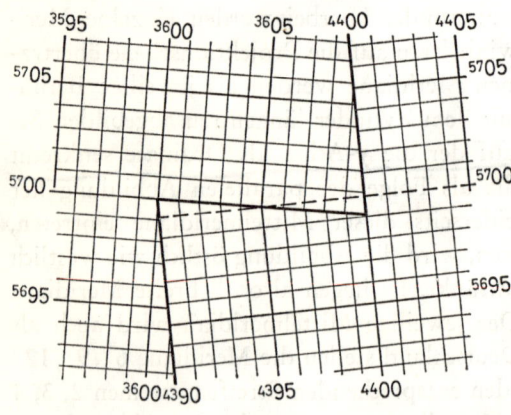

Abb. 5. Gitternetz mit Sprungstellen, entnommen aus Wilhelmy „Kartographie" 1966 (Erläuterung s. Text).

inneren Randlinie treten zwei weitere Zahlen hinzu z. B. 34, welche der Zahlenreihe 06 bis 17 zugeordnet sind. In diesem Fall würden also diese Gitterlinien mit einer Zahlenreihe z. B. ³⁴17 bezeichnet sein. Ihre erste Ziffer, auch Kennziffer genannt, besagt, daß man sich im dritten Meridianstreifen befindet. Multipliziert man diese Zahl mit 3 d. h. mit der Anzahl der Meridiane, welche zu einem Meridianstreifen gehören, so erhält man den Längengrad als Mittel- bzw. Hauptmeridian dieses Meridianstreifens, im gewählten Beispiel also den 9. Längengrad. Die zweite Ziffer bezieht sich auf die Lage

2. Die topographische Karte 1 : 25 000 = TK 25 = 4 cm Karte = Meßtischblatt

der Gitterlinie, ob westlich oder östlich von ihm. Um bei ihrer Angabe die Vorzeichen für östlich (+) und westlich (—) zu vermeiden, wird jeder Mittelmeridian mit der Zahl 500 km belegt, so daß eine Ziffer kleiner als 500 eine westliche, größer als 500 eine östliche Lage bedeutet. Die dritte und vierte wie die folgenden drei Zahlen, also im vorliegenden Fall 17 000 müssen von der zuvor erwähnten Grundzahl 500 km je nach Lage der Gitterlinie zum Mittelmeridian abgezogen oder hinzugezählt werden. Im gewählten Beispiel muß also 17 000 m von 500 km subtrahiert werden. Diese Subtraktion ergibt, daß die Gitterlinie 83 km westlich des Mittelmeridian liegt. Die oben genannte Zahl $^{3}417\,000$ = Rechtswert = y genannt und R bzw. r geschrieben, würde also aussagen, daß alle Punkte auf dieser Gitterlinie der topographischen Karte 1 : 25 000 83 km westlich 9° östlicher Länge liegen. Die waagerechten Linien des Gitternetzes sind am West- und Ostrand der Karte in gleicher Weise mit Zahlen versehen. Sie geben den Abstand in km bzw. m vom Äquator an d. h. den sogenannten Hochwert = x, H bzw. h geschrieben. Z.B. $^{55}86\,000$ heißt, daß alle Punkte auf dieser Gitterlinie 5586 km vom Äquator entfernt liegen. Somit ist der jeweilige Kreuzungspunkt der Gitterlinien in einem Gitternetz durch einen Rechtswert, der zuerst geschrieben wird, und durch einen Hochwert, im vorliegenden Fall R bzw. r $^{3}417\,000$, H bzw. h $^{55}86\,000$ genau in seiner Lage auf der Karte bestimmt.

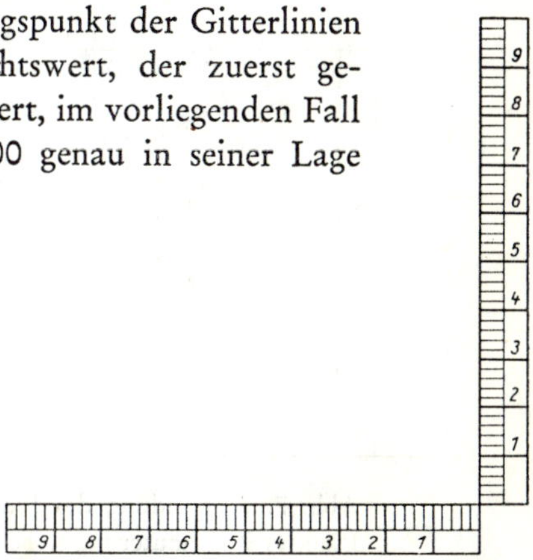

Abb. 6. Planzeiger (Erläuterung s. Text).

Um in dem zwischenliegenden Gitterfeld genaue Ortsbestimmungen durchführen zu können, bedient man sich des Planzeigers (Abb. 6). Er ist auf den neueren Meßtischblättern stets mit einer Gebrauchsanweisung vorhanden. Er besteht aus zwei, senkrecht aufeinanderstehenden Schenkeln, auf denen eine im Maßstab der Karte ins einzelne gehende Rechts- und Hochwertteilung in Metern vorgenommen worden ist. Zur Festlegung des Punktes wird die waagerechte Teilung so an eine waagerechte Gitterlinie des Netzes gelegt, daß die senkrechte Teilung den zu bestimmenden Kartenpunkt berührt (P in Abb. 7).

An der waagerechten Teilung wird nunmehr, ausgehend von der nächsten senkrechten, links gelegenen Gitterlinie, der Rechtswert y (r bzw. R geschrieben) und an der senkrechten Teilung des Planzeigers der Hochwert x (h bzw. H geschrieben) abgelesen. Bei einer Ortsangabe wird stets zuerst der Rechts- und dann der Hochwert genannt. Beide Angaben erfolgen in Metern. Die Werte r = ^{34}66 350, h = ^{54}94 820 in Abb. 7 bedeuten also, daß der betreffende Punkt im 3. Meridianstreifen 33 650 m westlich des 9. Längengrades und 54 94820 m nördlich des Äquators liegt. Er läßt sich auf der Karte 1 : 25 000 mit einer Genauigkeit bis zu 5 m, bei 1 : 50 000 bis zu 10 m, bei 1 : 100 000 bis zu 20 m festlegen.

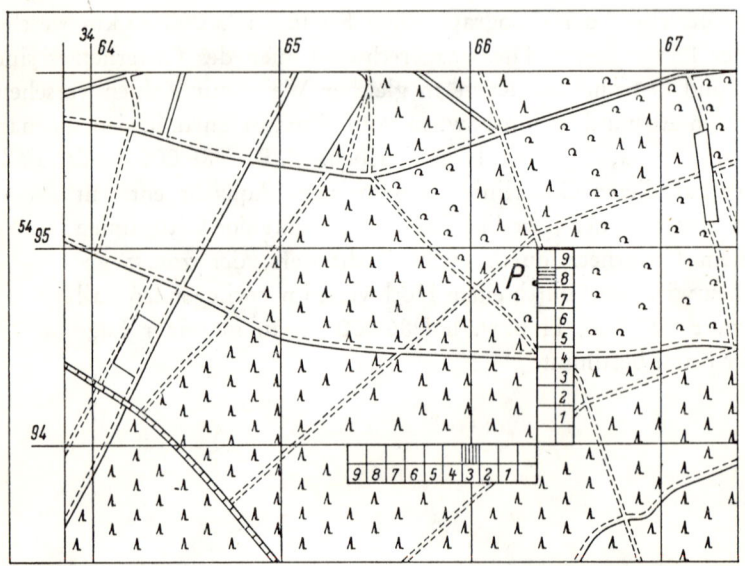

Abb. 7. Anwendung des Planzeigers zur Ortsbestimmung des Punktes P (Erläuterung s. Text).

2.3. Ermittlungen von Richtungen, Entfernungen und Flächen in der Karte

Die topographische Karte 1 : 25 000 mit ihren E-W ausgerichteteten Ortsnamen ist durch die geographischen Koordinaten an ihrem West- wie Ostrand, parallel zu den Meridianen, nach Geographisch-Nord, der Richtung gegen den Nordpol, eingestellt. Die Ordinaten des zuvor erwähnten Gauss-Krügerschen Gitternetzes weisen nach Karten = Gitter- bzw. Koordinaten-Nord. Infolge der Projektionsverzerrung der Karte (s. S. 13) weicht es

2. Die topographische Karte 1 : 25 000 = TK 25 = 4 cm Karte = Meßtischblatt

mehr oder weniger von Geographisch-Nord ab. Die Abweichung heißt Meridiankonvergenz, dargestellt in Abb. 8 durch den Winkel α. Außerdem gibt es noch Magnetisch-Nord als die Richtung, in welche die Nordspitze einer freischwingenden Magnetnadel zeigt. Der Winkel zwischen Magnetisch- und Geographisch-Nord (δ in Abb. 8) wird Deklination oder Mißweisung, jener zwischen Magnetisch- und Gitter-Nord (k in Abb. 8) als Nadelabweichung bezeichnet.

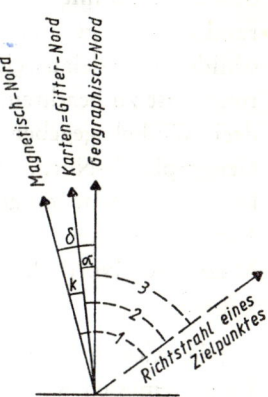

Abb. 8. Die drei verschiedenen Nordrichtungen mit den zugehörigen Winkeln (Erläuterung s. Text).

Angaben über die Mißweisung und/oder die Nadelabweichung findet man auf den amtlichen topographischen Karten. Sie beziehen sich auf die Blattmitte und das angegebene Jahr. Damit ist darauf hingewiesen, daß sie örtlich wie zeitlich Schwankungen unterliegen. Deshalb empfiehlt es sich zuweilen, sie bei Untersuchungen im Gelände unmittelbar festzustellen (s. S. 142). Außerdem sind sie mit der Bemerkung westlich (−) oder östlich (+) versehen. Sofern sich diese Angabe z. B. auf westlich d. h. negativ und auf die magnetische Deklination bezieht, bedeutet sie, daß Magnetisch-Nord im Bereich der Karte nach Westen von der geographischen Nordrichtung abweicht. Dieser Hinweis ist für das Einnorden der Karte bei einer Orientierung im Gelände usw. wichtig.
Wie schon früher ausgeführt (s. S. 12), ist auf der topographischen Karte 1 : 25 000 die Nadelabweichung angegeben. Mit ihrer Hilfe ist die Karte nach Gitter-Nord ausgerichtet, wenn man den Geologenkompaß mit seiner N-S Richtung an eine der Ordinaten des Gitternetzes legt und mit der Karte dreht, bis die Nordspitze seiner Magnetnadel auf die N-S Linie des Kompasses und dann anschließend auf den angegebenen Abweichungswert einspielt. Hierbei ist darauf zu achten, daß man bei einer westlichen Nadelabweichung, nach Einstellung der Nordspitze der Magnetnadel auf die N-S Linie des Kompasses, die Karte um den Abweichungswert nach Osten dreht. Die Einstellung der Karte nach Gitter-Nord erhält man ebenfalls, wenn man den Kompaß mit seiner N-S Linie an die auf S. 12 erwähnte

Verbindungslinie zwischen der Marke M am oberen Kartenrand und dem Abweichungswert in der Gradabteilung am unteren Kartenrand so anlegt, daß die Nordspitze der Magnetnadel auf die N-S Linie einspielt. Die Ausrichtung der Karte nach Geographisch-Nord geschieht dadurch, daß man den Kompaß mit seiner N-S Richtung an die östliche oder westliche Blattrandseite anlegt und die Deklination in gleicher Weise wie die oben geschilderte Nadelabweichung berücksichtigt. Bei der Feststellung von Richtungen ist zu beachten, daß sie entsprechend den drei Nordrichtungen durch drei Winkel gegeben sein können (Abb. 8). 3. durch den Winkel für Geographisch-Nord, auch geographisches Azimut (as summit aus dem arabischen = Waage) genannt, 2. durch den Winkel für Karten-Nord als Richtungswinkel oder ebenes Azimut bezeichnet, 1. durch den Winkel für Magnetisch-Nord d. h. durch das Magnetische Azimut bzw. den Nadelwinkel.

Die Richtung einer in der Karte gegebenen Strecke AB kann, wie folgt, gemessen werden. 1. Mit der Winkelmeßscheibe, versehen mit Himmelsrichtungen, oder mit dem Transporteur. Ihr bzw. sein Zentrum legt man auf die zuvor in der Karte markierte Richtungslinie A nach B so, daß ihre E-W Achse bzw. seine Basis parallel zur E-W Richtung der Karte, z. B. den horizontalen Ortsnamen liegt. Auf dem jeweiligen Teilungskreis liest man den Winkel ab. 2. Mit einem gewöhnlichen Taschenkompaß. Auf die Verbindungslinie zwischen A und B legt man die Kompaßkreisscheibe so auf, daß ihr Zentrum auf dieser Linie liegt und ihre E-W Achse mit der E-W Richtung der Karte (s. zuvor) zusammenfällt. Wo die ausgezogene Richtungslinie die Kreisscheibe trifft, liest man den Winkel ab, was nicht immer mit derselben Genauigkeit wie beim Transporteur geschehen kann. Dies trifft bei gleichem Anwendungsverfahren auch auf den Geologenkompaß zu. 3. Mit einer Patent-Bussole (IMHOFF 1968) in der Ausführung mit drehbarer Kompaßscheibe, Richtungspfeil (a) und Ablesemarke (b in Abb. 9). Man legt die Ziel = Längskante des Kompasses mit Richtungspfeil nach B an die in der Karte ausgezogene Linie AB an, dreht die Kompaßscheibe so, daß ihre W-E Achse parallel zu den Ortsnamen oder den waagerechten Linien des Gauss-Krügerschen Gitternetzes liegt und liest die Richtung an der Ablesemarke (b) ab (Abb. 9).

Im Fall 2 und 3 bleibt also die Magnetnadel unbeachtet. Dies trifft ebenfalls dort zu, wo man eine bekannte Richtung von A nach B in die Karte übertragen will. Diese Aufgabe kann ebenfalls mit Hilfe der Winkelmeßscheibe, des Winkelmessers oder des Taschenkompasses durchgeführt wer-

2. Die topographische Karte 1 : 25 000 = TK 25 = 4 cm Karte = Meßtischblatt

den, indem man nach der gleichen, schon zuvor beschriebenen Orientierung ihres bzw. seines jeweiligen Zentrums in Punkt A die angegebene Richtung auf die Karte abträgt und somit diesen Punkt mit B verbindet. Bei Verwendung der Patent-Bussole legt man nach Einstellung der Ablesemarke auf den gegebenen Richtungswert den Kompaß in der zuvor schon erwähnten E-W Ausrichtung mit seiner Zulegekante an Punkt A an und zieht entlang dieser Zielkante die Richtungslinie nach B.

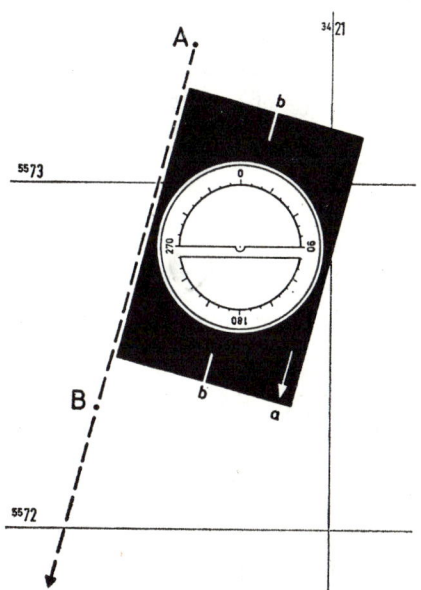

Abb. 9. Feststellung des Richtungswinkels in der Karte von A nach B (nach Imhof 1968) (Erläuterung s. Text).

Den Horizontalwinkel zwischen zwei Richtungen von A nach B und C kann man ermitteln, wenn man die jeweiligen Azimute oder Richtungswinkel feststellt und den jeweils größeren vom kleineren abzieht.
Für die Ermittlung von Entfernungen, in der Luftlinie gemessen, werden gerade Strecken mit dem Zirkel oder einem Millimeterpapierstreifen abgegriffen und in den am Kartenrand gegebenen Maßstab eingepaßt. Man kann auch eine gerade Strecke in der Karte mit einem gewöhnlichen Maßstab feststellen und erhält ihre wirkliche horizontale Entfernung durch Multiplikation mit dem Modul des Kartenmaßstabes. Liegen gebogene oder gekrümmte Strecken vor, so muß diese Messung abschnittsweise geschehen. Hierfür kann man auch einen Kurvimeter benutzen, eine Vorrichtung, die es erlaubt, mit Hilfe von Radumdrehungen die Horizontal-Abstände auf der Karte zu messen. Bei der Feststellung der wahren Entfernung muß jeweils der Höhenwinkel, d. h. der Winkel zwischen einer

geneigten und waagerechten Geraden z. B. der Böschungswinkel, das Gefälle usw. berücksichtigt werden (s. S. 22 ff.).

Flächenmessungen führt man mit einem Planimeter durch. Genauere Anweisungen über seine Handhabung finden sich in den, solchen Geräten beigegebenen Prospekten. Die Größen von Flächen lassen sich in einer Karte auch dadurch ermitteln, daß man ein auf durchsichtigem Papier aufgedrucktes Millimeterquadratgitter auf die zu messende Fläche legt. Dann zählt man alle Quadrate aus, die innerhalb der Flächenumrandung liegen (= A) und jene (= B), welche von der Umrandungslinie geschnitten werden. Die gesamte Fläche beträgt etwa $A + \frac{B}{2}$.

2.4. Die Darstellung der 3. Dimension

Am wichtigsten für die Ausdeutung einer topographischen Karte 1 : 25 000 und der auf ihr aufbauenden, geologischen Karte (GK 25) ist die Wiedergabe von Geländeformen durch Höhenlinien. Sie werden mit Hilfe eines vermessenen Punktfeldes konstruiert, das bei der topographischen Aufnahme des Geländes anfällt. Sie verbinden hierbei Punkte gleicher Höhe des Geländes (isos [griechisch] = gleich, hypsos [griechisch] = Höhe, also Isohypsen = Höhenlinien) über einer für Deutschland einheitlich gewählten Bezugsfläche = Normalnull = NN (Meeresniveau). Sie entspricht dem Nullpunkt des Amsterdamer Pegels (AP) und lag früher 37 m unter dem Normalhöhepunkt, vermerkt an der Berliner Sternwarte. In der Karte sind diese Isohypsen die horizontale Projektion der Schnittlinien von waagerechten, gleichabständigen = aequidistanten Flächen mit dem Gelände, die parallel zum Bezugs = Ausgangsniveau (NN) verlaufen. Der lotrechte Abstand zwischen ihnen ist die Schichthöhe oder, wenn sie für ein Höhenliniensystem konstant ist, die Aequidistanz (A).

Um eine klare Übersicht über die Höhenverhältnisse eines Gebietes zu gewinnen, werden sie in Zähllinien unterteilt. Hierzu gehören alle dick ausgeführten Höhenlinien wie z. B. die 100 m- und 50 m-Linie, ebenfalls die häufig etwas dünner eingetragenen 20 m- und 10 m-Linien (Abb. 10). Zugleich sind sie in gewissen Abständen mit Höhenzahlen versehen. Sie beziehen sich gleichfall auf NN, wobei jedoch bei Grenzkarten zum Ausland darauf zu achten ist, daß sie nicht immer den gleichen Ausgangspunkt einer NN Lage haben. Ohne diese Zahlen wäre es unmöglich, absolute Höhen

2. Die topographische Karte 1 : 25 000 = TK 25 = 4 cm Karte = Meßtischblatt

aus der Karte zu entnehmen. Dabei sind sie meist so in die Höhenlinien eingeschrieben, daß ihr Fuß talabwärts zeigt, so daß aus ihnen neben der Höhe auch die Gefällsrichtung entnommen werden kann. Höhenangaben bei Bergspitzen und weiteren markanten Punkten ergänzen diese Darstellung.

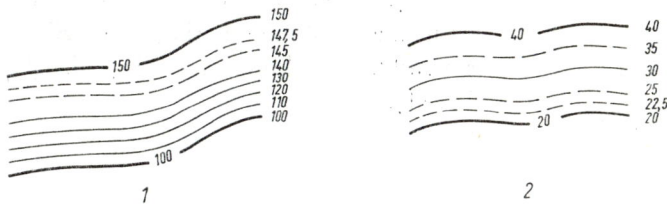

Abb. 10. Verschiedene Höhenlinien (Erläuterung s. Text).

Hinzu kommen die 5 m, lang gestrichelten und die $2^1/_2$ m u. 1,25 m, feingestrichelten, dünnen Zwischen- und Hilfslinien. Sie haben die Aufgabe, die Höhenunterschiede bei gleichzeitiger Beachtung der Kleinformen stärker herauszuarbeiten bzw. die Morphologie in einem flachen Gelände noch hervortreten zu lassen. Sie entfallen also bei einem stärkeren Relief. Es kann seinerseits Anlaß dazu geben, daß selbst Höhenkurven größerer Aequidistanz infolge der Steilheit des Geländes (Klippen usw.) und bei dem gegebenen Maßstab so dicht bei- oder sogar übereinander liegen, daß sie bei ihrer Projektion in die Ebene der Karte nur noch durch Felsschraffen ersetzt werden können. Sie sind gleich den Höhenkurven in der Legende der Karte, meist auf ihrem rechten Rand, angeführt.

Durch diese Höhenlinien sind also Punkte gleicher Höhenlage über NN markiert. Häufig ist es erforderlich, auch Punkte zwischen zwei Höhenlinien hinsichtlich ihrer Höhenlage festzulegen. Unter Annahme eines konstanten Gefälles geschieht diese Feststellung durch Schätzung oder nach der Gleichung Höhe des betreffenden Punktes $x = \dfrac{h \cdot b}{a}$, wobei h der vertikale, a der horizontale Abstand zwischen beiden Höhenlinien und b jener zwischen dem Punkt, der bestimmt werden soll, und der tiefergelegenen Isohypse ist. Zur Ermittlung der Größen von a und b zieht man in der Karte eine Senkrechte zu den benachbarten Höhenlinien durch den Punkt x und nimmt die entsprechenden Streckenabschnitte im gegebenen Kartenmaßstab ab, z. B. der Punkt liegt zwischen der 150 m und 160 m Isophyse, d. h. x = 8, addiert zu 150 m, also 158 m = Höhenlage des Punktes (Abb. 11). Zu dem gleichen Ergebnis kommt man durch die Konstruktion eines rechtwinkligen Dreiecks ABC aus dem Höhenabstand AC zwischen der

150 m und 160 m Höhenlinie und der Horizontalprojektion AB des für diese Strecke gültigen Böschungswinkels (Abb. 11). Auf AB trägt man von B aus die aus der Karte entnommene Entfernung zwischen der 150 m Isohypse und dem gesuchten Punkt ab, errichtet in dem hierdurch ermittelten Punkt D das Lot, welches den Schenkel BC des Böschungswinkels in E trifft. Diese Strecke DE addiert man zu 150 m und erhält somit die Höhenlage des gesuchten Punktes, im vorliegenden Fall 158 m (Abb. 11).

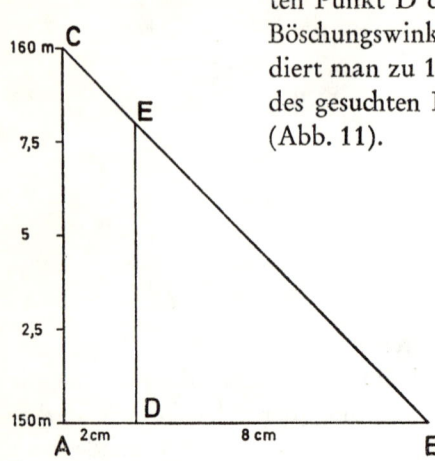

Abb. 11. Ermittlung der Höhenlage eines Punktes (E) zwischen zwei Höhenlinien (Erläuterung s. Text).

2.5. Der Böschungsmaßstab

Die in der Natur übereinanderliegenden Höhenlinien treten in der Karte selbst infolge ihrer Projektion auf die Kartenebene nebeneinander auf. Hierbei rücken sie um so enger zusammen, je steiler die Böschung ist und bilden um so größere Zwischenräume, je flacher sie wird. Dieser horizontale Abstand zwischen zwei aequidistanten = gleichabständigen Höhenlinien auf der Karte, z. B. im Höhenabstand von 20 m, senkrecht zu ihrem Verlauf gemessen, gibt somit die Neigung des zwischenliegenden Geländes an. Er ist also die Horizontalprojektion des Geländegefälles und wird der Böschungsmaßstab genannt.

Diese Beziehung erhält man in graphischer Darstellung, wenn man Höhenlinien im gleichen Abstand d. h. bei einem gegebenen Maßstab übereinander zieht und mit dem Winkelmesser die Einfallsgrade in steigender Winkelabfolge dort jeweils an sie abträgt, wo der freie Schenkel des vorhergehenden Winkels die nächstfolgende Höhenlinie schneidet z. B. 10° Winkel in Abb. 12,1. Die Länge des freien Schenkels zwischen den beiden Höhenkurven entspricht der wahren Entfernung der beiden Schnittpunkte mit den Isohypsen, senkrecht zu ihnen gemessen. Projiziert man sie auf eine Ebene,

2. Die topographische Karte 1 : 25 000 = TK 25 = 4 cm Karte = Meßtischblatt   23

so ist der jeweilige horizontale Abstand zwischen diesen aufeinanderfolgenden Punkten gleich dem zugehörigen Böschungswinkel dieser Strecke d. h. der Böschungsmaßstab, z. B. 10° in Abb. 12,2. Aus seinem Verhalten ergibt sich, daß er mit zunehmendem Neigungswinkel kleiner wird.

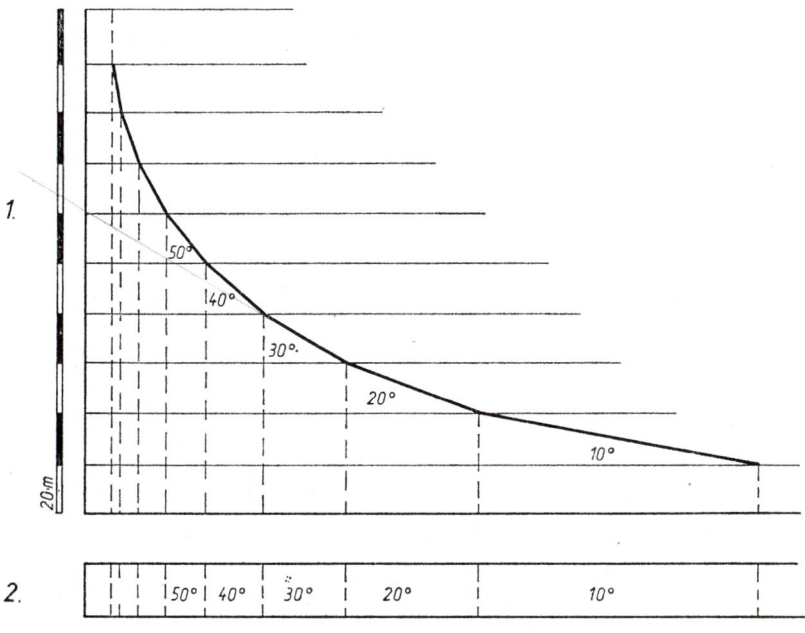

Abb. 12. Zeichnung eines Böschungsmaßstabes für 20 m Höhenabstand (Erläuterung s. Text).

Er ist auf den meisten Karten mit Höhenkurven, somit auch auf der topographischen Karte 1 : 25 000 vorhanden. Er ergibt sich aus der Verbindung einer Vielzahl von ermittelten Horizontalabständen der verschiedenen, aequidistanten Höhenlinien für die jeweils gegebene Böschung. Bei seiner Konstruktion werden auf der Abszisse die Böschungswinkel in Graden von 0 bis 45° aufgetragen. Auf der Ordinate trägt man unter Berücksichtigung des Maßstabes der Karte den Horizontalabstand der betreffenden, gleichabständigen Höhenlinie für die jeweils gegebene Neigung ab. Hierbei errichtet man z. B. für die 20 m Höhenlinie in den angegebenen Punkten für 5, 10, 15° usw. Neigung Lote auf der Abszisse. Diese Lotspitzen verbindet man und erhält somit eine Kurve. Die Vielzahl solcher Verbindungslinien für verschiedene Aequidistanzen enthält also das Diagramm der Abb. 13.

Am unteren Rand der topographischen Karte findet man meistens diesen Neigungsmaßstab auch für Zwischen- wie für weitere Höhenlinien ausgeführt. Aus ihm ist der jeweilige Böschungswinkel sehr leicht zu entnehmen. Hierzu greift man auf der Karte mit Hilfe des Stechzirkels oder des Millimeterpapieres den Horizontalabstand zwischen zwei aequidistanten Höhenlinien senkrecht zu ihrem Verlauf ab. Anschließend paßt man diese Strecke (AB in Abb. 13) so in den Böschungsmaßstab ein, daß sie

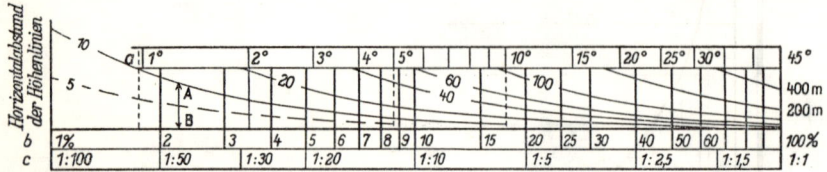

Abb. 13. Böschungsdiagramm für den Maßstab 1 : 25 000 (Erläuterung s. Text).

sich, parallel zu seinen Ordinaten ausgerichtet, mit dem Zwischenraum zwischen der gekrümmten Kurve der Aequidistanz und der Abszisse des Maßstabes deckt. An der Waagerechten, welche die Grade der Böschungswinkel aufweist, liest man den Neigungswert der Böschung ab. Aus dem Böschungsdiagramm kann er auch gleichzeitig in Prozenten d. h. als das Verhältnis von Höhenunterschied zur Horizontaldistanz, bezogen auf 100 m, entnommen werden. Z. B. der Höhenlinienabstand beträgt 50 m, die Höhendifferenz von ihnen 10 m, dann ist der Böschungswinkel $\alpha = \dfrac{10 \cdot 100}{50} =$
$= 20\,^0/_0$. Er kann auch als Neigungsverhältnis d. h. Anstieg in Metern einer Strecke zu ihrer Horizontalerstreckung ermittelt werden.

Der oben erwähnte Neigungsmaßstab läßt aber nur eine Ermittlung des Böschungswinkel bis 45° zu. Darüber hinaus muß die für seine Feststellung ebenfalls benutzte Methode der Konstruktion eines rechtwinkeligen Dreiecks angewendet werden. Die Länge seiner Gegenkathete entspricht dem Höhenunterschied zwischen den Höhenlinien d. h. h in Abb. 14,1, jene der Ankathete der Projektion der Entfernung zwischen B und C in eine Ebene d. h. AB = b in Abb. 14,1. Der gesuchte Neigungswinkel kann mit einem Winkelmesser festgestellt werden. Um genauere Werte von ihm zu erhalten, empfiehlt es sich, das Dreieck nicht im Karten-, sondern in einem größeren Maßstab auszuführen.

Den Neigungswinkel einer Böschung erhält man ebenfalls über die Gleichung $\operatorname{tg} \alpha = \dfrac{h}{b}$ (Abb. 14,2). Hierbei ist der Winkel α die gesuchte Neigung des Geländes, h die Höhendifferenz zwischen zwei Höhenlinien und b ihre

2. Die topographische Karte 1 : 25 000 = TK 25 = 4 cm Karte = Meßtischblatt

horizontale Entfernung (Abb. 14,1). Mit Hilfe des rechtwinkligen Dreieckes und dieser Tangensfunktion kann man das Gefälle eines Geländes nicht nur senkrecht, sondern auch schräg zu den Höhenlinien feststellen (Abb. 14,3). Damit erlauben diese Methoden generell die Feststellung von verschiedenen Höhenwinkeln in der Karte. Ihre Anwendung ist dann vorteilhaft, wenn der Höhenunterschied sehr gering und infolgedessen der Böschungswinkel durch Abgreifen im Böschungsmaßstab nicht ohne Schwierigkeiten erhalten werden kann.

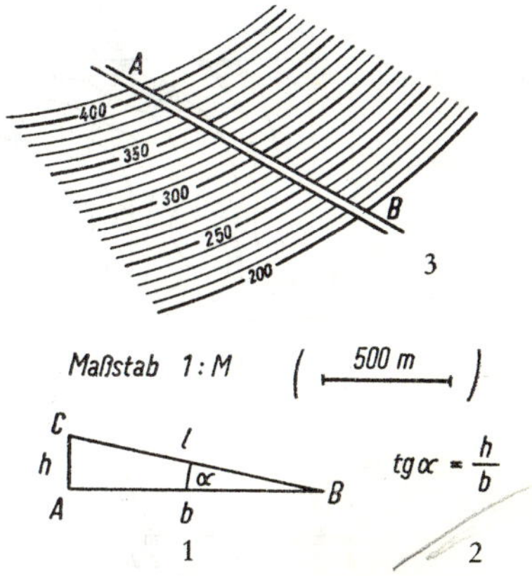

Abb. 14. Die Feststellung des Böschungswinkel mit Hilfe 1. eines rechtwinkligen Dreiecks 2. der Tangensfunktion und 3. die Ermittlung der Steigung entsprechend Anstieg des Weges durch Horizontaldistanz (Erläuterungen s. Text).

Somit ist die Bestimmung des Neigungswinkels in dreifacher Weise möglich und zwar mit Hilfe des Böschungsmaßstabes, der Konstruktion eines rechtwinkligen Dreiecks und der Tangensfunktion.

2.6. Das morphologische Profil

Es spiegelt die Geländeform im Aufriß wieder und ergänzt somit die Karte als Grundriß durch die Darstellung der dritten Dimension. Bei seinem Entwurf verwendet man das folgende Verfahren.
Man zeichnet eine Grundlinie in die Karte ein, auf der das Profil errichtet werden soll. Die Entfernungen ihrer Schnittpunkte mit den Höhenlinien der Karte greift man mit dem Stechzirkel ab und überträgt sie auf ein Millimeterpapier, dessen Rand man für eine Übertragung der Schnittpunkte auch unmittelbar an diese Grundlinie anlegen kann. Um die Genauigkeit des Profiles zu erhöhen, soll man möglichst viele dieser Schnittpunkte berücksichtigen. Gleichzeitig versieht man sie auf dem Millimeterpapier mit

den Höhenzahlen, die den jeweiligen Höhenlinien entsprechen (Abb. 15). Dazwischen trägt man, soweit vorhanden, die absoluten Höhenzahlen der Bergspitzen, der jeweils tiefstgelegenen Punkte innerhalb der Profillinie und jene markanter, zwischenliegender Stellen ein. Zugeordnet zu dieser Grundlinie und in einer Entfernung von ihr, die den Entwurf eines Profiles in dem jeweils gewünschten Maßstab sicherstellt, zeichnet man auf das Millimeterpapier ein Koordinatenkreuz (Abb. 15 a). Auf seine Abzisse

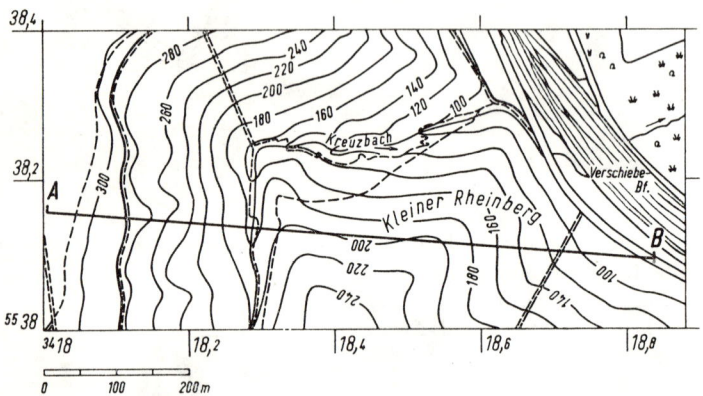

Abb. 15. Anlegung eines morphologischen Profiles (Kartenausschnitt, entnommen der topogr. Karte 1 : 25 000, Blatt Bingen, mit Genehmigung des Landesvermessungsamtes, Koblenz). (Erläuterung s. Text).

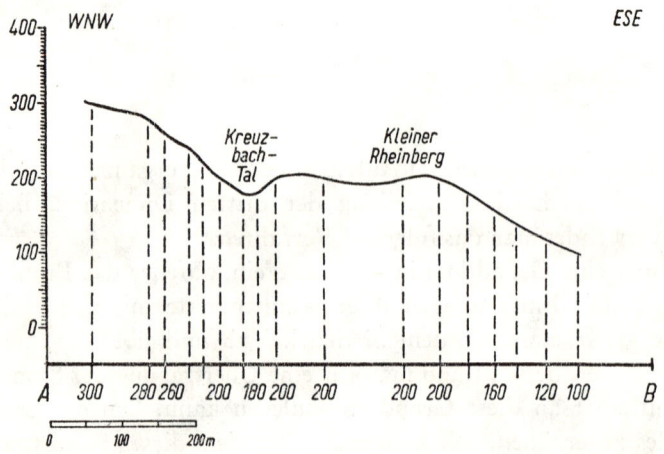

Abb. 15 a. Durchführung der Erstellung eines morphologischen Profiles (Erläuterung s. Text).

projiziert man die oben erwähnten Schnittpunkte mit den Höhenzahlen usw. Auf der Ordinate wird der Höhenmaßstab angetragen, der gewöhnlich gleich dem Längenmaßstab der Karte ist (Abb. 15 a). Sein Nullpunkt kann Normalnull (NN) sein. Meistens ist es der tiefste Geländepunkt in dem ausgewählten Profil. Nunmehr errichtet man in jedem projizierten Punkt auf der Abszisse ein Lot bis zu seinem Schnitt mit der ihm zugehörigen Höhenlinie. Die Verbindung aller dieser Schnittpunkte ergibt das morphologische Profil (Abb. 15 a), das nur dort echte Böschungswinkel besitzt, wo von ihm die Höhenkurven senkrecht geschnitten werden.

Anschließend versieht man es rechts wie links oben mit der Richtungsangabe seines Verlaufes im Gelände z. B. WNW–ESE (Abb. 15 a). Sie ist in jedem Fall, aber besonders dann erforderlich, wenn das Profil sich aus mehreren Teilstücken von unterschiedlicher Richtung zusammengesetzt, also ein geknicktes Profil ist. Desweiteren trägt man die Namen von markanten topographischen Stellen wie Bergspitzen, Tälern, Siedlungen usw. ein, soweit sie von der Profillinie geschnitten werden. Außerdem muß der benutzte Längen- wie Höhenmaßstab nicht nur in Zahlen, sondern vor allem auch graphisch angegeben werden, um bei Vergrößerungen wie Verkleinerungen des Profiles z. B. bei der Drucklegung verwendbar zu bleiben.

Schließlich versieht man es noch mit einer Unterschrift, aus der seine charakteristischen Eigenschaften, sein Verlauf in einem bestimmten Gelände usw. hervorgehen.

Zur Darstellung eines größeren Gebietes muß man meist mehrere Profile hintereinander zeichnen, wobei sie nach rechts oder links versetzt sein können. Sie können ein getreues Abbild der Geländeform vermitteln, wenn sie die richtige Neigung der Hänge wiedergeben und einen einheitlichen Maßstab besitzen. Häufig ist es auch notwendig, den Längenmaßstab zu ändern. Dies kann ebenfalls schon bei der Entnahme der einzelnen Streckenabschnitte aus der topographischen Karte geschehen. In solchen Fällen ist es angebracht, auch den Höhenmaßstab entsprechend zu ändern.

Um in einem Profil die Höhenunterschiede stärker hervortreten zu lassen z. B. in einem flachen Gelände oder zwecks Eintragung von Einzelheiten, wie es häufig bei einem geologischen Profil oder im Bergbau erforderlich ist, ist seine Überhöhung notwendig. In diesen Fällen wird der Höhenmaßstab größer als der Längenmaßstab gewählt z. B. Länge 1 : 10 000, Höhe 1 : 5000, also eine zweifache Überhöhung. Sie kann man bei dem Entwurf des oben erwähnten Koordinatenkreuzes durch eine entsprechende Vergrößerung der jeweiligen Teilstriche auf seiner Ordinate sofort ausführen. Eine allzu starke Überhöhung sollte jedoch vermieden werden, weil dadurch eine zu große Verzerrung des Bildes insofern entsteht, als sich die Hangneigungen ändern. Sie sollte deshalb nicht mehr als das $2^{1}/_{2}$fache des Längenmaßstabes betragen.

Überhöht man ein Profil, so ist der wahre Neigungswinkel einer Strecke des Profiles nicht mehr direkt ablesbar, sondern muß aus der jeweiligen Überhöhung errechnet werden. Für die Ermittlung des normalen Einfallswinkels gilt die Tangensfunktion tg $\alpha = \dfrac{h}{b}$, im Fall der Überhöhung tg $\alpha_1 = \dfrac{x \cdot h}{b}$ (Abb. 16), wobei α der wahre Neigungswinkel, b der Horizontalabstand zweier Höhenpunkte senkrecht zu ihnen gemessen und projiziert in die Ebene, x der Betrag der Überhöhung, x · h ihr Vertikalabstand im überhöhten Profil und α_1 der Neigungswinkel im überhöhten Profil ist (Abb. 16). Die Änderung des Böschungswinkels mit der jeweiligen Überhöhung kann auch aus Tabellen entnommen werden.

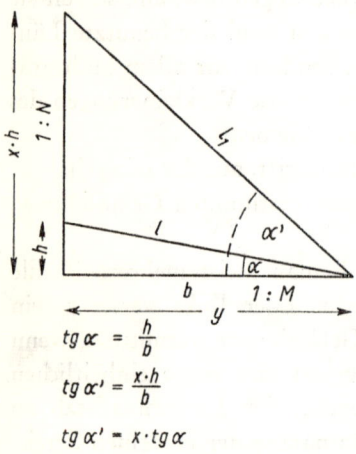

Abb. 16. Überhöhung eines Profiles (Erläuterung s. Text).

Natürliche trigonometrische Funktionen

Grad	Sinus	Tang.	Cotg.	Cosin.	Grad
0	0,00000	0,00000	∞	1,00000	90
1	0,01745	0,01745	57,290	0,99985	89
2	0,03489	0,03492	28,636	0,99939	87
3	0,05233	0,05240	19,081	0,99863	86
4	0,06975	0,06992	14,301	0,99756	86
5	0,08716	0,08749	11,430	0,99619	85
6	0,10453	0,10510	9,5144	0,99452	84
7	0,12187	0,12278	8,1443	0,99255	83
8	0,13917	0,14054	7,1154	0,99027	82
9	0,15643	0,15838	6,3138	0,98769	81
10	0,17365	0,17633	5,6713	0,98481	80
11	0,19081	0,19438	5,1446	0,98163	79
12	0,20791	0,21256	4,7046	0,97815	78
13	0,22495	0,23087	4,3315	0,97437	77
14	0,24192	0,24933	4,0108	0,97030	76
15	0,25882	0,26795	3,7321	0,96593	75
16	0,27564	0,28675	3,4874	0,96126	74
17	0,29237	0,30573	3,2709	0,95630	73
18	0,30902	0,32492	3,0777	0,95106	72
19	0,32557	0,34433	2,9042	0,94552	71
20	0,34202	0,36397	2,7475	0,93969	70
21	0,35837	0,38386	2,6051	0,93358	69
22	0,37461	0,40403	2,4751	0,92718	68
23	0,39073	0,42447	2,3559	0,92050	67
24	0,40674	0,44523	2,2460	0,91355	66
25	0,42262	0,46631	2,1445	0,90631	65
26	0,43837	0,48773	2,0503	0,89879	64
27	0,45399	0,50953	1,9626	0,89101	63
28	0,46947	0,53171	1,8807	0,88295	62
29	0,48481	0,55431	1,8040	0,87462	61
30	0,50000	0,57735	1,7321	0,86603	60
31	0,51504	0,60086	1,6643	0,85717	59
32	0,52992	0,62487	1,6003	0,84805	58
33	0,54464	0,64941	1,5399	0,83867	57
34	0,55919	0,67451	1,4826	0,82904	56
35	0,57358	0,70021	1,4281	0,81915	55
36	0,58779	0,72654	1,3764	0,80902	54
37	0,60182	0,75355	1,3270	0,79864	53
38	0,61566	0,78129	1,2799	0,78801	52
39	0,62932	0.80978	1,2349	0,77715	51
40	0,64279	0,83910	1,1918	0,76604	50
41	0,65606	0,6929	1,1504	0,75471	49
42	0,66913	0,90040	1,1106	0,74314	48
43	0,68200	0,93252	1,0724	0,73135	47
44	0,69466	0,96569	1,0355	0,71934	46
45	0,70711	1,00000	1,0000	0,70711	45
	Cosin.	Cotg.	Tang.	Sinus	

Fragen, welche aus der vorangegangenen Darstellung beantwortet werden können:

1. Welche Definition ist für eine topographische Karte und ihren Maßstab gegeben?
2. Welche Bedeutung hat der Maßstabsmodul?
3. Welche Arten von topographischen Karten sind vorhanden und welche Projektionen liegen ihnen zugrunde?
4. Was ist eine Polyederprojektion?
5. Was bedeutet die Kennziffer einer topographischen Karte?
6. Welche Hinweise enthält die Randausstattung einer topographischen Karte?
7. Auf welche Weise kommt das Gitternetz aus Gauss/Krügerschen Koordinaten zustande?
8. Was ist ein Rechts- und Hochwert?
9. Wie wird ein Rechts- und Hochwert mit dem Planzeiger festgestellt?
10. Von welchen Faktoren ist die Darstellung der dritten Dimension in einer topographischen Karte abhängig?
11. Welche Möglichkeiten zur Darstellung von Höhendifferenzen gibt es?
12. Gib die Definition für eine Höhenlinie.
13. Was ist ein Böschungsmaßstab?
14. Wie kann man den Einfallswinkel einer Böschung aus einer topographischen Karte entnehmen?
15. Wie konstruiert man den auf der topographischen Karte 1 : 25 000 angegebenen Böschungsmaßstab?
16. Welche Nordrichtungen sind in einer topographischen Karte gegeben und wie nennt man die ihnen zugehörigen Winkel?
17. Wie stellt man die Richtung von einem Punkt A nach einem Punkt B und die Entfernung dieser Strecke in der topographischen Karte fest?
18. Wie entwirft man ein morphologisches Profil aus einer topographischen Karte?
19. Wann ist der wahre Böschungswinkel in einem morphologischen Profil gegeben?
20. Wie und wann überhöht man ein Profil und was ist bei einer durchgeführten Überhöhung zu beachten?

III. Die geologische Karte

Die geologische Karte entsteht durch Eintragungen von geologischen Geländebeobachtungen in die topographische Unterlage. Die hierfür verwendeten Methoden werden später in Kapitel V, S. 162, ausführlicher dargestellt. Sie setzen u. a. voraus, daß man versteht, eine topographische Karte zu lesen. Diese Voraussetzung, die in den vorausgegangenen Kapiteln beschrieben worden ist, muß auch für die Ausdeutung der geologischen Karte gegeben sein. Mit ihr beschäftigen sich die folgenden Ausführungen. Außer den erforderlichen Kenntnissen über Ausstattung und Inhalt einer topographischen Karte benötigt man hierzu auch jene über die Geologie, Paläontologie und Mineralogie, welche dem Studierenden der Geologie in den ersten Semestern in Vorlesungen und Übungen vermittelt werden. Es würde den Rahmen dieses Buches sprengen, wenn sie hier, auch nur in einer Zusammenfassung wiedergegeben werden sollten. Jedoch werden in den folgenden Ausführungen, besonders für den Laien, die bei der Darstellung der Ausdeutung einer geologischen Karte verwendeten Begriffe jeweils kurz erläutert.

1. Allgemeiner Überblick über die Entwicklung der geologischen Karten

Die erste Periode der Herausgabe geologischer Karten, die noch als geognostische Karten bezeichnet wurden, liegt zwischen 1756 und 1850. Nach einem ersten Versuch einer größeren Kartendarstellung im Jahre 1756 veröffentlichte der sächsische Bergmeister G. GLÄSER im Jahre 1774 die Karte der Grafschaft Henneberg. Sie wie jene in der Folgezeit waren überwiegend petrographische Karten. Einen Fortschritt bedeutete es, als 1825 L. VON BUCH die erste Lieferung seiner geologischen Spezialkarte von Deutschland und 1826 CR. KEFERSTEIN die erste Übersichtskarte von Deutschland herausgab. Diese Veröffentlichungen blieben nicht ohne Einfluß auf die Tätigkeit von H. VON DECHEN, von dem 1838 eine geognostische Übersichtskarte von Deutschland, Frankreich und den angrenzenden Gebieten erschien. In Sachsen, das durch seine geologischen Publikationen schon weit über seine eigenen Grenzen hinaus bekannt war, wurde in den Jahren 1836–1845

die von C. F. NAUMANN und B. VON COTTA ausgeführte Karte des Königreiches Sachsen im Maßstab 1 : 120 000 publiziert. Alle bisher genannten Veröffentlichungen, die sich noch um eine Vielzahl vermehren lassen, waren auf die Initiative von Einzelpersönlichkeiten, von naturwissenschaftlich ausgerichteten Gesellschaften und von Bergämtern geschehen.
Diese Verhältnisse änderten sich mit dem Jahre 1850, als Bayern einen festen Etat für die geologische Landesuntersuchung zur Verfügung stellte und mit ihr C. W. v. GÜMBEL beauftragte. Er zeichnete für die bekannte geognostische Karte von Bayern im Maßstab 1 : 100 000 verantwortlich und veröffentlichte schon im Jahre 1858 eine Übersichtskarte über das Gebiet von Bayern 1 : 500 000, die nach dem zweiten Weltkrieg neubearbeitet wieder erschienen ist. 1855 begann H. v. DECHEN in Preußen im ministeriellen Auftrag mit der Aufnahme der geologischen Karte der Rheinlande und Westfalens im Maßstab 1 : 80 000. Das letzte Blatt dieser Serie wurde noch von der Preußischen Geologischen Landesanstalt herausgegeben, die im Jahre 1873 unter der Bezeichnung Königliche Geologische Landesanstalt und Bergakademie, die sich später von ihr trennte, gegründet worden war. Zuvor, d. h. 1862, hatte Preußen seine Absicht bekundet, seine Provinzen geologisch im Maßstab 1 : 80 000 und 1 : 100 000 aufnehmen zu lassen, die 1866 in den Auftrag einer Aufnahme 1 : 25 000 umgewandelt wurde. Ihn nahm in der Folgezeit die Preußische Geologische Landesanstalt wahr, die mit einer kurzen Unterbrechung als Reichsamt für Bodenforschung, heute ihre Fortsetzung in der Bundesanstalt für Bodenforschung Hannover, in dem Niedersächsischen Landesamt für Bodenforschung wie in dem Geologischen Landesamt Nordrhein-Westfalen und Schleswig-Holstein wie der Geologischen Kommission der DDR gefunden hat. Mit der Feldaufnahme im Maßstab 1 : 25 000 erreichte Preußen eine führende Stellung in den geologischen Landesaufnahmen. Diesem Vorhaben schlossen sich 1867 die thüringischen Staaten, 1872 Sachsen mit einer erneuten Landesuntersuchung unter der Leitung von H. CREDNER, 1882 Hessen und 1888 Baden mit einer gleichzeitigen Gründung einer Landesanstalt unter R. LEPSIUS und H. ROSENBUSCH an. Nachdem Bayern seit 1872 die topographische Unterlage 1 : 25 000 zur Verfügung stand, begann auch dort unter dem Nachfolger von v. GÜMBEL L. v. AMMON und später unter O. M. REIS die geologische Landesaufnahme in diesem Maßstab. In Württemberg, wo im Jahre 1903 die Geologische Landesanstalt als Abteilung des Statistischen Landesamtes unter A. SAUER gegründet wurde, setzte sie nach der Herausgabe des letzten Blattes der Karte 1 : 50 000 im Jahre 1893 ein, in dem auch die bekannte Regelmannsche Karte 1 : 600 000 erschien. Somit hatte die geologische Karte im Maßstab 1 : 25 000 allmählich eine dominierende Stel-

lung erlangt. Sie nimmt sie auch heute noch unter den geologischen Kartenwerken ein, weil sie, aufbauend auf den ehemaligen topographischen Meßtischblättern, der späteren topographischen Karte 1 : 25 000, in der gegebenen Übersicht am besten die erforderlichen Aussagen für die Praxis wie Wissenschaft macht.

Mit den obigen Ausführungen sollte nur ein kurzer Überblick über die Entwicklung der geologischen Karten in Deutschland, besonders im Hinblick auf die geologische „Spezial"karte 1 : 25 000 (GK 25), gegeben werden. Weitere Hinweise können aus den im Schriftenverzeichnis aufgenommenen Veröffentlichungen entnommen werden.

2. Die verschiedenen geologischen Karten

Im Folgenden werden nicht nur die wichtigsten, heute noch in Benutzung befindlichen, amtlichen geologischen Karten, sondern auch jene genannt, die besonderen wissenschaftlichen wie praktischen Aufgaben dienen. Unter den amtlichen, d. h. von den geologischen Landesanstalten herausgegebenen Karten finden gegenwärtig noch viele Verwendung, die vor dem zweiten Weltkrieg veröffentlicht worden sind. Nach ihm sind Neubearbeitungen des gleichen Maßstabes, aber auch neue Karten, z. T. von anderen Institutionen bearbeitet, publiziert worden, die das bisher gewonnene Bild über die Geologie Deutschlands wesentlich ergänzen und erweitern. An Karten stehen derzeit folgende zur Verfügung, wobei nur die wichtigsten im Rahmen dieses Buches aufgeführt werden können. Darüber hinaus muß auf die einschlägige Literatur verwiesen werden:

a) Amtliche Karten:

1. Die Karte im Maßstab 1 : 5000, aufbauend auf der Deutschen Grundkarte, die zugleich als Arbeitsunterlage für die Kartierung dienen kann.
2. Die geologische Karte im Maßstab 1 : 25 000 (GK 25). Sie benutzt als Unterlage die topographische Karte gleichen Maßstabes (TK 25). In Preußen erschien die erste Lieferung im Jahre 1870 unter der Bezeichnung „Geologische Spezialkarte von Preußen und den thüringischen Staaten", 1872 in Sachsen als „Geologische Spezialkarte des Königreichs Sachsen". Mit der Herausgabe von

Blättern gleichen Maßstabes folgten 1882 Elsaß-Lothringen, 1886 Hessen, 1894 Baden, 1904 Württemberg und 1909 Bayern. Von 1939 bis 1945 wurde dieses Kartenwerk, das zuvor die Bezeichnung „Geologische Karte von Preußen und benachbarten deutschen Ländern" trug, unter dem Titel „Geologische Karte des Deutschen Reiches" fortgesetzt. Sie wird gegenwärtig unter der Bezeichnung der einzelnen Bundesländer z. B. Geologische Karte von Hessen 1 : 25 000 wie in der DDR unter jener „Geologische Karte von Deutschland" veröffentlicht. Ihre Charakterisierung an dieser Stelle erübrigt sich, da sie im Abschnitt III,4 eingehender behandelt wird.

3. Geologische Karte des Saarlandes 1 : 50 000, 2 Blätter, herausgegeben 1955 vom Geologischen Landesamt des Saarlandes.

4. Die Karte des Deutschen Reiches 1 : 100 000, als Geologische Ausgabe herausgegeben von der Geologischen Abteilung beim Bayerischen Oberbergamt in den Jahren 1921–1945, findet heute ihre Fortsetzung in der Geologischen Karte von Bayern 1 : 100 000 unter der Redaktion des Bayerischen Geologischen Landesamtes.

5. Die vom Amt für Bodenforschung in Hannover begonnene Ausgabe des gleichen Maßstabes gehört ebenfalls in die Reihe der Karte des Deutschen Reiches 1 : 100 000.

6. Geognostische Karte von Bayern im Maßstab 1 : 100 000 in der Herausgabe der Geologischen Landesuntersuchung des Bayerischen Oberbergamtes, die einen eigenen Blattschnitt besitzt und die Fortsetzung der Gümbelschen Geognostischen Karte des Königreiches Bayern 1 : 100 000 darstellt. Von ihr sind in der Zeit zwischen 1858 bis 1934 27 Blätter, darunter auch jene von Speyer, Kusel und Donnersberg, die heute einen Teil des Staates Rheinland-Pfalz überdecken, veröffentlicht worden.

7. Die Geologische Übersichtskarte von Deutschland 1 : 200 000. Ihre Herausgabe wurde 1906 durch die Preußische Geologische Landesanstalt begonnen. Inzwischen sind 44 Blätter erschienen. Sie geben einen sehr guten Überblick über die Geologie des jeweils betreffenden Gebietes. Außerdem vermitteln sie auch einen schnellen Einblick in die Grundzüge seiner Tektonik, worüber auch ein jeweiliges Querprofil Auskunft gibt. Leider sind die bisher veröffentlichten Blätter vollständig vergriffen. Jedoch ist eine neue Herausgabe dieses Kartenwerkes unter Verwendung einer neuen

2. Die verschiedenen geologischen Karten

Generallegende als Gemeinschaftsarbeit zwischen der Bundesanstalt für Bodenforschung und den Geologischen Landesämtern geplant.

8. Die Geologische Übersichtskarte von Baden-Württemberg 1 : 200 000 im eigenen Blattschnitt, deren Veröffentlichung durch die Geologische Abteilung des Württembergischen Statistischen Landesamtes in den Jahren 1929–1933 erfolgte und noch nach dem Krieg durch das Geologische Landesamt Baden-Württemberg fortgesetzt wurde. Die 2. Auflage von 3 Blättern erschien von 1935–1945, die 3. Auflage von allen 4 Blättern 1956.

9. Die Geologische Übersichtskarte von Nordwestdeutschland im Maßstab 1 : 300 000 im eigenen Blattschnitt, umfassend 4 Blätter, herausgegeben im Jahre 1951 vom Amt für Bodenforschung in Hannover. Sie gibt einen wichtigen Überblick über die vorkommenden Formationen bis zur Stufe und über die Schichteinheiten mit ihren wesentlichen petrographischen Merkmalen bei gleichzeitiger Beigabe von Übersichtsprofilen.

10. Die Geologische Übersichtskarte von Hessen im Maßstab 1 : 300 000 im eigenen Blattschnitt, übergreifend auf die benachbarten Bundesländer, herausgegeben 1960 vom Hessischen Landesamt für Bodenforschung. Sie stellt den petrographischen Aufbau des Gebietes unter Berücksichtigung, so weit wie möglich, der charakteristischen Zusammensetzung der Schichten dar und gibt zugleich seine tektonischen Grundzüge wieder.

11. Geologische Karte von Bayern 1 : 500 000; Herausgeber Bayerisches Geologisches Landesamt, München 1954, 2. Auflage 1964.

12. Geologische Übersichtskarte von Württemberg und Baden, dem Elsaß, der Pfalz und den weiterhin angrenzenden Gebieten 1 : 600 000, bearbeitet von C. Regelmann, herausgegeben vom K. Württembergischen Landesamt 1907.

13. Geologische Übersichtskarte von Südwestdeutschland 1 : 600 000, herausgegeben 1954 vom Geologischen Landesamt in Baden-Württemberg.

14. Geologische Karte von Württemberg 1 : 1 000 000, herausgegeben 1948 von der Geologischen Abteilung des Württembergischen Statistischen Landesamtes.

15. Die „Geologische Übersichtskarte der Bundesrepublik Deutschland" 1 : 1 000 000 erscheint im Atlas „Die Bundesrepublik Deutschland in Karten".

16. Kleine Geologische Karte von Deutschland im Maßstab 1 : 2 000 000, bearbeitet von W. Schriel, herausgegeben 1930 von der Preußischen Geologischen Landesanstalt. Eine neu bearbeitete Auflage ist erschienen.

b) Amtliche Spezialkarten:

1. Geologische Übersichtskarte der subherzynen Kreidemulde 1 : 100 000 in zwei Blättern, bearbeitet von H. Schroeder, herausgegeben 1931 von der Preußischen Geologischen Landesanstalt, Berlin.
2. Geologische Übersichtskarte des Rheinisch-Westfälischen Steinkohlengebietes, 1 : 100 000, Darstellung der Karbon-Oberfläche, also eine abgedeckte Karte, herausgegeben 1958 vom Geologischen Landesamt Nordrhein-Westfalen, Krefeld.
3. Geologische Übersichtskarte der Dill-Mulde, der nordöstlichen Lahn-Mulde und des Hörrezuges 1 : 100 000, herausgegeben 1958 vom Hessischen Landesamt für Bodenforschung, Wiesbaden.
4. Geologische Übersichtskarte des Odenwaldes 1 : 100 000, bearbeitet von G. Klemm, herausgegeben 2. Auflage 1929 vom Hessischen Geologischen Landesamt, Darmstadt.
5. Geologisch-tektonische Übersichtskarte des Rheinischen-Schiefergebirges 1 : 200 000, 2 Blätter, bearbeitet von W. Paeckelmann, herausgegeben 1926 von der Preußischen Geologischen Landesanstalt, Berlin.
6. Geologische Übersichtskarte und Höhenschichtenkarte des östlichen Sauerlandes im Maßstab 1 : 200 000, bearbeitet von W. Paeckelmann, herausgegeben 1932 von der Preußischen Geologischen Landesanstalt, Berlin.
7. Geologische Übersichtskarte der Rheinpfalz und der angrenzenden Länder 1 : 200 000, bearbeitet von M. Schuster, herausgegeben 1934 von der Geologischen Landesuntersuchung am Bayerischen Oberbergamt, München.
8. Geologische Übersichtskarte der süddeutschen Molasse 1 : 300 000 als Gemeinschaftsarbeit der Geologischen Landesämter, herausgegeben 1954 vom Bayerischen Geologischen Landesamt unter der Redaktion von H. Nathan und P. Schmidt-Thomé, München.
9. Geologisch-morphologische Übersichtskarte des norddeutschen Vereisungsgebietes 1 : 5 000 000, bearbeitet von P. Woldtstedt,

herausgegeben 1935 von der Preußischen Geologischen Landesanstalt, Berlin.

10. Geotektonische Übersichtskarte der südwestdeutschen Großscholle 1 : 1 000 000, bearbeitet von W. Carlé, herausgegeben 1950 von der Geologischen Abteilung des Württembergischen Statistischen Landesamtes, Stuttgart.
11. Geologische Schulkarte von Baden-Württemberg und der angrenzenden Gebiete 1 : 1 000 000, herausgegeben 1951 vom Geologischen Landesamt in Baden-Württemberg.

In Zusammenarbeit mit der Akademie für Raumforschung und der jeweiligen Landesplanung sind von den einzelnen Regierungen der Bundesländer durch die zuständigen Geologischen Landesanstalten Geologische Übersichtskarten über die einzelnen Bundesländer veröffentlicht worden. Hierzu gehören u. a.:

1. Geologische Übersichtskarte des Saarlandes, erschienen im Planungsatlas 1955.
2. Geologie von Schleswig-Holstein 1 : 500 000, bearbeitet von A. Dücker, veröffentlicht 1960 im Planungsatlas 1966.
3. Geologische Übersichtskarte von Nordrhein-Westfalen 1 : 500 000, bearbeitet von E. Schröder, veröffentlicht 1952/1953.
4. Geologische Übersichtskarte von Rheinland-Pfalz 1 : 500 000, bearbeitet vom Geologischen Landesamt Rheinland-Pfalz durch O. Atzbach und W. Schottler, veröffentlicht 1965.
5. Geologische Karte von Bayern 1 : 800 000, bearbeitet vom Bayerischen Geologischen Landesamt, veröffentlicht 1960.

Darüber hinaus stehen Karten zur Verfügung, die teils als Exkursionskarten, auch in Form von sog. Hochschulkarten, teils als Spezialkarten die Geologie bestimmter Gebiete der Bundesrepublik darstellen und von Mitarbeitern der betreffenden Geologischen Landesämter wie von Geologischen Instituten und anderen Institutionen bearbeitet und veröffentlicht worden sind. Als Beispiele hierfür seien folgende Karten genannt:

1. Geologische Excursionskarte des Kaiserstuhles 1 : 25 000, bearbeitet von W. Wimmenauer, herausgegeben 1957 vom Geologischen Landesamt in Baden-Württemberg, Freiburg.
2. Geologische Karte von Stuttgart und Umgebung 1 : 50 000, bearbeitet von A. Vollrath, herausgegeben 1959 vom Geologischen

Landesamt in Baden-Württemberg, Freiburg. Außerdem erschienen im gleichen Maßstab 1968 Konstanz und 1969 Tübingen.

3. Die Geologische Übersichtskarte der Umgebung von München 1 : 50 000, bearbeitet von H. TILLMANN, veröffentlicht vom Bayerischen Geologischen Landesamt 1953, München.
4. Geologisch-petrographische Übersichtskarte des Südschwarzwaldes 1 : 50 000 unter Benutzung von eigenen Arbeiten und jener anderer Autoren, zusammengestellt von R. METZ und R. REIN, Schauenburg-Verlag, Lahr 1958.
5. Geologische Übersichtskarte der Umgegend von Berlin 1 : 100 000 = Hochschulexcursionskarte, 4 Blätter, bearbeitet von W. WOLF, herausgegeben 1926 von der Preußischen Geologischen Landesanstalt, Berlin.
6. Geologische Übersichtskarte der Umgebung von Göttingen 1 : 100 000 = Hochschulexcursionskarte, bearbeitet von H. STILLE u. F. LOTZE, herausgegeben 1932 von der Preußischen Geologischen Landesanstalt, Berlin.
7. Geologische Karte der nördlichen Eifel: Hochschulumgebungskarte Aachen 1 : 100 000, bearbeitet von W. SCHMIDT und E. SCHROEDER, herausgegeben 1961 vom Geologischen Landesamt Nordrhein-Westfalen, Krefeld.
8. Geologische Karte des Saarlandes 1 : 100 000, zusammengestellt und herausgegeben vom Geologischen Institut des Saarlandes, Saarbrücken 1964.
9. Geologische Übersichtskarte des Saarlandes 1 : 200 000, bearbeitet von R. SCHÖMER, Saarbrücken 1960.
10. Geologische Übersichtskarte des Harzes 1 : 200 000, nach Geologischen Karten entworfen von W. SCHRIEL, herausgegeben 1956 vom Amt für Landesplanung und Statistik, Hannover.

Außerdem sind in zahlreichen Arbeiten örtliche Karten veröffentlicht und erläutert worden, die für die regionale Geologie von Bedeutung sind. Infolge ihrer Fülle ist es unmöglich, an dieser Stelle auch nur einige Beispiele zu erwähnen. Deshalb sei in diesem Zusammenhang auf die verdienstvolle Veröffentlichung von H. SCHAMP 1961 in den „Berichten zur deutschen Landeskunde" verwiesen.

Abgesehen von den oben aufgeführten Karten, vornehmlich allgemeinen geologischen Charakters, gibt es noch eine große Fülle von Karten, die sich

2. Die verschiedenen geologischen Karten

mit Spezialgebieten oder einer besonderen Thematik der Geologie befassen. In dieser Hinsicht sind in erster Linie die bodenkundlichen Karten zu nennen, die heute in verstärktem Umfang von den einzelnen Geologischen Landesämtern veröffentlicht werden. Hierbei beschränken sie sich keineswegs nur auf das Flachland. Im Rahmen der Angewandten Geologie sind besonders die hydrogeologischen Karten als Einzel- wie als Übersichtskarten von Bedeutung geworden, zumal in der Gegenwart wie besonders in der Zukunft das Wasser eine der wichtigsten Lagerstätten ist. Ebenfalls muß auch auf die Karten lagerstättenkundlichen Inhaltes hingewiesen werden wie z. B. auf jene des Erzgangbergbaues oder auf die Flözkarten des Steinkohlenbergbaues. In Verbindung mit ihnen müssen auch die schon häufiger genannten, abgedeckten geologischen Karten erwähnt werden, die besonders in Gebieten mit mächtigeren Deckschichten aufgrund der Erkenntnisse aus dem Bergbau und den Ergebnissen aus Bohrungen und geophysikalischen Messungen entworfen werden. Sie vermitteln auch einen Einblick in die tektonischen Lagerungsverhältnisse wie die Streichkurven- und Schichtlagerungskarten. Letztere können die Grenzfläche des Grund- gegen das Deckgebirge oder andere Grenzflächen in Höhen- oder Tiefenlinien darstellen z. B. die Basisfläche des Zechsteins in Norddeutschland. Ihnen verwandt sind tektonische Strukturkarten mit Eintragungen der verschiedensten tektonischen Strukturen wie Sättel, Mulden usw., die, meist in Schwarzweißzeichnung ausgeführt, zuweilen den geologischen Karten als Deckblätter beigegeben sind. Die tektonischen Karten im größeren wie im kleineren Maßstab nehmen zunehmend eine Vorrangstellung unter den speziellen geologischen Karten ein und spielen besonders auch als Geotektonische Übersichtskarten zur Darstellung der wichtigsten Bauelemente von größeren Gebieten, Ländern wie Kontinenten und Ozeanböden eine bedeutsame Rolle.

Weitere Sonderformen von geologischen Karten sind die paläogeographischen Karten. Unter Berücksichtigung der Ausbildung der Gesteine, ihres Inhaltes, räumlichen Verhaltens während eines bestimmten Zeitabschnittes wie der tektonischen Ereignisse und der hiermit verbundenen Verlagerungen von Abtragungs- wie Sedimentationsgebieten rekonstruieren sie die paläogeographischen Verhältnisse des betreffenden Gebietes im kontinentalen wie im marinen Bereich. Eine ihrer Grundlagen sind die Fazieskarten, welche die verschiedenartige Gesteinsausbildung und ihr räumliches Verhalten einer bestimmten Schicht bzw. Schichtenfolge in einem Gebiet und damit die Milieuverhältnisse zur Zeit ihrer Ablagerung wiedergeben (Abb. 114). Hierbei ist auch das Verhalten der Mächtigkeit von Bedeutung (Abb. 114). Karten, die Linien gleicher Mächtigkeit einer Schicht bzw.

Schichtenfolge enthalten, werden als Isopachenkarten bezeichnet. Für sie wie für tektonische und lagerstättenkundliche Karten sind schließlich auch die geophysikalischen Karten von Wichtigkeit, da sie Aufschluß über die Mächtigkeiten von Gesteinen, ihre Lagerungsverhältnisse und über im Untergrund vorkommende Lagerstätten geben. Ihre Ausdeutung muß in einer Zusammenarbeit zwischen dem Geologen und dem Geophysiker erfolgen, wie dies auch bei lagerstättenkundlichen Karten zwischen ihm und dem Bergmann der Fall ist. Viele der geologischen Karten, insbesondere der geologischen Spezialkarten, sind das Ergebnis einer Zusammenarbeit des Geologen mit Vertretern verschiedener Spezialrichtungen der Erdwissenschaften wie z. B. der Paläontologie, der Bodenkunde, der Hydrogeologie, der Lagerstättenkunde, der Geophysik etc.
Die bisherigen Ausführungen haben nur eine Übersicht über die wichtigsten, verschiedenen geologischen Karten gegeben.

3. Die Darstellung der Geologie eines Gebietes in einer topographischen Karte

Es ist schon wiederholt darauf hingewiesen worden, daß die topographische Karte die Grundlage der Geologischen Karte bildet. Dieser Zusammenhang besteht nicht allein wegen einer genauen örtlichen wie regionalen Fixierung der in dem betreffenden Gebiet vorliegenden, geologischen Gegebenheiten. Er ist auch nicht nur dadurch gegeben, daß die Morphologie, dargestellt in der topographischen Unterlage, zuweilen weitgehendst von der Beschaffenheit der hier vorhandenen Gesteine wie ihrer Lagerungsverhältnisse abhängt, sondern er ist besonders auch für die Ausdeutung des räumlichen Verhaltens von ihnen wichtig. Sie wird durch die jeweiligen Beziehungen zwischen den Grenzen der Verbreitung der Gesteine = Ausstrichgrenzen und den vorhandenen Höhenlinien ermöglicht. Sie ist um so genauer und detaillierter, je mehr Isohypsen d. h. morphologische Einzelheiten gegeben sind. Die Wiedergabe von ihnen hängt, wie schon zuvor geschildert, von dem Maßstab der Karte ab. Er bestimmt somit auch die Darstellung der vorhandenen geologischen Gegebenheiten, durch deren Wiedergaben auf der jeweiligen topographischen Unterlage die entsprechende geologische Karte entsteht. Infolgedessen gibt es ebenfalls in der Geologie neben Spezial- auch Übersichtskarten, wie aus den vorausgegangenen Ausführungen zu entnehmen ist.

3. Darstellung der Geologie eines Gebietes in einer topographischen Karte

Die Verbreitung der Gesteine, die in dem von der topographischen Karte umrissenen Gebiet an die Erdoberfläche treten, wird in Flächenfarben wiedergegeben. Sie beziehen sich z. T. auf die Art der Gesteine, vor allem aber auf ihre relative zeitliche Stellung innerhalb der Erdgeschichte. Diese Einstufung wird bestimmt nach ihrem Inhalt an Fossilien (fossare = Ausgraben von Überresten von Tieren und Pflanzen aus der geologischen Vergangenheit) und/oder nach ihren Lagerungsverhältnissen. Sie ergibt die stratigraphischen (stratum = Schicht, graphein = beschreiben) d. h. die nach ihrer zeitlichen Bildungsfolge geordneten Gesteinsabfolgen bzw. die biostratigraphische, bei der die Fossilien maßgeblich für ihre zeitliche Einordnung sind. Letztere wird mit abnehmender Größe des Zeitabschnittes, den sie umfaßt, als Formation, Abteilung, Stufe usw. bezeichnet. Die international gebräuchlichsten Farben für die Formationen sind (BENTZ 1961):

Holozän = blaßgrün
Pleistozän = graugelb oder blaßgelb
Tertiär = hellgelb bis dunkelgraugelb
Kreide = grün
Jura = blau
Trias = violett
Perm = rotbraun, graubraun
Karbon = grau
Devon = gelbbraun
Silur = blaugrün
Kambrium = graugrün
Algonkium = blaßgrün
Archaikum = rosa
alte Eruptivgesteine = dunkelrot
junge Eruptivgesteine = hellrot

Innerhalb der einzelnen Formationen können die verschiedenen Glieder noch durch Farbabstufungen genauer ausgeschieden werden, wobei auch farbige Signaturen wie Striche usw. Verwendung finden. Hierbei gilt der schon in der obigen Farbskala zum Ausdruck kommende Grundsatz, daß die jeweils jüngeren Gesteine einen entsprechend helleren Farbton erhalten. Für die amtlichen deutschen Karten sind Ostwaldsche Farbnormen festgelegt, die aus der oben zitierten Veröffentlichung entnommen werden können. Sie geben einen genügenden Spielraum, um die wichtigsten Einheiten innerhalb der international aufgestellten Gliederung einer Formation zu erfassen. Unter Wahrung der Farbangleichung ist es immer noch möglich, auch zusätzliche Farben zu verwenden. Es empfiehlt sich, zumindest für jeden Anfänger einer geologischen Kartierung, sich mit der Farbgebung der einschlägigen Karten vertraut zu machen, denn um so weniger wird er Schwierigkeiten haben, im Gelände die richtige Farbauswahl zu treffen. Eine Verwechslung der manchmal naheliegenden Farbtönungen ist insofern nicht möglich, als die diesbezüglichen Farbflächen auf den meisten Karten außerdem eine Symboleinschreibung durch Buchstaben und Zahlen enthalten.

Das Symbol kennzeichnet alle wichtigen Eigenschaften einer geologischen Schicht bzw. Schichtenfolge. Es wird in einen stratigraphischen, petrographischen und genetischen Anteil aufgeteilt. In modernen Karten sind alle von ihnen durch einen Apostroph oder Komma voneinander getrennt. Er setzt sich aus einem (signum), meist aber aus mehreren (signa) Kennzeichen zusammen. Ihre Anzahl hängt davon ab, inwieweit ein Gestein nach seinem Aufbau und seiner Alterstellung bei gleichzeitiger Berücksichtigung des Maßstabes der Karte erklärt werden muß und kann und inwieweit diese Erklärung schon durch vorausgegangene Bemerkungen in der Legende erfolgt ist. Sie kann so weit durchgeführt sein, daß ein Symbolteil wegfallen kann. Er wird dann durch ein Apostroph oder Komma ersetzt. Infolgedessen kann das erste Signum des stratigraphischen Symbolanteiles, das aus lateinischen Kleinbuchstaben, ergänzt durch arabische Ziffern, griechische und große Buchstaben in Blockschrift, bestehen kann, innerhalb einer stratigraphischen Gliederung eine Formation, Abteilung oder Stufe bedeuten. Sein erster Buchstabe gibt meistens die Formation an z. B. t = Tertiär (früher b), j = Jura, d = Devon (früher t). Diese Abkürzung kann wie bei der Kreide auch aus zwei Buchstaben kr bestehen. Sie kann sich auch schon auf die der Formation folgende, nächstkleinere stratigraphische Einheit d. h. die Abteilung beziehen wie z. B. m = Muschelkalk innerhalb der Trias (tr). Vorwiegend wird diese Einheit durch den zweiten bzw. folgenden Kleinbuchstaben dargestellt, also unter Verwendung der vorhergehenden Beispiele bedeutet jl = Lias, do = Oberdevon und kro = Oberkreide. Mit ihm kann auch schon die weitere stratigraphische Untergliederung in Form einer Unterabteilung und Stufe bezeichnet sein, wie es beim Muschelkalk also mo = oberer Muschelkalk der Fall ist, wobei also die Abkürzung für die Formation weggelassen ist. Diese stratigraphischen Einheiten, besonders die Stufe, werden vor allem in den älteren Karten durch arabische Ziffern gekennzeichnet z. B. to 1 = Devon-Oberdevon-Adorf-Stufe oder ein Beispiel einer noch weitergehenden Untergliederung kro 2 − manchmal auch in der Schreibweise cro 2 − bedeutet Kreide (kr als Formation) − Oberkreide (o als Abteilung) − Turon (2 als Stufe) −

Labiatus-Schichten (als Unterstufe) (weitere Beispiele s. S. 47). In den neueren Karten wird die Stufe durch Buchstaben in Blockschrift ausgedrückt, die in den folgenden Beispielen unmittelbar hinter der Abkürzung für die Formation stehen wie ds = Devon-Siegenstufe oder cst = Karbon-Stefan. Ihre weitere Untergliederung geschieht entweder durch arabische Ziffern, die, sofern sie keine überregionale Bedeutung besitzen, in Klammern gesetzt werden müssen, oder durch einen Groß-, sofern erforderlich, mit nachfolgenden Klein-Buchstaben als Abkürzung für einen lokalen Schichtnamen. Um bei dem Beispiel des Devon zu bleiben, würde also dsHe bedeuten: d = Devon – s = Siegenstufe und damit Unterdevon – He = Herdorfer Schichten.

Wie sich aus den obigen Ausführungen ergibt, kann der stratigraphische Symbolanteil je nach der vorgenommenen Gliederung aus mehreren Signen zusammengesetzt sein. Sie hängt weitgehend ebenfalls vom Maßstab der Karte ab. Je kleiner er ist, um so weniger ist diese Aufgliederung durchführbar und desto geringer ist auch die Anzahl der Kennzeichen. Diese Tatsache beweist ein Vergleich der Farben und Symbole in einer Geologischen Übersichtskarte im Maßstab 1 : 200 000 und kleiner mit jenen im Maßstab 1 : 25 000.

Deshalb entfällt überwiegend in den erstgenannten Blättern der petrographische Symbolanteil. Jedoch gibt es einige Ausnahmen. Zu ihnen gehört seine Verwendung bei den Magmatiten. Er beginnt mit einem großen, lateinischen Buchstaben, der sich nach der Benennung des Gesteins richtet, z. B. Sy = Syenit, B = Basalt, Bt = Basalttuff und dem ein kleiner Buchstabe in Blockschrift vorangestellt sein kann, welcher auf einen bezeichnenden Gemengteil hinweist wie qK = Quarzkeratophyr. Diesen Abkürzungen werden nach den in den letzten Jahren seitens der Geologischen Landesämter wie der Bundesanstalt für Bodenforschung erarbeiteten Richtlinien ein Komma vorgesetzt, das, wie erläutert, den Wegfall des stratigraphischen Symbolteiles anzeigt. Dies trifft ebenfalls bei den in Schrägschrift ausgeführten, petrographischen Kennzeichen der Metamorphite zu, also gn = Gneiss oder hgn = Hornblendegneiss. In den geologischen Übersichtskarten wird der petrographische Symbolteil vor allem auch noch bei der Darstellung der quartären Ablagerungen verwendet. Für die alten Karten sei als Beispiel dl angeführt. Es bedeutet d (stratigraphischer Symbolanteil) = Diluvium und l (petrographischer Symbolanteil) = Löß. Nach den neueren Richtlinien würde hierfür qp, Lö geschrieben d. h. q (quartär), p (Pleistozän), Lö (Löß).

Sofern die stratigraphische Stellung des Löß durch vorausgehende Hinweise in der Legende erläutert ist, würde in diesem Fall als Kennzeichen Lö verbleiben. Dieses Beispiel erläutert zugleich, daß das Signum für Lockergesteine aus Großbuchstaben in Blockschrift besteht wie S = Sand, T = Ton. Diese Regel gilt auch für die Hauptbestandteile dieser Sedimente gegenüber den nachgestellten Nebengemengteilen, die durch Kleinbuchstaben repräsentiert werden. Sofern eine Aussage über die Körnigkeit getroffen wird, wird sie in Klein- dem Großbuchstaben vorangestellt z. B. gS = Grobsand. Diese schon weitgehende Untergliederung des petrographischen Symbolanteiles findet bei Karten größeren Maßstabes Anwendung. Sie enthalten ihn neben jenem für Magmatite und Metamorphite auch für sedimentäre Festgesteine. Hierbei wird er in den älteren Karten manchmal verwendet, wie das Beispiel tm 1 qu = Devon-Mitteldevon-unterer Quarzit beweist, in den jüngeren schon wesentlich häufiger, wo das zuvor genannte Symbol wie folgt geschrieben werden könnte: dequ d. h. Devon-Eifelstufe-Quarzit.

Genetische Signa mit Aussagen über die Verwitterung, Klima, Transport usw. werden vorwiegend bei den quartären Ablagerungen benutzt. So bedeutet das Symbol qh(2),T,m Quartär, Holozän einer Stufe 2, Ton, mariner Entstehung. Wenn es eine würmeiszeitliche Düne in der Schreibweise W„d kennzeichnen soll, so zeigt es, daß anstelle des weggefallenen petrographischen Anteils die Komma treten, welche die jeweiligen Anteile voneinander trennen. Bei den quartären Ablagerungen kann man die Überlagerung mehrerer Schichten durch jeweilige Bruchstriche bei gleichzeitiger Angabe der Mächtigkeit zum Ausdruck bringen z. B. $\frac{\text{dlö 30 cm}}{\text{dm 120 cm}}$, d. h. nach alter Schreibweise 30 cm pleistozäner Löß überlagern 120 cm pleistozänen Mergel. Diese Überlagerung kann in der Karte durch Schraffuren, Punktierungen und andere Zeichen zur Darstellung gebracht werden.

Außer der kolorierten Fläche und des Symbols können auch weitere Kennzeichen zur Charakterisierung der Schicht bzw. Schichtenfolge herangezogen werden wie die schon erwähnten Strichzeichen usw. Stets muß jedoch darauf geachtet werden, daß mit ihnen die Karte nicht überlastet wird.

Die in ihr zur Darstellung der Geologie verwendeten Farben mit oder ohne Symbole sind auf dem seitlichen Rand eines jeden Blattes entweder von links oben nach rechts unten oder auf dem unteren Blattrand von links nach rechts jeweils vom jüngeren zum älteren, im letztgenannten Fall auch im umgekehrten Sinn aufgetragen. Je nach dem Maßstab der Karte sind sie Formationen, Abteilungen, Stufen usw. zugeordnet. Außerdem sind ihnen noch weitere Erläuterungen über Gesteinsbeschaffenheit usw. beigegeben, die auf S. 51 f. ausführlicher besprochen werden.

Innerhalb der Randausstattung sind im Anschluß an die Farberklärungen Hinweise über die Tektonik, das Auftreten von Lagerstätten, Bohrungen, Bergwerke, Schichtmächtigkeiten usw. vorhanden. Hinzu kommen einige weitere Angaben, die auch, sofern für die geologische Karte kein eigener Blattschnitt verwendet worden ist, auf der benutzten topographischen Unterlage stehen. Hierzu gehören vor allem der Name des Blattes wie seine Nummer. Beide müssen nicht mit der Bezeichnung auf der betreffenden topographischen Karte übereinstimmen. Desweiteren ist der Maßstab angegeben, der ebenfalls für das meist beigegebene Profil wichtig ist.

Die kolorierten Flächen für die stratigraphischen wie lithologischen Einheiten auf der Karte selbst sind in ihrer Verbreitung durch ausgezogene, auf den älteren Karten z. T. auch durch feingestrichelte Ausstrichlinien begrenzt. Sie dienen in Verbindung mit den Höhenlinien der Ermittlung der Lagerungsverhältnisse der Schichten (s. S. 56 ff.). Darüber hinaus ist die Tektonik je nach dem Maßstab der Karte ausführlich oder weniger ausführlich durch die in die Flächenfarben eingetragenen Zeichen (s. Abb. 17) wie durch ein auf dem unteren Rand der Karte aufgetragenes und durch Buchstaben bezeichnetes Querprofil kenntlich gemacht.

Damit ist das Wichtigste über eine allgemeine Ausstattung einer geologischen Karte genannt, zumal auf weitere Einzelheiten in den folgenden Ausführungen bei der Abhandlung der Geologischen Karte 1 : 25 000 (GK 25) eingegangen werden wird.

4. Die geologische Karte 1:25 000 (GK25) und ihre Ausdeutung

Die Geologische Karte im Maßstab 1 : 25 000 ist die am meisten benutzte, amtliche Karte Deutschlands, da sie entsprechend ihrem Maßstab sowohl die morphologischen als auch die wichtigen geologischen Befunde in ihren Einzelheiten klar und leserlich wiedergibt und bei gleichzeitiger Verwendung der morpohologischen Kennzeichen wie z. B. der Höhenlinien (s. S. 20 ff.) eine vielfältige Ausdeutung gestattet.

An Stelle der Geologischen Karte des deutschen Reiches, vormals Geologische Karte von Preußen und benachbarten deutschen Ländern, sind nach dem Krieg für die Bundesrepublik die Geologischen Karten der einzelnen Bundesländer getreten. Sie haben jedoch stets das jeweilige Meßtischblatt bzw. die topographische Karte 1 : 25 000 = TK 25 zur topographischen Grundlage. Somit haben sie auch die für dieses topographische Blatt maßgebenden Signaturen etc. übernommen, auf die im folgenden nicht näher eingegangen werden muß, weil sie ausführlich auf S. 12 behandelt worden sind. Jedoch kommen bei der Geologischen Karte 1 : 25 000 einige neue Kennzeichen usw. hinzu, die deshalb im folgenden erwähnt werden müssen. Sie betreffen vor allem die Randausstattung der Karte.

4.1. Die Randausstattung der Karte

Der obere Rand enthält die Kartenbezeichnung „Geologische Karte von Preußen und benachbarten Bundesländern", die heute durch jene ersetzt ist, die angibt, in welchem Bundesland das Blatt liegt z. B. Geologische Karte von Hessen. Dieser Angabe folgt in den neuen Karten der Maßstab 1 : 25 000. Unter ihm sind zuweilen Ort und Jahr der Herausgabe der Karte, der Name des Bearbeiters, der bei den nach dem Weltkrieg veröffentlichten Karten meistens links oben steht, und der Name des Blattes, benannt nach einer Stadt oder maßgeblichen Ortschaft, angegeben. Letzterer ist auch manchmal auf der rechten Seite des Blattrandes vermerkt. Wie schon zuvor erwähnt, muß er nicht immer mit jenem der topographischen Karte übereinstimmen und kann auch zwischen zwei Blattveröffentlichungen wechseln. Rechts oben am Blattschnitt der Karte steht ihre Kennziffer, links oben bei den älteren Karten anstelle der Bearbeiter häufig die Angabe der Gradabteilung.

Auf dem linken Blattrand, mit den jüngsten Schichten oben beginnend und sofern erforderlich, sich auf dem rechten Blattrand fortsetzend, ist die Legende = Erklärung der Farben, Symbole etc. aufgetragen. Für die Bezeichnung der Schicht- und Gesteinseinheiten, geordnet nach ihren relativen Altersunterschieden aufgrund ihres Fossilinhaltes oder ihrer Lagerungsverhältnisse, setzt sie sich vom jeweiligen Außen- zum Innenrand wie folgt zusammen. Zuerst kommt die stratigraphische Gliederung. Sie beginnt mit den Namen der Formation, gefolgt von jenem der Abteilung und Stufe, die noch unterteilt sein kann. Es schließt sich die Bezeichnung der Schichten an. Unter ihr können, wie z. B. bei der Geologischen Karte von Bayern, noch ihre wichtigste Zusammensetzung und ihre kennzeichnendsten Merkmale stehen. Vorwiegend befinden sie sich unter wie nach dem kolorierten Rechteck bzw. Quadrat vermerkt, das die jeweilige Farbe der in der Karte dargestellten Gesteinseinheit mit den maßgeblichen Symbolen enthält (s. auch S. 42).

4. Die geologische Karte 1 : 25 000 (GK 25) und ihre Ausdeutung

Für diese Anordnung werden im folgenden einige Beispiele angeführt:

1. Tertiär-Altertiär-Oligozän-Oberer Kasseler Meeressand-koloriertes Rechteck mit Symbol-Beschreibung der Zusammensetzung der Schichten.

2. Jura-Malm-Kimmeridge-Unt.-koloriertes Rechteck mit Symbol, unter ihm Gesteinsbeschreibung.

3. Trias- Buntsandstein – Unterer Buntsandstein – seine Unterteilung in verschiedene, dem Alter nach geordnete Gesteinskomplexe, dargestellt durch kolorierte Rechtecke mit Symbol und unter ihnen die wichtigsten Merkmale der Gesteinszusammensetzung.

4. Devon-Mitteldevon-Eifelstufe-Ramsbecker Schichten – ihre Unterteilung in einzelne lithographische Einheiten – hierfür die verschieden kolorierten Rechtecke mit den jeweilig entsprechenden Symbolen und darunter eine in Stichworten gehaltene Beschreibung der betreffenden Schicht bzw. Schichtenfolge.

Bei den Flachlandskarten, zumal jenen, deren Gebiete nahe der Nordseeküste liegen, spielen verständlicherweise die jüngsten Schichten des Quartär eine bedeutsame Rolle. Hier kann die Legende von links nach rechts 7 Rubriken umfassen, indem z. B. im Bereich der ausgeschiedenen Marsch noch zwischen brackischen und marinen Ablagerungen unterschieden und das ausführliche Symbol in der letzten Rubrik gesondert aufgeführt wird. Es kann die Überlagerung von mehreren Schichten durch die Bruchstrichdarstellung zum Ausdruck bringen z. B.

$$\frac{dl}{d_2} = \frac{\text{diluvialer Löss}}{\text{diluviale Terrassenschotter}}, \text{ in moderner Schreibweise } \frac{qp, Lö}{qp,,t}$$

Manchmal sind auch die Mächtigkeiten der sich überlagernden Schichten angegeben. Diese Symbolik wird ebenfalls in den Blättern des Mittelgebirges angewendet. Die in hellen Farben kolorierten oder in weiß gehaltenen Flächen dieser Lockergesteine sind noch zusätzlich weit mehr als jene der älteren Festgesteine mit den verschiedensten Signaturen versehen, die wie die kreisrunden, z. T. farbigen Kringel der Schotter oder die Punkte der Sande Art und zuweilen Genese dieser Sedimente angeben.

Diesen Erläuterungen einer stratigraphischen Abfolge schließen sich in der vertikalen Reihenfolge der Legende, besonders auf den älteren Karten, die Erklärungen der Farben mit Symbolen für die Magmatite an, sofern sie noch nicht zuvor an der für sie zeitlich zutreffenden Stelle der Tabelle aufgeführt sind.

Ihnen folgen Zeichen, die z. T. schon für die topographischen, überwiegend aber für die geologischen Karten zutreffen. Zu den letzteren gehören neben jenen für die Ausstrichgrenzen (s. S. 57 ff.) vor allem die tektonischen Signaturen (Abb. 17). Von ihnen sind die Störungen, soweit sie beobachtet sind, durch dicke, sofern sie nur vermutet sind, durch unterbrochene Striche gekennzeichnet. Diese Striche können auf der Seite, auf welcher die Schichten relativ abgesunken sind, mit kurzen Querbalken versehen sein (Abb. 17). Bei den Aufschiebungen sind sie nicht noch zusätzlich charakterisiert, so daß diese Störungen nur an dem beiderseits von ihnen auftretenden Schichtverband erkennbar sind (s. S. 83). Demgegenüber sind die Strichsignaturen einer Überschiebung meistens mit schwarz ausgefüllten Dreiecken versehen. Sofern diese Zusatzzeichen fehlen, kann diese Störung wie die Deckenüberschiebung aus den in der Karte dargestellten Lagerungsverhältnissen entnommen werden.

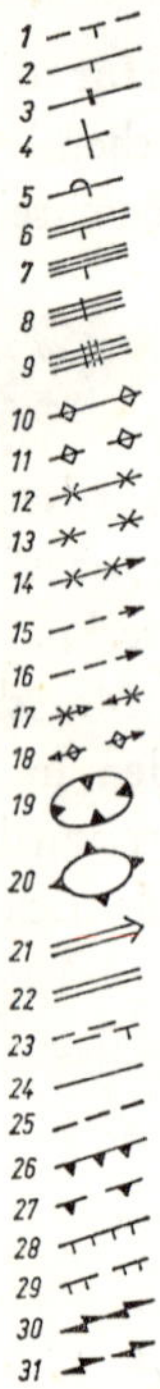

Abb. 17. Übersicht über die wichtigsten tektonischen Zeichen
1. Schichtgrenze bzw. Schichtstreichen; 2. Schichtgrenze bzw. Schichtstreichen; 3. Schichtungseiger; 4. Schichtungsöhlig; 5. Schichtungüberkippt; 6. Schieferung; 7. 2. Schieferung; 8. seigerstehende Schieferung; 9. Horizontale Schieferung; 10. Sattel beobachtet; 11. Sattel vermutet; 12. Mulde beobachtet; 13. Mulde vermutet; 14. Achse gemessen (Mulde); 15. Achse, konstruiert aus gleichen tektonischen Elementen; 16. Achse, konstruiert aus verschiedenen tektonischen Elementen; 17. Achsendepression; 18. Achsenkulmination; 19. Becken; 20. Dom; 21. Rutschstreifen, Bewegungsrichtung bekannt; 22. Rutschstreifen, Bewegungsrichtung unbekannt; 23. Klüfte; 24. Störung nachgewiesen; 25. Störung vermutet; 26. Auf-Überschiebung nachgewiesen; 27. Auf-Überschiebung vermutet; 28. Abschiebung nachgewiesen; 29. Abschiebung vermutet; 30. Blattverschiebung nachgewiesen; 31. Blattverschiebung vermutet.

Stets sind auch die Zeichen für Streichen und Einfallen der Schichten angegeben (Abb. 17). Das wahre tektonische Streichen ist die Richtung einer Horizontalen auf einer geneigten Fläche, gemessen als Winkel zwischen die-

4. Die geologische Karte 1 : 25 000 (GK 25) und ihre Ausdeutung

ser Horizontalen und Geographisch-Nord (Abb. 121 u. 134). Das wahre Einfallen ist die steilste Neigung dieser Fläche, gemessen senkrecht zum Streichen, und zwar als Winkel zwischen einer Horizontalen und der Fall-Linie, beide senkrecht zum Streichen. Letztere stellt die Schnittlinie zwischen der in ihr errichteten Vertikalebene und der senkrecht zum Streichen einfallenden Fläche (Schicht-, Schieferungs-, Gangfläche usw.) dar. Streich- wie Einfallswerte werden mit dem Kompaß im Gelände festgelegt (Abb. 134, Methoden etc. s. S. 165) und in die Karte übertragen. Hierbei kann an der senkrecht zur Streichlinie verlaufenden Einfallsrichtung der Wert des Einfallens vermerkt sein ($\angle$ 25°). Manchmal wird er auch durch die Länge dieser Querlinie zur Darstellung gebracht und zwar je kürzer sie ist, um so steiler ist das Einfallen und umgekehrt. Zuweilen wird er auch durch die Anzahl dieser Querlinien ausgedrückt. Hierbei bedeutet eine Querlinie einen Winkel bis zu 30°, zwei einen solchen bis zu 60° und drei bis zu 89°. Seigerstellung der Schichten wird durch einen Punkt in der Mitte der Streichlinie, horizontale Lagerung durch ein Kreuz mit gleichlangen Armen wiedergegeben (s. Abb. 17). Weitere tektonische und andere Zeichen, die, sofern erforderlich, ebenfalls auf dem Blattrand auftreten, können aus der Abb. 17 entnommen werden. An dieser Stelle ist nur noch darauf hinzuweisen, daß sie auch farbig ausgeführt sein können, besonders blau oder rot, um deutlicher im Kartenbild hervorzutreten. Dies trifft ebenfalls auf Quellen, Bohrbrunnen, Bergwerke, Stollen, Subrosionssenken d. h. Auslaugungen im Untergrund wie auf andere Besonderheiten zu. Desweiteren muß noch erwähnt werden, daß diese Legende auch Hinweise auf gangförmige Mineral-, namentlich Erz-Vorkommen aufweisen kann. An der Streichlinie dieser Gänge ist das jeweilige Hauptmineral angegeben. Zuweilen sind auf diesem Blattrand auch die in der Karte vorhandenen Bergwerksfelder vermerkt. Stets ist auch die mit Buchstaben versehene Profillinie angezeigt.

Auf den Flachlandskarten können noch weitere Sonderzeichen z. B. über die Tiefenlagen des Holozäns, die Streichrichtung der Moränen, über Kryoturbationen usw. vorhanden sein.

Anschließend, jedenfalls stets auf dem rechten Blattrand, befindet sich eine, in den Farben und Symbolen der Gesteinsschichten des Blattes angelegte, stratigraphische Säule, welche die geringsten bis größten oder mittleren, meist abgeschätzten Mächtigkeiten der einzelnen Schichteinheiten entweder im Maßstab der Karte oder in einem größeren Maßstab wiedergibt.

Abgesehen davon, daß auch der untere Kartenrand mit den vorher genannten Zeichen ausgestattet sein kann, sind auf ihm vor allem der Hersteller der topographischen Unterlage, der Abschluß der Geländeaufnahme, das Jahr der Veröffentlichung unter Angabe der Nummer der Lieferung

(z. B. bei den alten preußischen Spezialkarten), die Druckanstalt und, sofern nicht schon am oberen Kartenrand geschehen, die Bearbeiter des Blattes angegeben. Desweiteren sind der Längen-, zuweilen auch der Böschungsmaßstab aufgeführt. Am wichtigsten sind aber die hier vorhandenen Querprofile, die einen Überblick über die Lagerungsverhältnisse der Schichten etc. und damit über den tektonischen Bau des betreffenden Gebietes vermitteln. Ihr Längenmaßstab entspricht jenem der Karte, während der Höhenmaßstab überhöht sein kann, was stets angegeben ist.

4.2. Die kolorierte Kartenfläche und ihre Ausdeutung

Der Randsaum der kolorierten Fläche zwischen der Innen- und der stärker ausgezogenen Außenlinie des Blattes enthält die schon bei der Besprechung der topographischen Karte 1 : 25 000 erwähnten Hinweise (s. S. 12). Deshalb kann hier auf ihre Wiedergabe zugunsten einer ausführlicheren Darstellung des Inhaltes der geologischen Karte selbst verzichtet werden.

4.2.1. Zusammensetzung und Alter der Schichten

Die in Übereinstimmung mit der Legende kolorierten und mit Signaturen wie Symbolen versehenen Flächen der topographischen Unterlage geben nunmehr als geologische Karte die Verbreitung der in diesem Gebiet zutage ausstreichenden, unter Deckschichten vermuteten und durch künstliche Aufschlüsse bekannten Gesteine an.
Sie umfassen u. a. die in weißen bis hellen Farben dargestellten Lockergesteine des Quartär. Diese Ablagerungen können bei Flachlandskarten das gesamte von ihnen erfaßte Gelände einnehmen. Bei Mittel- und Hochgebirgskarten beschränken sie sich vorwiegend auf die Täler, z. T. auf ihre Flanken wie die sie begleitenden Terrassen und auf die Hochflächen. Sie können, besonders in den letztgenannten Fällen, als Deckschichten so geringmächtig werden, daß der Charakter der unter ihnen liegenden Gesteine durch Handbohrungen usw. nachgewiesen werden kann. Diese Verhältnisse werden durch das Bruchstrichsymbol mit und ohne Mächtigkeitsangabe zum Ausdruck gebracht (s. S. 44). Sie können auch durch ein Raster in den Farben der Deckschichten dargestellt werden. Es ist um so weitständiger, je geringmächtiger sie werden, bis an ihre Stelle, von einer Verwitterung- bzw. Bodenschicht abgesehen, die hier vorherrschenden Festgesteine des Untergrundes treten. Letztere nehmen als durch dunklere Farben ausgewie-

4. Die geologische Karte 1 : 25 000 (GK 25) und ihre Ausdeutung

sene Sedimentgesteine, Metamorphite und Magmatite, besonders in den Karten mit einem stärkeren Relief, den größten Raum ein. Die künstlichen Aufschlüsse, vor allem die Bohrungen, werden mit der Farbe des Gesteines versehen, das sie bei ihrer Endteufe angetroffen haben.

Von dem letzten Fall abgesehen, trennen zwei Ausstrichgrenzen auf der Karte jedes hier in Farbe mit oder ohne Symbol usw. charakterisierte Gesteinsvorkommen. Sie legen zugleich seine Ausstrichbreite fest. Beide sind für die Feststellung seiner Lagerungsverhältnisse von Bedeutung. Deshalb werden sie ausführlicher in Kapitel 4.2.2. b u. c behandelt.

Unter Benutzung der Legende geht die Ausdeutung des geologischen Inhaltes der Karte voraus, der über die Gesteine, ihre Zusammensetzung, Altersstellung usw. Aussagen macht. Er gibt einen Überblick über die jeweilige Beteiligung von Sedimentgesteinen, Metamorphiten und Magmatiten an dem geologischen Aufbau des betreffenden Gebietes. Er läßt schon gewisse Rückschlüsse auf erdgeschichtliche Ereignisse zu.

Unter den Sedimenten sind zuerst die quartären Ablagerungen am Beginn der Legende zu nennen. Sie sind zu ihrer Unterscheidung zuweilen durch eine Vielfalt an hellen Farben, durch die ihnen aufgedruckten, verschiedenfarbigen wie schwarzen Signaturen und durch umfangreiche Symbole dargestellt (s. S. 43). Teilweise schon diese Kennzeichen allein, vor allem aber die ihnen beigegebenen Erläuterungen geben die Möglichkeit, diese Lockergesteine nach ihrer Korngröße d. h. als Schotter, Kiese, Sande, Tone untereinander auszuhalten. Sie machen manchmal zusammen mit weiteren Zeichen der Legende, die in die betreffende Flächenfarbe in der Karte eingetragen sind, eine Aussage über die Entstehung des Sedimentes. Um einige Beispiele zu nennen, gehören hierzu die Hinweise auf eine Glaziallandschaft, repräsentiert durch Endmoränenzüge, durch Grundmoränen als Geschiebemergel oder verwittert als Geschiebelehm mit Angaben über das Vorkommen von erratischen Blöcken und Leitgeschieben nebst ihrer Transportrichtung. Desweiteren sind die einer einstmaligen Vereisung vorgelagerten Periglazialgebiete an dem Auftreten von Löß mit seinen verschiedenen Abarten und weiteren äolischen Sedimenten wie Flugsanden und Dünen, außerdem an den Folgen einer Solifluktion (= Fließbewegungen) wie Blockmeere, Fließerden usw. erkennbar. Wichtig sind desweiteren die Hinweise auf die Hoch- und Niedermoore als limnische, auf die Terrassenschotter als fluviatile und, soweit die Blätter der Nordsee benachbart liegen, auf marine Ablagerungen. Aus der räumlichen Verteilung dieser Sedimente und aus ihren faziellen Übergängen lassen sich Rückschlüsse auf das ehemalige Milieu ziehen. Aus den bisher genannten und weiteren Zeichen ergeben sich zuweilen Unterlagen für die Beantwortung von Fragen der angewandten Geologie. Hierzu gehören u. a. die Schotter- und Kiesvorkommen als Material zur Verwendung beim Straßenbau oder als Grundwasserspeicher usw.

Für die älteren, deshalb durch dunklere Farben wiedergegebenen Sedimente (= meist Festgesteine) sind ebenfalls wichtige Angaben über ihre Zusammensetzung aus den petrographischen Erläuterungen der Legende zu entnehmen (s. S. 44). Manchmal gibt schon hierfür die Farbe allein einen Hinweis. Dies trifft besonders auf die in den Schichten angegebenen Einlagerungen zu. Als Beispiel sei das Blau für Kalkbänke und Kalkknollen z. B. in den Wissenbacher Schiefern auf Blatt Rodheim Nr. 3106 erwähnt. Hinzu kommen die petrographischen Symbolanteile, die jedoch bei diesen Sedimenten, vor allem in den alten Karten, weit weniger Verwendung finden als bei quartären Ablagerungen.

Die den Farbflächen aufgedruckten Signaturen bestehen wie auch bei den quartären Deckschichten nicht immer aus Zeichen, die eine petrographische Aussage zulassen. Abgesehen von der Farbe werden durch sie häufig die entsprechend gekennzeichneten Schichteinheiten von ihrer Umgebung gut abgehoben, so daß sie innerhalb der Karte ohne größere Schwierigkeiten in ihrem Verlauf festzustellen sind.

Mit Hilfe der bisher genannten Merkmale ist es also möglich, die petrographische Zusammensetzung der Schichten in der Karte flächenhaft zu verfolgen. Hierbei sind die Übergänge zwischen verschiedenen Schichten bzw. Schichtabfolgen von besonderem Interesse, wobei entsprechend der Legende ihre Alterstellung zueinander beachtet werden muß. Sofern sie abrupt eintreten, fallen sie meist mit Störungen zusammen (s. S. 79). Vollziehen sie sich ohne dieselben, so weisen sie auf einen in der Zeit relativ plötzlich stattgefundenen Milieuwechsel hin. Er kann verschiedene Ursachen haben, wie das Beispiel der Auflagerung des Zechsteins auf verschieden alte Gesteine z. B. auf Blatt Lauterberg Nr. 4328 beweist (s. S. 77). Dies trifft auch auf den Fall zu, daß er nicht wie in dem vorausgegangenen Beispiel mit einer Schichtlücke (= Ausfall von Schichten) und Winkel-Diskordanz (winkliges Abstoßen eines Gesteinskomplexes gegenüber dem Hangende) verbunden ist, sondern schichtparallel einsetzt, wie es vielleicht bei Einlagerungen von Tuffen (Blatt Eversberg Nr. 2979, Attendorn Nr. 4813) vorkommt. Der normale Ablauf des Milieuwechsels in vertikaler Richtung wird innerhalb einer geologischen Karte in sehr vielfältiger Weise vor Augen geführt. Hierzu gehört die häufig vorhandene Entwicklung von Konglomeraten zu Sand- und Tonsteinen, die sich zyklisch wie rhythmisch wiederholen kann, oder der Wechsel von Mergel, Mergelkalk und Kalk z. B. im Cenoman und Turon auf Blatt Borgholzhausen Nr. 2080. Seine Wiedergabe

in lateraler Beziehung d. h. als ein Wechsel der Fazies (Gesamtheit aller Merkmale über die Bildungsbedingungen) tritt zuweilen in den älteren Karten und allgemein gegenüber einer Darstellung bei den quartären Ablagerungen zurück. Er ist nicht allein in der Legende durch eine unter einer Klammer zusammengefaßte Aufeinanderfolge von gleichgefärbten, aber mit verschiedenen Signaturen versehenen Rechtecken und entsprechend in der Karte durch diese zusätzlichen Zeichen, sondern auch durch die Signaturen der schon des öfteren genannten Einlagerungen kenntlich gemacht. Diese Art der Darstellung ist u. a. aus dem Blatt Attendorn (Nr. 4813) für die Finnentroper Schichten zu entnehmen. Eine andere Form seiner Wiedergabe ist für die Hornburger Schichten auf Blatt Leimbach (Nr. 2456) gewählt. Hier ist in demselben Rechteck mit der gleichen Grundfarbe, aber durch eine aufgedruckte Signatur die Verzahnung zweier unterschiedlicher Fazien (Konglomerat/Sandstein) dargestellt. Somit stellt in diesem Fall die Ausstrichgrenze in der Karte zwischen den beiden Sedimentkomplexen eine Faziesgrenze dar, was, besonders bei kontinentalen Ablagerungen, sehr häufig der Fall ist, aber selten in der Karte zum Ausdruck kommt. Auf neueren Karten wie z. B. Blatt Pressberg (Nr. 5913) ist für den Hunsrückschiefer hierfür ein Hinweis gegeben. In vielen Blättern geht er eindeutig aus den beigegebenen Mächtigkeitsprofilen hervor. Dieser Fazieswechsel ist hinsichtlich seiner Gleichzeitigkeit zuweilen gut durch eine beide Fazien verbindende Einlagerung wie Tuffe belegt.
Sie sind zugleich wichtige Leitschichten wie z. B. die Keratophyrtuffe in den Remscheider Schichten des Unterdevon im westlichen Sauerland (s. Blatt Attendorn Nr. 4815, Blatt Remscheid Nr. 4809). Solche Leitschichten sind manchmal durch besondere Signen, teilweise in der Form von griechischen Buchstaben hervorgehoben. In diesem Zusammenhang sei auf das t der Terebratulabänke des Unteren Muschelkalkes (Blatt Jena, 5035) verwiesen.
Die besondere Zusammensetzung der Sedimentarten gibt häufig einen Hinweis auf ihre Entstehung z. B. den Kupferschiefer wieder. Dies trifft ebenfalls auf größere Sedimenteinheiten zu. Hier sind die bit. Schiefer des Lias, die Glaukonitsandsteine der Kreide und die verschiedenen Massen- = Riffkalke des Devon und Jura zu nennen. Die beiden zuletzt genannten Sedimente weisen zugleich auf ein marines Milieu, Kohlenflöze auf einen meistens noch limnisch beeinflußten Lebensraum hin. Diese Milieuangaben können noch durch Fossilzeichen für eine marine oder limnische Fauna unterstrichen werden. In dieser Hinsicht sind die Angaben über Vorkommen von Pflanzen nicht uneingeschränkt zu verwenden, da die Pflanzenreste aus dem limnischen in den marinen Raum verfrachtet und auch ihm selbst entnommen sein können (Algen).

Desweiteren sind manche dieser Festgesteine für die praktische Geologie von Bedeutung. So sind die größeren Vorkommen von Kalken für eine Karsthydrogeologie und für eine Zement-, jene der Quarzite u. a. für eine feuerfeste Industrie und zusammen mit Sandsteinen, Grauwacken usw. als Material zur Verwendung im Straßenbau wichtig.

Diese Beispiele mögen genügen, um zu zeigen, welche Vielfalt an Fragen im Zusammenhang mit der Zusammensetzung von Sedimentgesteinen durch die geologische Karte mit ihrer Legende beantwortet werden kann.

In gleichem Umfang trifft es nicht auf die Metamorphite zu, denn durch die eingetretene Metamorphose ist ihre primäre Zusammensetzung wie ihr primäres Gefüge meist weitgehend ausgelöscht. Meistens sind die Hauptgemengteile dieser Gesteine durch die petrographischen Erläuterungen in der Legende und somit auch in der Karte, durch zusätzliche farbige Signaturen und durch die petrographischen Symbolanteile wiedergegeben. Dies wird durch die Bezeichnungen und ihre Abkürzungen wie Quarzit, Marmor, Kalksilikatfels, Cordierit-Sillimanit Gneis, Orthogneis usw. belegt. Sie geben zusätzlich über Art und Grad der Metamorphose eine Auskunft.

Die Magmatite als Instrusiv = Tiefengesteine (Schmelze ist unter der Erdoberfläche erstarrt) und als Effusiv = Erguß = Oberflächengesteine zusammen mit den ausgeworfenen Lockerprodukten (verfestigt als Tuffe genannt) wie die Ganggesteine heben sich in vielen Fällen schon durch die ihnen zugesprochenen Farben wie das Rot für die sauren, d. h. kieselsäurereichen, das Dunkelgrün für die basischen, d. h. kieselsäurearmen Vertreter in der Legende der Karte von ihrer Umgebung ab. Ihre einzelnen Typen wie jene der intermediären Gesteine sind in der Legende durch die Erläuterungen wie auch die den Farben aufgedruckten, petrographischen Symbolanteile und in der Karte meist durch diese Kennzeichen allein ausgewiesen. Nach ihnen lassen sich schon in gewissem Umfang die Intrusiv- von den Effusiv- und den Ganggesteinen unterscheiden. Die vielfältige Bedeutung der Tuffe ist schon früher erwähnt worden. Hinsichtlich der Milieuverhältnisse sind sie Zeugen für einen lokalen bis ortsfremden, zusammen mit dem Auftreten gleichgearteter Vulkanite Beweise für einen örtlichen Vulkanismus. Sein festländischer oder mariner Charakter kann ebenfalls aus der Karte wie ihrer Legende über die Begleitsedimente entnommen werden. Infolge der mannigfaltigen Verwendung der Magmatite ergibt sich von selbst ihre Bedeutung für die praktische Geologie.

Unter ihnen können sich auch die Intrusivgesteine durch das Auftreten von Ganggesteinen wie Apliten, Pegmatiten, Lamporphyren in ihnen selbst wie in ihrer Nachbarschaft ausweisen. Hierzu gehören auch die Erzgänge, deren mineralogischer Charakter aus den ihnen in der Legende wie Karte beigegebenen großen Buchstaben in Blockschrift wie z. B. Pb = Blei, Fe = Eisen, Cu = Kupfer usw. hervorgeht. Durch entsprechende Hinweise sind auch weitere Lagerstätten in der Karte sichtbar gemacht. Zu ihnen sind auch jene für die sedimentären Lagerstätten zu rechnen wie für die Erz-, vor allem auch für die Kohlen-Flöze. Um nur die wichtigsten zu nennen, müssen auch noch die Salz- und Kaliflöze erwähnt werden. Auf ihr Auftreten unter jüngeren Deckschichten können neben entsprechenden Mineral- wie Na-Quellen auch verschiedene Signaturen hinweisen. Zu ihnen zählen jene, welche zugleich morphologische Erscheinungen an der Tagesoberfläche wie Erdfälle, Dolinen, Subrosionssenken usw. anzeigen. Sie können durch Salzablaugung, jedoch auch durch Kalkauflösung innerhalb einer Karstlandschaft entstehen.

Damit sind die Zusammenhänge zwischen Morphologie und Geologie angesprochen, die schon wiederholt angedeutet wurden. Sie werden eingehender im Kap. V, 2 im Anschluß an die Ausführungen über die geologische Karte behandelt werden.

Vor allem im Zusammenhang mit einer wirtschaftlichen Beurteilung von Lagerstätten, aber auch allgemein hinsichtlich der Schichtgesteine, zu denen in diesem Falle auch die Ströme und Decken von Effusivgesteinen zu rechnen sind, ist ihre wahre Mächtigkeit von Interesse. Sie wird definiert als der senkrechte Abstand zwischen zwei Schichtflächen bzw. auf Ganglagerstätten bezogen als jener zwischen zwei Gangflächen. Abgesehen von den auf den Karten vorhandenen Mächtigkeitsprofilen (s. S. 49) kann sie aus dem Kartenbild selbst nur aus dem beigegebenen oder einem weiteren zu entwerfenden Profil unter Berücksichtigung der Ausstrichbreite festgestellt werden. Da beide neben dem Relief von den Lagerungsverhältnissen der Gesteine abhängig sind, wird die Feststellung der Mächtigkeit in einem der folgenden Kapitel näher erläutert.

Das relative Alter der Gesteine kann aus der in der Legende eingehaltenen stratigraphischen Abfolge entnommen werden. Für seine Feststellung ist also ihre Einteilung in Formationen, Abteilungen und Stufen von maßgeblicher Bedeutung. Hierbei ist darauf zu achten, ob ihre Abfolge eine Unterbrechung aufweist, da diese Lücke wichtige Aussagen über erdgeschichtliche Ereignisse machen kann. Sie hängen meist mit tektonischen Bewegungen zusammen, deren Ergebnis sich in den Lagerungsverhältnissen der Gesteine widerspiegelt, bei deren Ermittlung jedoch auch das Alter der Gesteine eine maßgebliche Rolle spielt. Sie werden in den folgenden Ausführungen eingehender besprochen.

4.2.2. Die Lagerungsverhältnisse der Gesteine

Sie können verschiedene Ursachen haben. So sind die Ablagerungsvorgänge bei gleichzeitiger Berücksichtigung des Ablagerungsmilieus wichtig. Dies trifft besonders auf rezente Sedimente zu, die auf Kontinenten zum Absatz gekommen sind, ohne damit jene im marinen Bereich auszuschließen. So weit sie auf dem Festland entstanden sind, lassen sie Formen erkennen bzw. weisen Merkmale auf, die ohne Schwierigkeiten aus der geologischen Karte zu entnehmen sind. Um nur einige Beispiele zu nennen, gehören hierzu die Schutthalden und Terrassen an den Talhängen mit ihrer Position und bestimmten Signaturen. In diesem Zusammenhang sind auch Hangrutschungen zu erwähnen, die in der topographischen Karte schon durch die unruhige Kleinmorphologie in Erscheinung treten. Leicht zu erkennen sind auch die Schwemmkegel von Bächen und Flüssen am Austritt der Täler, die z. T. weitverbreiteten Löß- bzw. Lößlehm- und Gehängelehmdecken, die auf Gesteinen verschiedenen Alters ruhen und sich der jeweiligen Morphologie des Geländes anpassen. Dies trifft ebenfalls auf Fluß- und Seeablagerungen zu.

Des weiteren können besondere Lagerungsverhältnisse durch Intrusionen d. h. durch das Eindringen einer Gesteinsschmelze in einen Gesteinsverband hervorgerufen werden. Hierbei können schon tektonische Bewegungen eine maßgebliche Rolle spielen. Mit den durch sie erzeugten Lagerungsverhältnissen und ihrer Erkennbarkeit in der geol. Karte beschäftigen sich vornehmlich die folgenden Ausführungen.

a) Die Zeichen für Streichen und Einfallen in der geologischen Karte 1 : 25 000. In den meisten Karten sind die Zeichen für das auf S. 49 definierte wahre Streichen und Einfallen zumindest in einer Auswahl eingetragen, welche die Hauptstrukturen sichtbar werden lassen. Das Streichen wird durch eine kurze, in Streichrichtung angeordnete Linie und die Einfallsrichtung durch einen Balken oder Pfeil senkrecht dazu dargestellt. Sofern die Richtung des Streichens nicht an dieser Linie durch eine Gradzahl vermerkt ist, kann sie mit Hilfe des Winkelmessers oder anderer auf S. 62 beschriebener Methoden aus der Karte entnommen werden. In Mitteleuropa gibt es fünf bevorzugte Streichrichtungen (Abb. 18):

1. die variscische oder erzgebirgische, benannt nach dem morphologischen Verlauf des Erzgebirges d. h. NE-SW (I in Abb. 18),
2. die herzynische, welche NW-SE ausgerichtet ist und nach der Längserstreckung des Harzes („Hercynia silva") bezeichnet wird (II in Abb. 18),
3. die rheinische NNE-SSW Richtung, benannt nach dem Verlauf des Oberrheingrabens (III in Abb. 18) und

4. Die geologische Karte 1 : 25 000 (GK 25) und ihre Ausdeutung

4. die eggische d. h. NNW-SSE Richtung, welche ihren Namen nach der morphologischen Erstreckung des Eggegebirges erhalten hat (IV in Abb. 18).

Außerdem kommt noch die schwäbische ENE = WSW Richtung hinzu (V in Abb. 18). Der Winkel des Einfallens kann durch die im Gelände ermittelte Gradzahl an dem Querbalken vermerkt (⋏ 25°) oder durch dessen Länge wie Zahl der Querstriche zum Ausdruck gebracht werden. Weitere Kennzeichen der Lagerungsverhältnisse wie z. B. für überkippte Lagerung können aus der Abb. 17 entnommen werden.

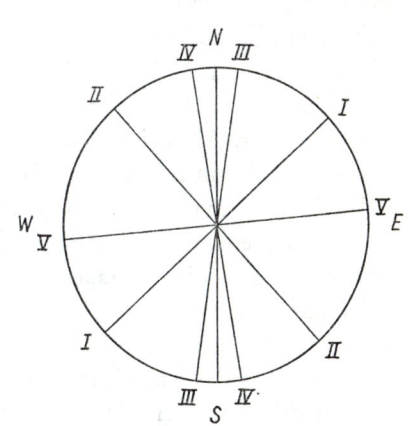

Abb. 18. Die fünf Streichrichtungen in Mitteleuropa (Erläuterung s. Text).

Die Werte für Streichen und Fallen werden mit dem Geologenkompaß im Gelände (s. S. 164) ermittelt und in die Karte übertragen. Sie beziehen sich auf die Schichtfläche, die durch tektonische Bewegungen aus ihrer ursprünglichen, ± horizontalen Lage herausgekippt ist. Sie darf also im Gelände nicht mit anderen Flächen z. B. eines Anlagerungsgefüges wie Schrägschichtung usw. verwechselt werden. Sofern es sich um eine während der Faltung angelegte, mechanische Fläche handelt, die eine Schieferung = eng- oder weitständige Zerscherung des Gesteins erzeugt hat und mit einigen Ausnahmen einen Winkel mit der Schichtfläche bildet, wird sie in der Karte durch zwei bis drei dünne Linien mit einem Querbalken kenntlich gemacht (Abb. 17). Die Lage eines Ganges wie einer Störung ergibt sich aus der räumlichen Stellung seiner bzw. ihrer Fläche. Sie kann wie jene einer Schichtfläche im Gelände eingemessen und in der Karte ausgewiesen sein. Wie die letztgenannte geht sie auch aus dem Verhalten der Ausstrichgrenze hervor.

b) Die Ausstrichgrenze und das Einfallen und Streichen einer Schicht. Sie ist als zutage tretende Grenzlinie zwischen zwei Schichteinheiten in den älteren Karten z. T. mit ausgezogener oder mit gestrichelter, in den neuen

Blättern mit fein ausgezogener Linie eingetragen. Sie kann mit einer Störung (Verwerfung usw.) vollständig oder nur streckenweise zusammenfallen.

Ihr Verlauf im Gelände und damit in der Karte wird durch die Lagerungsverhältnisse, die Mächtigkeit der Gesteine und durch die Morphologie der Erdoberfläche bestimmt. Er richtet sich bei den quartären, tektonisch nicht verstellten Deckschichten nach der zur Zeit ihrer Entstehung vorhandenen Morphologie, nach den Ablagerungsvorgängen und der später erfolgten Abtragung mit ihren Begleiterscheinungen wie Hangrutschungen usw. Dies trifft ebenfalls auf ältere, selbst tektonisch beeinflußte Ablagerungen zu, sofern der Verlauf mit einer ehemaligen Küstenlinie, einer Transgressionsgrenze bzw. einer vom ehemaligen Relief abhängigen Auflagerungsgrenze zusammenfällt. Als Beispiel läßt sich für den erstgenannten Fall die durch die tertiären Sedimente dargestellte Küstenlinie des Mainzer Beckens (Blatt Wöllstein-Kreuznach, Nr. 6113), für den zweiten Fall die Transgressionsgrenze des Neokom in Norddeutschland (Blatt Sibbese Nr. 3925) und für den dritten Fall die Auflagerungsgrenze des Rotliegenden im Saar-Nahegebiet auf das Devon des Hunsrück (Blatt Idar-Oberstein Nr. 6209) anführen. In den zuvor genannten Beispielen kann der Verlauf der Ausstrichgrenze durch seine Angleichung an die Morphologie oder durch das Schneiden verschieden alter Gesteine nachweisen, daß die von ihm begrenzte Schicht diskordant zum Untergrund liegt. Er kann jedoch nicht zur Ermittlung des Streichens und Einfallens einer Schicht benutzt werden, da er nicht durch eine tektonische Verstellung von ihr beeinflußt ist.

Wenn eine in der Tiefe erstarrte Gesteinsschmelze (= Intrusion) als Pluton = Tiefengesteinskörper zutage tritt, läßt er in diesem Niveau seine Lagerung zu den anliegenden Gesteinen erkennen, sofern in seiner Nachbarschaft Grenzlinienkurven = Ausstrichgrenze gegeben sind. Ist sie diskordant, so schneidet er sie. Ist sie konkordant, so ist er parallel zu ihnen ausgerichtet. Im einzelnen hängt der Verlauf der Ausstrichgrenze von der Form des Pluton und von der durch eine Abtragung erfolgten Freilegung seiner Grenze zum Nebengestein ab. Bei Gesteins-, Mineral- und Erzgängen, gleichgültig ob sie konkordant oder diskordant zu ihrer Umgebung liegen, verhält er sich wie bei einer Schicht- und Störungsfläche.

In Beziehung gesetzt zur Morpohologie und damit zu den Isohypsen unterliegt er bestimmten Gesetzmäßigkeiten. Sie lassen sich, wie folgt, zusammenfassen, wobei die gestrichelte Linie in den folgenden Abbildungen die Ausstrichgrenze der Schicht darstellt.

Ist er parallel zu den Höhenlinien ausgerichtet, so liegt die Schicht horizontal (C–D in Abb. 19 u. 20). In diesem Fall kann er sich mit ihnen nur

4. Die geologische Karte 1 : 25 000 (GK 25) und ihre Ausdeutung

schneiden, wenn sie ihre Mächtigkeit ändert oder sie auskeilt, was durch ein Zusammenlaufen ihrer Hangend- und Liegend-Grenze zum Ausdruck kommt. Er schneidet die Isohypsen, ohne eine Abhängigkeit vom Relief

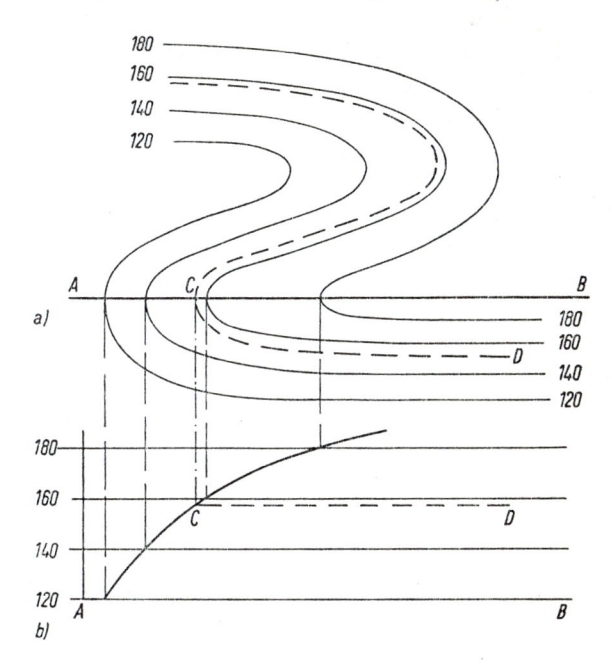

Abb. 19. Verlauf der Ausstrichgrenze CD einer horizontal liegenden Schicht zu den Höhenlinien (Erläuterung s. Text).

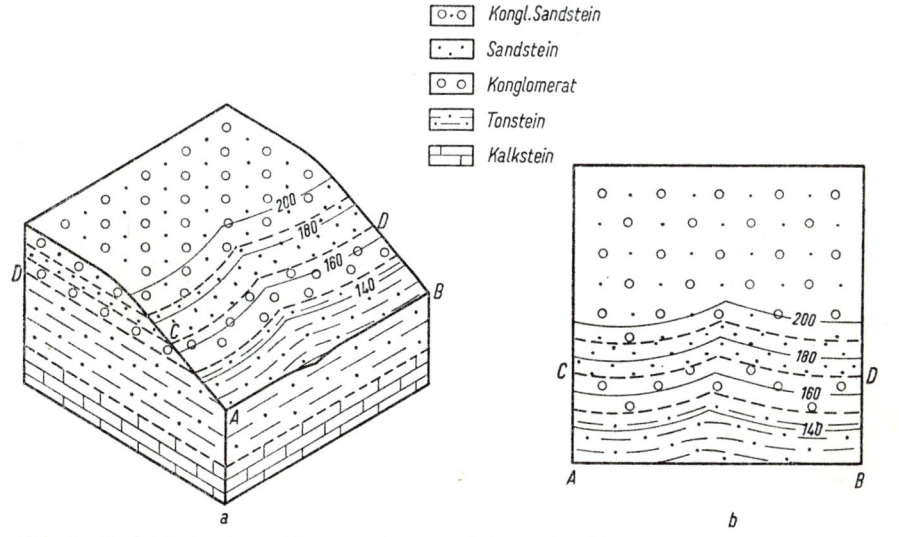

Abb. 20. Verlauf der Ausstrichgrenze horizontal liegender Schichten zu den Höhenlinien im Blockbild (a), Karte (b).

60 III. Die geologische Karte

zu zeigen, wenn sie seiger steht. Zwischen dieser und einer horizontalen Lage weist er die folgenden gesetzmäßigen Beziehungen auf. Zeigt die Spitze bzw. Konvexseite der Grenzlinienkurve in den Tälern talab, an den Bergrücken hangauf, so fällt die Schicht gleichsinnig, aber steiler als die Böschung ein (Abb. 21 u. 22). Hierbei schwingt sie im Tal um so weiter aus, je flacher das Einfallen ist. Ist die Schicht in Richtung des Hanges, aber

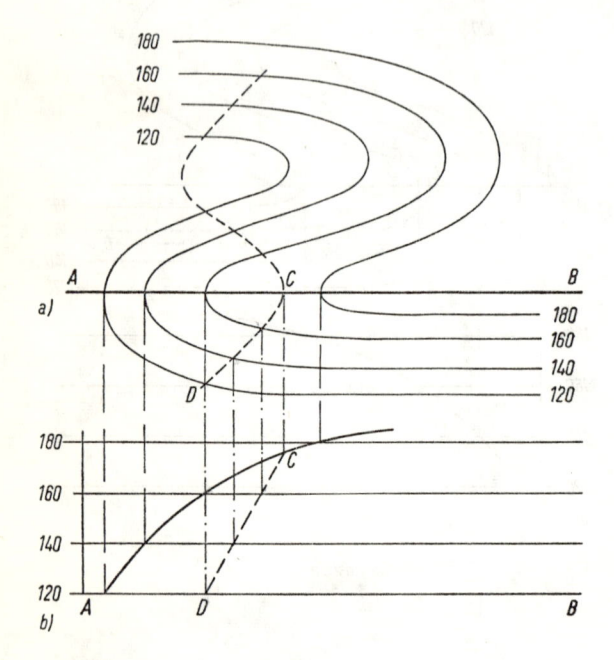

Abb. 21. Verlauf der Ausstrichgrenze CD einer Schicht, die steiler als die Böschung einfällt, zu den Höhenlinien (Erläuterung s. Text).

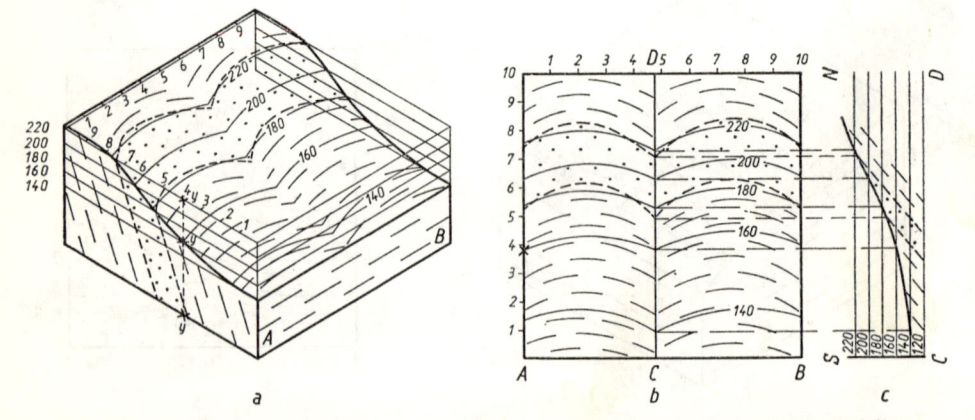

Abb. 22. Verlauf der Ausstrichgrenze von Schichten, die steiler als die Böschung einfallen, zu den Höhenlinien im Blockbild (a), in der Karte (b) und im Profil (c).

4. Die geologische Karte 1 : 25 000 (GK 25) und ihre Ausdeutung

flacher als er geneigt, dann verläuft die Grenzlinienkurve in den Tälern talauf, an den Bergrücken hangabwärts (Abb. 23 u. 24). Letzteres ist auch der Fall, wenn die Schicht gegen (widersinnig) die Böschung steiler (Abb. 25) oder flacher (Abb. 26) als sie geneigt ist.

Zusammenfassend kann man also feststellen, die Spitze bzw. Konvexseite der Ausstrichgrenze von einer gleichsinnig, aber steiler als das Gelände ein-

Abb. 23. Verlauf der Ausstrichgrenze CD einer Schicht, die flacher als die Böschung einfällt, zu den Höhenlinien (Erläuterung s. Text).

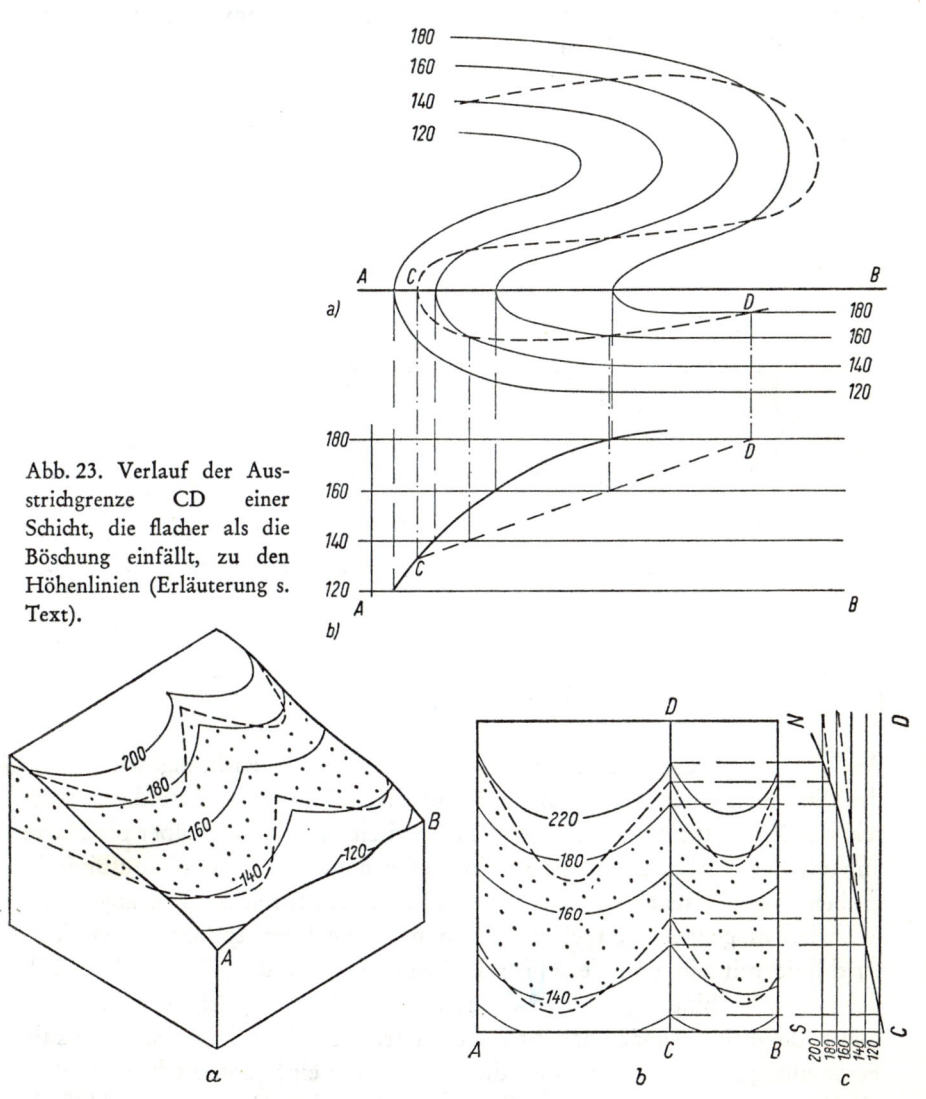

Abb. 24. Verlauf der Ausstrichgrenze von Schichten, die flacher als die Böschung einfallen, im Blockbild (a), in der Karte (b) und im Profil (c).

fallenden Schicht ist in den Tälern zur Talsohle, an den Berghängen zum Berggipfel, in allen anderen Fällen nach der entgegengesetzten Seite gerichtet. Aus dieser Aussage geht hervor, daß, wenn die Grenzlinie einer Schicht, die entlang der Höhenlinie einer Böschung verläuft, durch einen schräg oder quer hierzu liegenden Hang zu tieferem Gelände abgelenkt wird, die Schicht nach der Seite der Ablenkung einfällt. Es ist also außerordentlich wichtig, den Verlauf der Grenzlinienkurve immer im Zusammenhang mit der Morphologie zu beobachten.

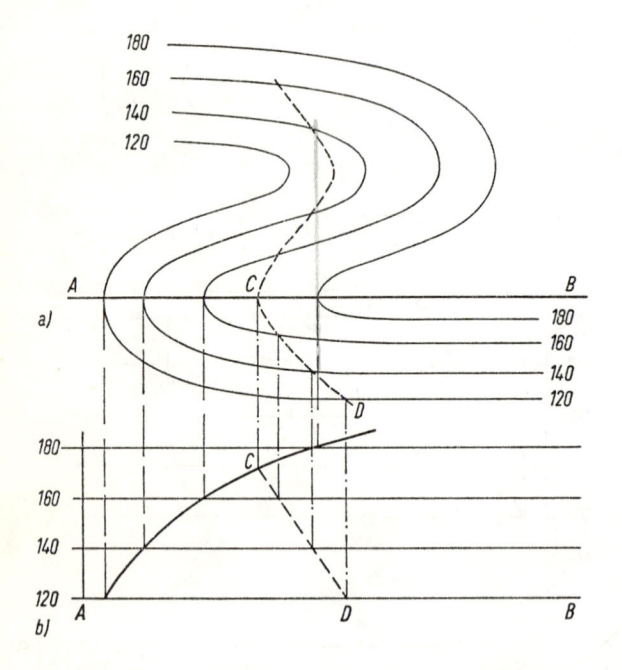

Abb. 25. Verlauf der Ausstrichgrenze CD einer Schicht, die gegen den Hang, aber steiler als er einfällt, zu den Höhenlinien (Erläuterung s. Text).

Aus den oben gemachten Angaben können grob die Richtung wie Stärke des Einfallens einer Schicht und somit senkrecht zu ihm ihr Streichen ermittelt werden. Letzteres ist zuweilen schon bei einem Überblick über die Karte anhand des Verlaufes der in ihr in Farbe angelegten Gesteinsausbisse in groben Zügen feststellbar. So weit es nicht durch Streichzeichen angegeben ist, wird es genauer festgelegt, indem man die Schnittpunkte einer Ausstrichlinie mit ein und derselben Höhenlinie verbindet (AB in Abb. 27), denn diese Verbindung stellt die Horizontale auf einer geneigten Fläche und somit definitionsgemäß das Streichen dar. Zuweilen kann seine lokale Feststellung nicht erfolgen, weil die Herstellung einer entsprechenden Verbindungslinie nicht möglich ist. Stets muß darauf geachtet werden, daß sie nicht falsch z. B. über Sättel und Mulden hinweg gezogen wird. Dieser Fall

4. Die geologische Karte 1 : 25 000 (GK 25) und ihre Ausdeutung

kann eintreten, wenn ein Sattel oder eine Mulde von einem Tal mit flachen Hängen diagonal oder querschlägig geschnitten wird. In der Projektion kann die „umlaufende" Ausstrichgrenze einer durch den Hang angeschnittenen Schicht ein und dieselbe Höhenlinie, aber auf der jeweils entgegengesetzten Sattel- oder Muldenflanke schneiden. (CD in Abb. 28) Die Verbindungslinie beider Schnittpunkte würde also nicht das Streichen der

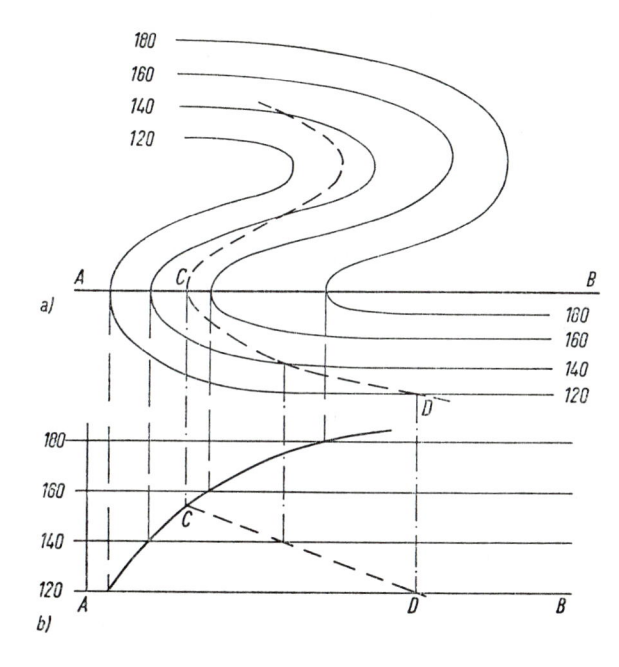

Abb. 26. Verlauf einer Ausstrichgrenze CD einer Schicht, die gegen den Hang, aber flacher als er einfällt, zu den Höhenlinien (Erläuterung s. Text).

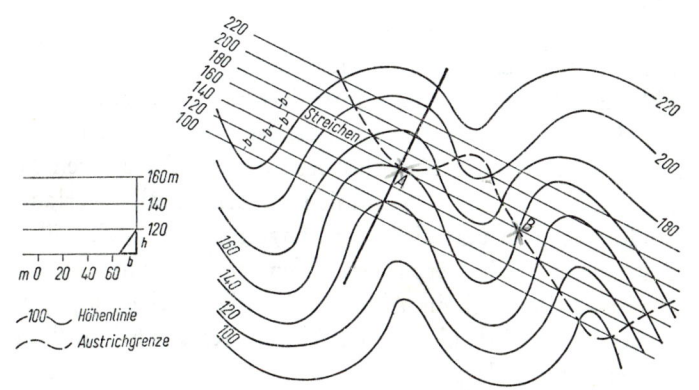

Abb. 27. Konstruktion der Streichrichtung einer Schicht aus den Schnittpunkten ihrer Ausstrichgrenze mit einundderselben Höhenlinie wie ihres Einfallwinkels aus seiner Horizontalprojektion b (Erläuterung s. Text).

Schicht angeben. In diesem Fall entspricht auch nicht das Umlaufen der Grenzlinie dem umlaufenden Streichen bei einem abtauchenden Sattel bzw. auftauchender Mulde, das sich unabhängig von der Morphologie vollzieht und über Streichlinien nach der gleichen Methode, wie schon oben beschrieben, ermittelt werden kann (Abb. 29). Wenn also ein Sattel nach Südwesten abtaucht, verlaufen die zugehörigen Streichlinien von Südwest über Nordwest nach Nordost. Wenn man viele von ihnen aus einer geologischen Karte feststellt, so kann man hieraus eine Streichlinienkarte entwerfen (Abb. 109).

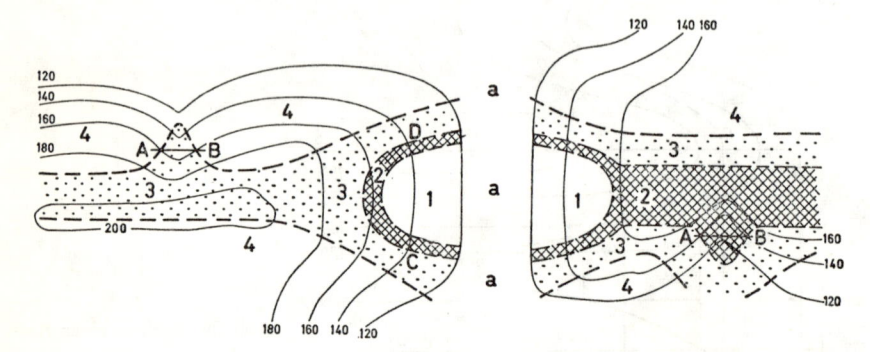

Abb. 28. Erläuterung s. Text.

Wie schon zuvor ausgeführt (s. S. 60), ist die Richtung und eine grobe Angabe, ob flach oder steil, des wahren Einfallens aus dem Verlauf einer Grenzlinienkurve zu entnehmen. Einen genaueren Wert dieses Winkels erhält man mit Hilfe folgender Methode.

Nachdem man nach dem oben beschriebenen Verfahren eine Streichlinie (AB in Abb. 27) festgelegt hat, konstruiert man die nächstfolgende, indem man die über oder unter der ersten Streichlinie liegenden Schnittpunkte der Ausstrichgrenze mit der nächsthöheren oder nächsttieferen Höhenlinie verbindet. Diese ermittelten Streichlinien müssen parallel verlaufen, wenn die Schichtfläche eben ist und die gleiche Lage im Raum beibehält. Mit dem Zirkel oder einem Millimeterpapierstreifen nimmt man den senkrechten Abstand zwischen ihnen (b in Abb. 27) als die Horizontalprojektion des Einfallswinkels des zwischenliegenden Abschnittes der Schichtfläche ab und paßt ihn, wie auf S. 24 dargestellt, in den Böschungsmaßstab der Karte ein. Hierbei ist stets darauf zu achten, wie groß der Höhenabstand zwischen den beiden für die Konstruktion der Streichlinien ausgewählten Isohypsen ist. Dies trifft auch auf den Fall zu, wenn man den Winkel gleich jenem der

4. Die geologische Karte 1 : 25 000 (GK 25) und ihre Ausdeutung

Böschung mit Hilfe eines rechtwinkligen Dreiecks (s. S. 24) ermitteln will. Er kann auch mit Hilfe der Tangensfunktion tg $\omega = \frac{h}{b}$ (Abb. 27) berechnet werden, wobei h die Höhendifferenz zwischen den beiden Streichlinien und b die oben angegebene Horizontalprojektion des Einfallwinkels ω der Schicht ist.

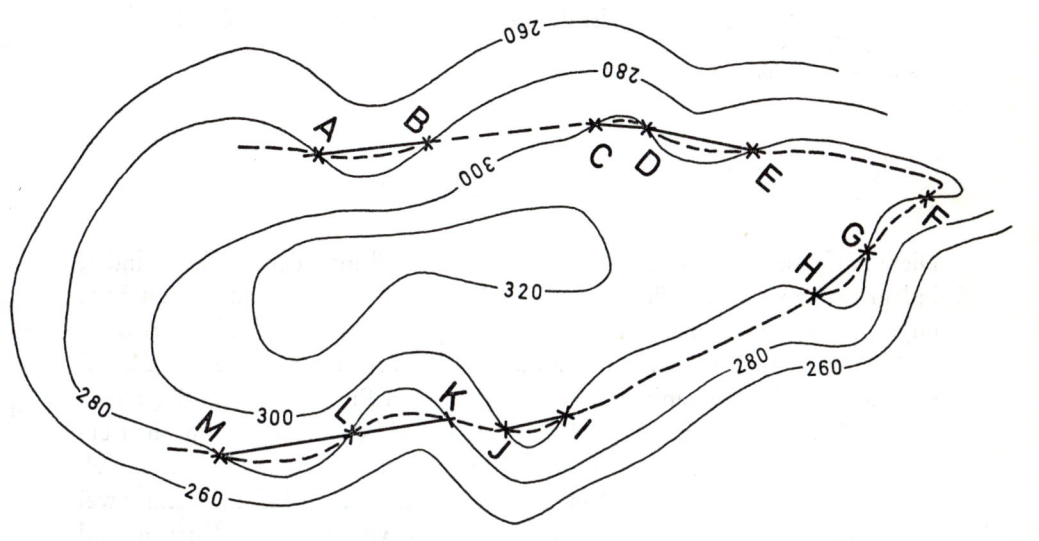

Abb. 29. Das umlaufende Streichen von A bis M der Ausstrichgrenze einer Schicht (Erläuterung s. Text).

Das Einfallen ergibt sich auch aus der bestimmten Lage von drei Punkten ABC ein und derselben Ausstrichgrenze. Sind zwei, A und B, von ihnen auf der gleichen Höhenlinie, der dritte (C) auf einer über oder unter ihr gegeben, so kann das Einfallen, wie folgt, ermittelt werden (Abb. 30). Man verbindet die beiden ersten Punkte A und B und erhält somit die Streichlinie AB in Abb. 30. Durch C zieht man zu ihr eine Parallele DE, die man sich mit Punkt C in die Ebene der Streichlinie AB projiziert denkt. Auf letztere fällt man von D (Abb. 30) aus ein Lot als die Horizontalprojektion der Richtung der Fallinie und erhält den Punkt F. Den Höhenunterschied zwischen der Streichlinie AB und dem dritten Punkt C trägt man von D nach E ab und erhält den Punkt G, den man mit F verbindet. Der Winkel GFD ist der gesuchte Einfallswinkel ω. Außerdem können die drei gegebenen Punkte ABC noch in verschiedener Höhe liegen (Abb. 31). Man verbindet den niedrigsten Punkt B mit dem höchsten Punkt C. Auf dieser Geraden errichtet man in C ein Lot. Auf ihm trägt man den Höhenunterschied BC ab und erhält Punkt D, den man mit B durch eine Gerade verbindet. Von C

5 Falke, Geologische Karte

nach D trägt man den Höhenunterschied zwischen A und C ab und erhält den Punkt E. Parallel zu der Geraden BD zieht man eine Linie, welche die Verbindung BC in F schneidet. Die Verbindungs-Linie FA gibt das Streichen an. Auf sie fällt man von C ein Lot mit dem Schnittpunkt G, von dem man auf der Streichlinie den Höhenunterschied AC aufträgt. Diesen Punkt H verbindet man mit C. Der Winkel GCH = ω ist der gesuchte Einfallwinkel (Abb. 31).

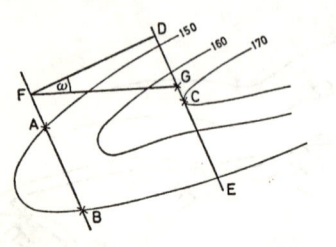

Abb. 30. Erläuterung s. Text.

Diese Aufgabe kann man auch dadurch lösen, daß man den Punkt F findet, indem man in C den Höhenabstand CA = hc-ha in Abb. 32 als Lot nach unten, in B den Abstand BA = ha-hb entgegengesetzt nach oben errichtet und beide in die Zeichenebene einklappt. Die Verbindungslinie zwischen E und D schneidet die Linie CB in F d. h. in dem Punkt gleicher Höhenlage von A. FA ist die Streichlinie. Sie erlaubt anschließend die schon oben erwähnte Konstruktion für den Einfallwinkel. Ihn kann man ebenfalls finden, wenn zwei Grenzpunkte auf verschiedenen Kurven und die Streichrichtung der Schicht gegeben sind.

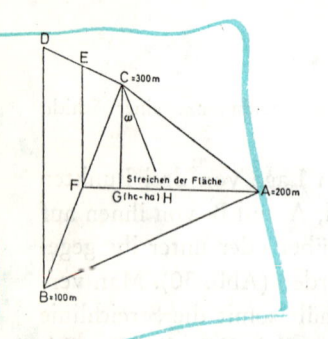

Abb. 31. Erläuterung s. Text.

Desweiteren kann man ihn (ω in Abb. 33) mit Hilfe der Breite des Ausstriches AB in Abb. 33, S. 67, und der wahren Mächtigkeit (m) einer Schicht als dem senkrechten Abstand zwischen ihrer hangenden und liegenden Grenze in einem ebenen Gelände nach der trigonometrischen Funktion sin ω = $\frac{m}{AB}$ (Abb. 33,3) ermitteln. Liegt ein Relief vor, so muß außer den oben schon gegebenen Größen noch der Böschungswinkel α (Abb. 34,1) nach den auf S. 24 beschriebenen Methoden festgestellt werden. Dann ist sin β = $\frac{m}{AB}$ (Abb. 34). Sofern man ihn erhalten hat, ist der Einfallwinkel β–α (Abb. 34). Hierbei handelt es sich stets um den wahren Einfallwinkel, senkrecht zu den Streichlinien gemessen, und nicht um den in einem beliebigen Winkel zu ihnen ermittelten, den scheinbaren, der noch bei der Erstellung eines geologischen Profiles erwähnt wird (siehe Abb. 87 und S. 105).

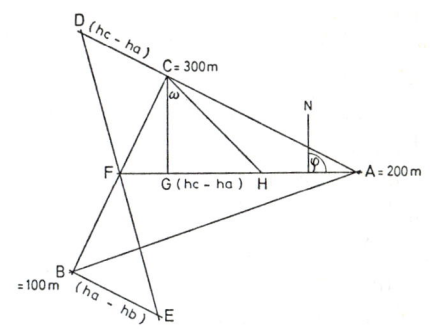

Abb. 32. Erläuterung s. Text.

c) Die Ausstrichbreite und Mächtigkeit einer Schicht. Zuvor ist schon der Ausstrich einer Schicht erwähnt worden. Er ist die Ausdehnung, mit der sie an der Erdoberfläche zutage tritt. Er ist abhängig von ihrer wahren Mächtigkeit, ihrem wahren Einfallswinkel und vom Relief.

Die Breite des Ausstrichs kann ebenfalls unter Berücksichtigung der zuvor genannten, drei letzten Größen zur Feststellung der Lagerungsverhältnisse der Gesteine benutzt werden.

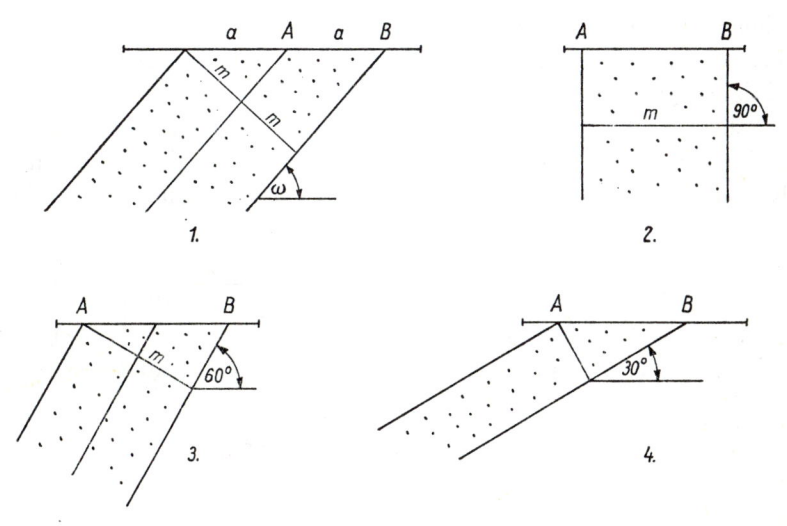

Abb. 33. Die Ermittlung der Ausstrichbreite, der Mächtigkeit und des Einfallwinkels einer Schicht in einem ebenen Gelände (Erläuterung s. Text).

Sie entspricht bei einer horizontal liegenden und mit der Oberfläche zutage tretenden Schicht in einem ebenen Gelände ihrer Ausdehnung. Sie ändert sich aber mit der Neigung der Schicht. In diesem Fall nimmt sie wie ihre Projektion in der Karte bei gleichbleibender Mächtigkeit, aber mit abnehmendem Einfallswinkel der Schicht zu (Abb. 33,3 u. 4) und mit seiner Zunahme ab. Sie entspricht der wahren Mächtigkeit, wenn die Schicht seiger steht (Abb. 33,2). Sie wächst gleichsinnig mit der Mächtigkeit (Abb. 33,1).

In den bisher genannten Fällen gibt es keinen Unterschied zwischen der Ausstrichbreite in der Natur und ihrer Projektion in der Karte. Dieses Verhalten ändert sich mit dem Vorhandensein eines Reliefs, denn die Breite des Ausbisses und somit auch ihre Horizontralprojektion in der Karte hängt vom Böschungswinkel ab, so daß man zwischen einer wahren (AB in Abb. 34) und scheinbaren (AD in Abb. 34) Ausstrichbreite unterscheiden muß. Letztere nimmt mit Abnahme des Böschungswinkels zu, mit seiner Zunahme ab (AD in Abb. 34,1 u. 2). Wenn also eine Schicht horizontal liegt, aber überlagert von jüngeren Sedimenten an einer Böschung austritt, so vergrößert sich bei gleichbleibender Mächtigkeit die Ausstrichbreite mit abnehmender und verkleinert sich mit zunehmender Hangböschung. Sie entspricht in der Natur gleich der wahren Mächtigkeit der Schicht und ist in der Karte als Projektion gleich Null, wenn diese Böschung seiger ist. Bei gleichbleibender Hangneigung nimmt sie bei Abnahme des Einfallwinkels einer mit oder gegen den Hang einfallenden Schicht zu, bei seiner Zunahme ab. Sie erreicht ein Maximum, wenn die Schicht im gleichen Winkel wie die Böschung und mit ihr gleichsinnig einfällt. Mit Ausnahme des zuletzt genannten Falles wächst sie in allen weiteren Beispielen mit der Zunahme der Mächtigkeit der Schicht.

Die bisher genannten Beispiele lassen sich dahingehend zusammenfassen, daß sich die Ausstrichbreite bei unveränderter Mächtigkeit mit dem Einfalls- und Böschungswinkel ändert. Diese Zusammenhänge geben die fol-

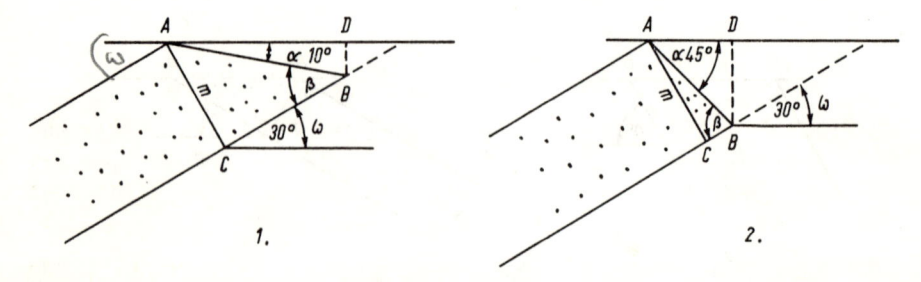

Abb. 34. Die Ermittlung der Ausstrichbreite, der Mächtigkeit und des Einfallwinkels einer Schicht in einem Relief (Erläuterung s. Text).

4. Die geologische Karte 1 : 25 000 (GK 25) und ihre Ausdeutung

genden trigonometrischen Funktionen wieder (s. auch Abb. 33, 34), aus denen sich die Ausstrichbreite, Mächtigkeit und der Einfallswinkel der Schicht wie der Böschungswinkel berechnen lassen, je nachdem, welche von diesen Größen gegeben sind. Hierbei können die scheinbare Ausstrichbreite unmittelbar aus der Karte, der Neigungswinkel der Schicht und der Böschungswinkel nach der auf Seite 64 bzw. Seite 24 beschriebenen Methode ermittelt werden. Mithin stellt sich meist die Frage nach der wahren Ausstrichbreite und Mächtigkeit der Schicht. Erstere kann bei Vorhandensein eines Reliefs durch Benutzung der folgenden trigonometrischen Funktionen beantwortet werden (Abb. 34).

1. $AD = AB \cdot \cos \alpha$

Hierbei ist AD die scheinbare Ausstrichbreite in der Karte als Horizontalprojektion der wahren Ausstrichbreite AB in der Natur, α der wahre Einfallswinkel der Böschung.

Für die Ermittlung von AB ist in der Karte AD gegeben, α ergibt sich aus der Gleichung $\text{tg}\, \alpha = \dfrac{h}{b}$ (s. S. 65). Es ist

$$AB = \frac{AD}{\cos \alpha}$$

Der wahre Einfallswinkel ω der Schicht kann ebenfalls aus der Karte über die Konstruktion von Streichlinien mit Hilfe des Böschungsmaßstabes, einer Dreieckskonstruktion und über die Tangensfunktion festgestellt werden. Mithin kann die zweite Frage nach der Mächtigkeit der Schicht, wie folgt, beantwortet werden:

2. in einem ebenen Gelände ergibt sie sich aus
   $m = \sin \omega \cdot AB$ (Beispiel 1, 3, 4 in Abb. 33)

3. in einem Relief, in dem die Schicht gegen die Böschung einfällt, ist sie
   $m = \sin (\alpha + \omega) \cdot AB$ (Beispiel 1, 2 in Abb. 34)

4. in einem Relief, in dem sie mit der Böschung einfällt, ist sie
   $m = \sin (\omega - \alpha) \cdot AB$.

Wichtig sind also die Werte für ω und α und ob die Schicht mit oder gegen den Hang einfällt. Wenn $\omega = 90°$ und α variiert, d. h. wenn die Schicht in einem ebenen oder geneigten Gelände steil steht, so ist die Mächtigkeit gleich der Ausstrichbreite in der Karte. Sie ist gleich dem Höhenunterschied zwischen ihrer liegenden und hangenden Grenze, wenn bei Schwanken von α der Winkel $\omega = 0°$ ist, d. h. die Schicht horizontal liegt. Ist $\alpha = 90°$, so kann sie an der betreffenden Stelle nicht aus der Karte ermittelt werden.

Dies trifft auch dort zu, wo $\omega = \alpha$ ist, d. h. wo die Schicht hangparallel verläuft.

Die Mächtigkeit kann auch noch auf andere Weise festgestellt werden (STUTZER, 1924). Hierfür muß ein Punkt in der liegenden wie hangenden Ausstrichgrenze und das Streichen wie Einfallen der Schicht gegeben sein. Man wählt dabei die Punkte so aus, daß ihre Verbindungslinie senkrecht zu dem gegebenen Streichen liegt. Sie wird unter Berücksichtigung des Maßstabes der Karte als AB Linie in Abb. 35 d. h. als die Projektion ihres wahren Abstandes voneinander entworfen. In A als dem tieferliegenden Punkt wird der Einfallswinkel α der Schicht nach unten abgetragen. In B als der Projektion des höherliegenden Punktes wird eine Senkrechte mit der Höhendifferenz AB errichtet, die aus der Karte entnommen werden kann. Von dem so gefundenen Punkt C in Abb. 35 wird auf den freien Schenkel des Einfallswinkels α der Schicht ein Lot gefällt, das ihn in Punkt D trifft. Die Strecke CD ist die gesuchte Mächtigkeit (Abb. 35).

Die vorausgegangene Aufgabe kann auch in anderer Form gelöst werden, wenn Streichen und Fallen einer Schicht und ein höher im Gelände gelegener Punkt A auf ihrer Liegendgrenze und ein tiefer gelegener Punkt B auf ihrer Hangendgrenze gegeben sind (Abb. 36). Man legt durch den Punkt A eine Horizontalebene, in die man den Punkt B als B_1 projiziert. Man zieht anschließend durch A das gegebene Streichen und senkrecht zu ihm eine Gerade B_1–C, durch die man sich nach unten eine Vertikalebene gestellt denkt, welche die hangende wie liegende Grenze der Schicht schneidet. Man klappt diese Ebene in die Horizontale um C zurück. Dadurch erhält man die Liegendgrenze der Schicht, indem man in C ihren Einfallswinkel α abträgt und der freie Schenkel C–D somit der Spur der Liegendgrenze entspricht, und die Hangendgrenze, indem man durch B eine Parallele zu C–D zieht. Die Senkrechte E–F zwischen beiden Parallelen ist die gesuchte Mächtigkeit (Abb. 36).

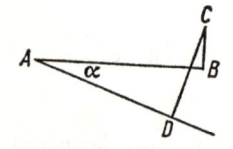

Abb. 35. Ermittlung der Mächtigkeit einer Schicht (Erläuterung s. Text).

Abgesehen von dem Verhalten der Grenzlinienkurven sind auch die Ausstrichbreite unter Berücksichtigung der Morphologie und die Altersbeziehungen der Schichten zur Erkennung von Faltenstrukturen wichtig.

4. Die geologische Karte 1 : 25 000 (GK 25) und ihre Ausdeutung

d) Die Faltenstrukturen. Sattel und Mulde als Falte kommen in der geologischen Karte meist sehr deutlich zum Ausdruck (Abb. 37). Abgesehen von dem umlaufenden Streichen (Abb. 29) der Grenzlinienkurven spiegeln sie sich ebenfalls in der zeitlichen Abfolge der von ihnen erfaßten Schichten wieder (Abb. 37). Diese stratigraphische d. h. relative Altersstellung der Gesteine ist in der Legende der Karte angegeben. Sie muß deshalb vor der Ausdeutung der Karte eingehend studiert werden. Anschließend legt man das Streichen der Schichten nach der auf S. 62 beschriebenen Methode fest, weil möglichst senkrecht zu ihm die genannten Strukturen ermittelt werden sollen.

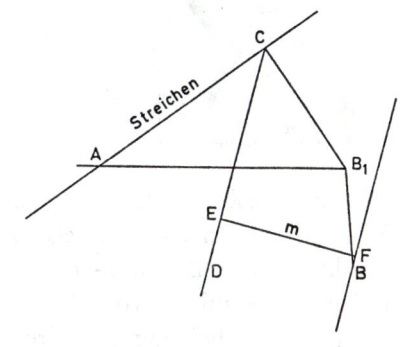

Abb. 36. Erläuterung s. Text.

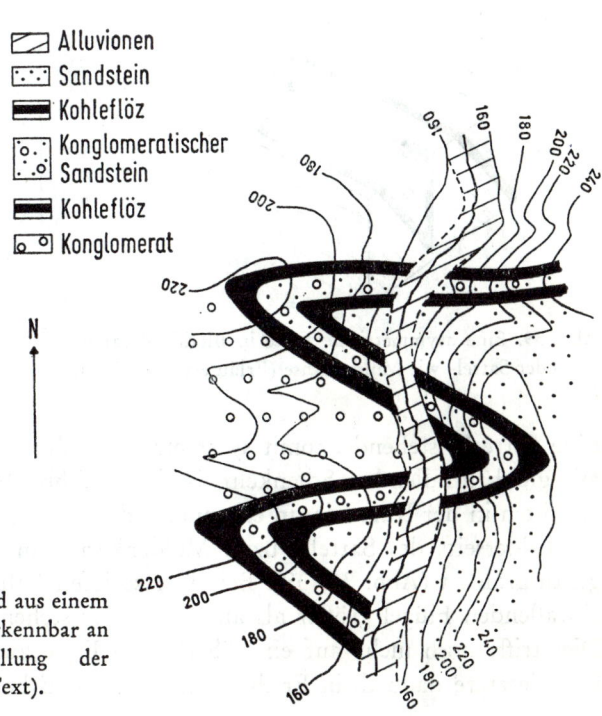

Abb. 37. Faltung, bestehend aus einem Sattel und zwei Mulden, erkennbar an der relativen Altersstellung der Schichten (Erläuterung s. Text).

Wenn man unter Beachtung der Altersfolge der Schichten dieser Richtung folgt, so kommt man bei einem Sattel aus den jüngeren Ablagerungen auf den Flanken zu den älteren in seinem Kern. Bei einer Mulde tritt der umgekehrte Fall ein (Abb. 38). In ihrem Kern können jedoch auch ältere Gesteine zutagetreten, wenn sie diagonal bis querschlägig von einem tiefen Tal mit relativ steilen Hängen geschnitten wird.

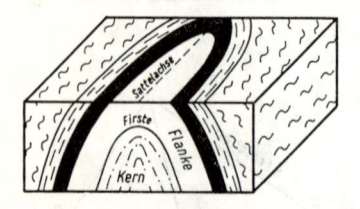

Abb. 38. Die wichtigsten Bestandteile eines Sattels mit umlaufenden Streichen.

Die Ausstrichbreite der jeweils ältesten bzw. jüngsten, zutage anstehenden Schicht im Kern eines Sattels bzw. einer Mulde ist von der Form dieser Struktur, ob z. B. Rund- oder Spitzsattel (Abb. 38, 39), von dem Einfallen der Flanken, von der Mächtigkeit dieser Schichten und von der Morphologie abhängig. Sie wird auch hierdurch auf den Flanken bestimmt.

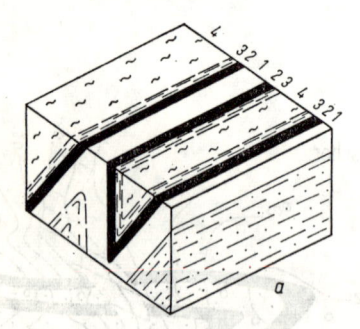

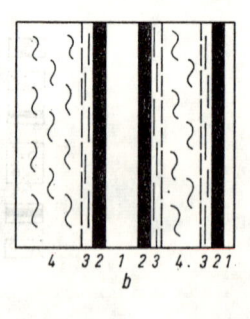

Abb. 39. Eine asymmetrische Falte in Blockbild (a) und in der Karte (b) mit horizontal liegender Sattel- wie Muldenachse (Erläuterung s. Text).

Eine aufrecht stehende, somit symmetrische Falte (Sattel und Mulde), also mit gleicheinfallenden Schenkeln, ist bei gleichbleibender Mächtigkeit der Schichten in der Karte daran erkennbar, daß die Ausstrichbreite der Schichten beiderseits des Sattels- bzw. Muldenkernes in einem ebenen Gelände gleich groß ist (Abb. 38, 39). Bei einer schiefen Falte ist sie auf dem flach einfallenden Flügel größer als auf der steiler stehenden Flanke (Abb. 40). Dies trifft noch mehr auf eine überkippte Falte zu (Abb. 41). Außerdem kann letztere dadurch in Erscheinung treten, daß bei einem gleichen, durch

4. Die geologische Karte 1 : 25 000 (GK 25) und ihre Ausdeutung

den Verlauf der Grenzlinienkurve z. B. in einem Tal gekennzeichneten Einfallen der Sattelflanken ältere über jüngeren Schichten zutage treten (Abb. 42). Eine ungestörte Isoklinalfaltung (isos = gleich), bei der die Flanken fast in gleichem Winkel in gleicher Richtung geneigt sind, ist in der Karte durch eine kurz aufeinanderfolgende, zyklische Wiederholung einer Schichtfolge senkrecht zu ihrem Streichen charakterisiert (Abb. 43). Allgemein kann man die Aussage treffen, daß, wenn sich die Schichten querschlägig zu ihrem Streichen störungsfrei wiederholen, eine Faltung vor-

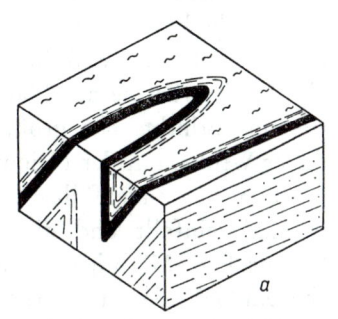

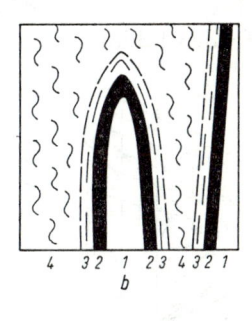

Abb. 40. Schiefe Falte im Blockbild (a) und in der Karte (b) mit abtauchender Sattelachse (Erläuterung s. Text).

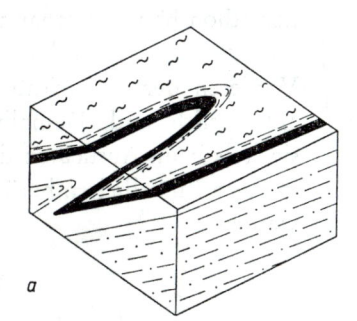

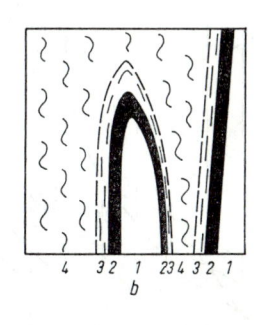

Abb. 41. Überkippte Falte in Blockbild (a) und in der Karte (b) mit abtauchender Sattelachse (Erläuterung s. Text).

liegt, wobei an dem jeweiligen Abstand zwischen den jüngsten bzw. ältesten Schichten ihre Weit- oder Engständigkeit erkennbar ist. Hierbei ist jedoch wie in allen anderen zuvor genannten Fällen die Morphologie zu beachten, d. h. in einem Relief muß der Böschungswinkel berücksichtigt werden (s. S. 24).
In streichender Richtung sind die Falten in der geologischen Karte dort feststellbar, wo sich durch abtauchende Sättel und auftauchende Mulden ein umlaufendes Streichen der Ausstrichgrenze der Schichten einstellt (s. S. 64,

Abb. 29, 40–43). Hierdurch kommt es querschlägig zu ihrem Verlauf zu einer zopfartigen Verflechtung (s. Blatt Velbert Nr. 4608) der Strukturen (Abb. 44). In Richtung der abtauchenden Sattelachse stellen sich stets jüngere, in Richtung der auftauchenden Muldenachse stets ältere Schichten ein (Abb. 37, 44). Hierbei kann durch eine seitliche Aufeinanderfolge von älteren und jüngeren Schichten eine Spezialfaltung hervortreten (Abb. 45). Die Form des Sattel- wie Muldenschlusses kann auch jene der Falte z. B. eine Spitz- oder Rundfalte widerspiegeln (s. S. 72, Abb. 38, 44). Er vollzieht sich unbeeinflußt von der Morphologie. Nur die Ausstrichbreite der jeweils umlaufenden Schicht ist von ihr und dem Abtauch- bzw. Auftauch-Winkel des Sattels bzw. der Mulde abhängig. Sie ist für die am Hang austretende Schicht sehr groß, wenn dieser Winkel mit der Neigung der Böschung zusammenfällt oder wenn er flach einfällt und die Schicht bei großer Mächtigkeit in fast ebenem Gelände zutage tritt. Hiervon abgesehen gibt es noch eine Fülle von Kombinationen zwischen den schon häufiger genannten Faktoren, die, so auch hier, für das Variieren der Ausstrichbreite verantwortlich sind. Deshalb müssen sie stets beim Ausdeuten der Karte in ihren Einzelheiten berücksichtigt werden.

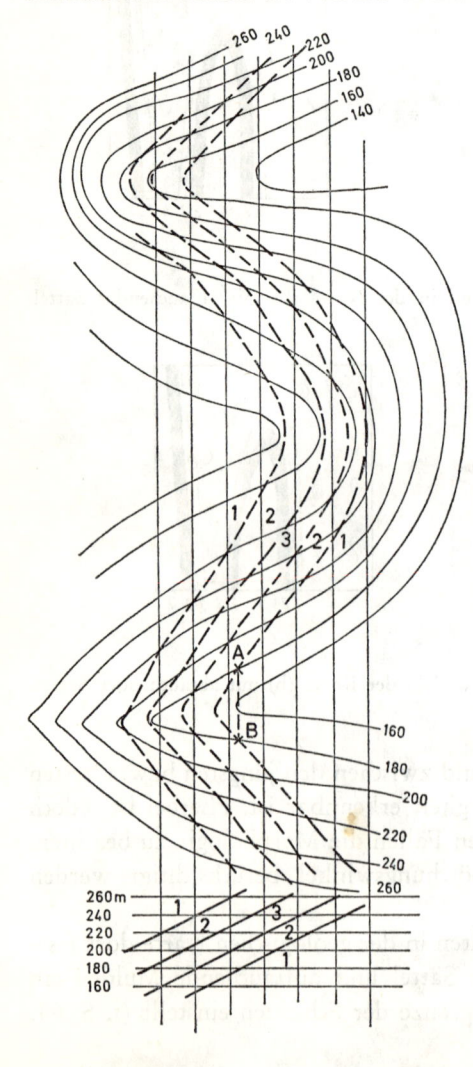

Abb. 42. Überkippte Lagerung der Schichten aufgrund der Schichtabfolge von der jüngsten (1) bis zur ältesten (3) Schicht.

4. Die geologische Karte 1 : 25 000 (GK 25) und ihre Ausdeutung

Das zuvor genannte Umlaufen der Schichten darf also nicht mit jenem verwechselt werden, welches an einem Bergrücken durch eine im Sinne des Hanges, aber steiler als er einfallende Ausstrichgrenze hervorgerufen wird (s. S. 60 ff.), auch nicht mit jenem, das an einer flach einfallenden Böschung eines Tales eintritt, welches einen aus verschieden alten Schichten bestehenden und horizontal liegenden Sattel quert. In diesem Fall ist das Umlaufen durch den morphologischen Einschnitt bedingt und diese Tatsache wird dadurch bewiesen, daß in einem benachbarten Taleinschnitt das Streichen noch dieselbe Richtung beibehält wie zuvor (AB in Abb. 28).

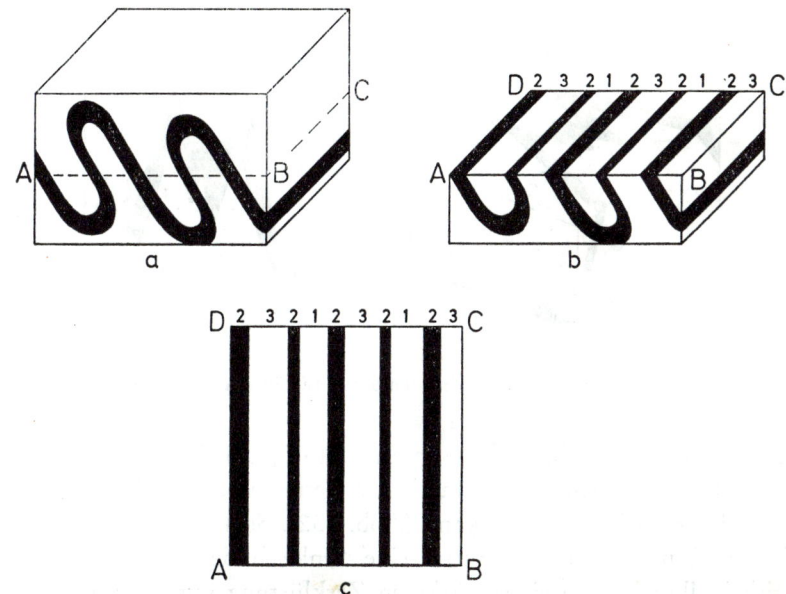

Abb. 43. Isoklinalfaltung im Blockbild (a u. b) wie in der Karte (c) (Erläuterung s. Text).

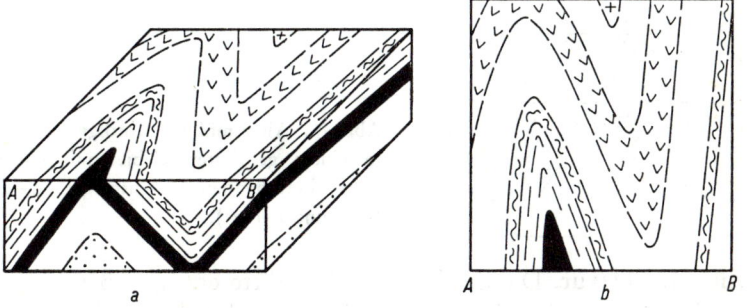

Abb. 44. Abtauchender Sattel und auftauchende Mulde im Blockbild (a) und in der Karte (Erläuterung s. Text).

Die Faltung, insbesondere die schon zuvor erwähnte Spezialfaltung, kann häufiger der Anlaß für eine größere Ausstrichbreite der Schicht sein, als ihr nach ihrer Mächtigkeit und Neigung bei der gegebenen Morphologie zukommt. Dies ist vor allem dann der Fall, wenn die Faltenamplitude im Bereich der Schicht verbleibt und damit ihre fortlaufende Wiederholung eintritt. Wenn in einer Richtung in den Sätteln wie Mulden jeweils jüngere Schichten auftreten (in Fläche ABCD in Abb. 46), spricht dieses Verhalten dafür, daß der Faltenspiegel (E–F in Abb. 46) als gedachte Fläche, welche die Scheitelpunkte ein und derselben Schicht verbindet, in der entsprechenden Richtung abtaucht.

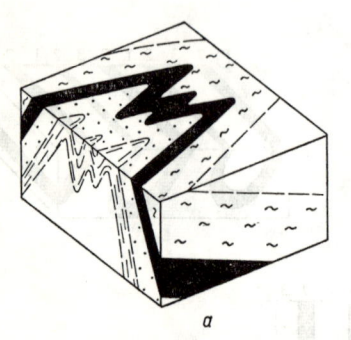

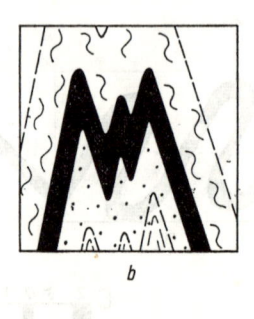

Abb. 45. Spezialfaltung an einem abtauchenden Sattel (Erläuterung s. Text).

Abschließend sei noch bemerkt (s. auch S. 153), daß bei einer Faltung in Abhängigkeit von dem Widerstand des Gesteines gegen Abtragung eine Reliefumkehr vorhanden sein kann (Abb. 132). So kann eine Mulde einen Rücken und umgekehrt ein Sattel eine Senke bilden, denn nicht selten hat sich in ihm infolge einer stärkeren Zerklüftung seines Scharnieres ein Bach bzw. Fluß eingeschnitten.

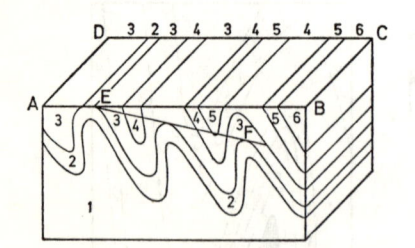

Abb. 46. Altersmäßige Abfolge der Schichten in einem gefalteten Gebiet mit einem nach links abtauchenden Faltenspiegel (E—F) (Erläuterung s. Text).

e) **Beule und Flexur.** Die durch vertikale Kräfte erzeugte Beule ist in der geologischen Karte nicht immer von einem durch tangentiale Kräfte hervorgerufenen, flachen Sattel unterscheidbar. Sie ist durch folgende Merk-

4. Die geologische Karte 1 : 25 000 (GK 25) und ihre Ausdeutung

male gekennzeichnet. Ihr Grundriß ist meist kreisförmig bis oval. Von einem Zentrum, in dem bei Schichtgesteinen ältere unter jüngeren Ablagerungen und noch zusätzlich ein noch jüngeres Intrusivgestein auftauchen können, fallen die Schichten allseits flach ein (Abb. 47). Unter Berücksichtigung der Morphologie können deshalb manche Schichtglieder der Abfolge eine große Ausstrichbreite einnehmen. Wichtig ist ebenfalls die Beachtung des strukturellen Baues der weiteren Umgebung. Wenn in ihr Formen einer echten Faltung oder Bruchfaltung fehlen, so ist zur Festlegung einer Beule der Grundriß mit den Kernschichten wie ihr flaches Einfallen maßgebend.

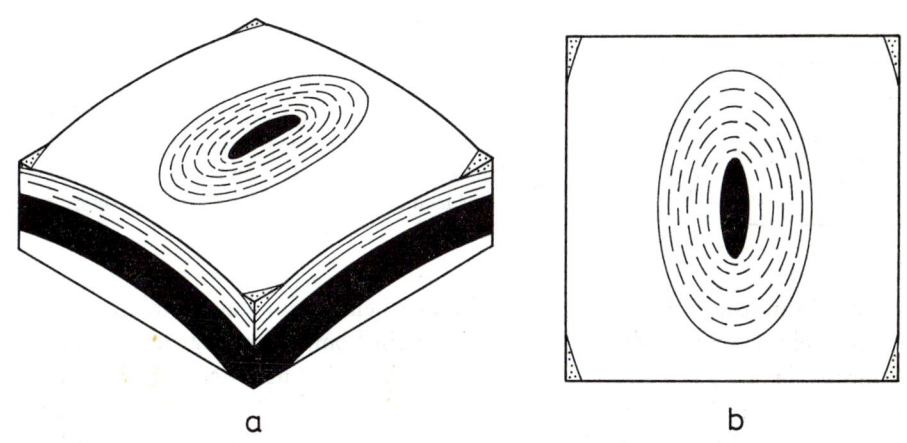

Abb. 47. Beule in Blockbild (a) und in der Karte (b) (Erläuterungen s. Text).

In diesem Zusammenhang muß auch die Flexur genannt werden. Sie entsteht an der Grenze zweier Krustenteile, deren Verschiebung zueinander bei Vorhandensein von Schichtgesteinen über ihre S-förmige Verbiegung bei Ausdünnung der Schichtglieder bis zum Zerreißen erfolgen kann. Diese Verschiebung kann vertikal (Vertikalflexur) wie horizontal (Horizontalflexur) eingetreten sein. Sie hebt sich scharf im Kartenbild ab, wenn in einem fast ebenen Gelände zwischen zwei flach liegenden, im Alter verschiedenen Schichten von großer Ausstrichbreite eine relativ schmale Zone vorhanden ist, in der lückenlos die zwischen beiden zuvor genannten Schichteinheiten liegenden Schichten bei einer steileren Lagerung mit einer wesentlich geringeren Ausstrichbreite zutage kommen (Abb. 48).

f) **Diskordanzen und Schichtlücken.** Wenn die Oberfläche einer Schicht infolge lokaler Abtragungen sehr unregelmäßig beschaffen ist und infolgedessen die Unterfläche der nächstfolgenden Schicht in sie entsprechend eingreift, so liegt eine Erosionsdiskordanz vor. Sie ist also, zumindest lokal, mit einer Schichtlücke d. h. dem Fehlen von Sedimentmaterial, das an anderer Stelle noch vorhanden ist, verbunden. Dementsprechend weicht der Verlauf der Ausstrichgrenze dieser Schicht hier und dort von jenem ab, der unter Berücksichtigung der Morphologie von den tektonischen Lagerungsverhältnissen bestimmt wird. Ein ähnliches Verhalten zeigt eine Grenzlinienkurve auch dort, wo sie infolge Hangrutschungen wie z. B. zwischen dem miozänen Kalk und oligozänen Mergel im Mainzer Becken hervorgerufen ist. In diesem Fall ist aber keine echte Schichtlücke vorhanden (s. Abb. 49).

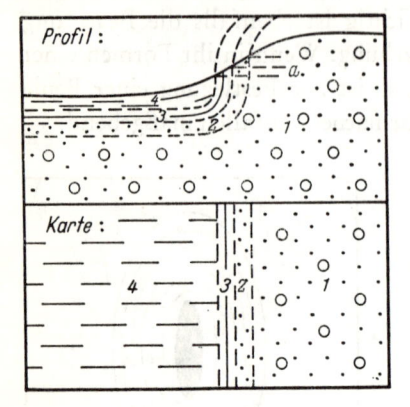

Abb. 48. Flexur in Karte und Profil mit einer Schichtfolge vom Älteren zum Jüngeren (1—4). Bei a verschiedene Abtragungsniveaus mit unterschiedlicher Ausstrichbreite (Erläuterung s. Text).

Eine tektonische Winkeldiskordanz ist gegeben, wenn ein winkliges Abstoßen eines tektonisch verformten Gesteinskomplexes gegenüber einer Schichtserie im Hangenden zu beobachten ist, die entweder ungestört ist oder einen in Richtung usw. der tektonischen Elemente andersgearteten Baustil aufweist als jene im Liegenden. Wo sie an die Tagesoberfläche

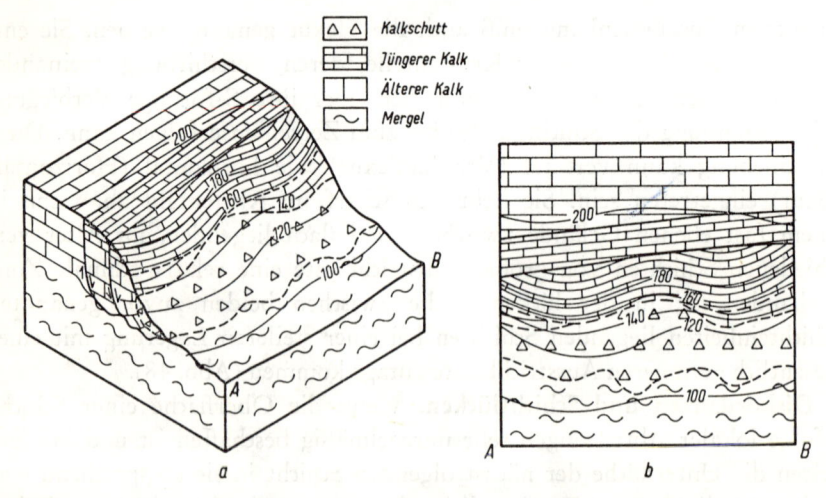

Abb. 49. Veränderungen der Ausstrichgrenze und der Lagerungsverhältnisse infolge Hangrutschungen, dargestellt im Blockbild (a) und in der Karte (b).

4. Die geologische Karte 1 : 25 000 (GK 25) und ihre Ausdeutung

kommt und somit auch in der geologischen Karte sichtbar wird, ist sie an den unterschiedlichen Lagerungsverhältnissen der Schichten erkennbar (Abb. 50, 51). Sie können an dem verschiedenen Verlauf der Ausstrichgrenzen der Schichten usw. abgelesen werden (Abb. 51, 52).

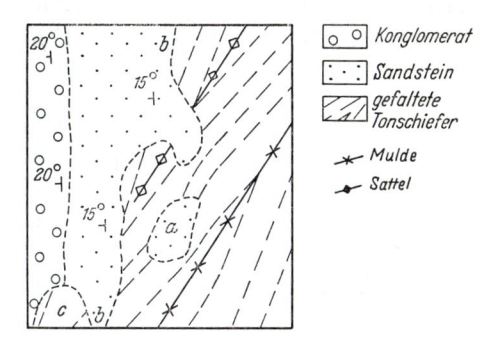

Abb. 50. Tektonische Diskordanz im Kartenbild (Erläuterung s. Text).

Die mit der Diskordanz meist verbundene Schichtlücke ist ebenfalls in der geologischen Karte feststellbar, indem man aus der Legende entnehmen kann, welche Schichten ausgefallen sind. Sie tritt noch dort besonders hervor, wo sie mit dem Einsetzen eines Transgressionskonglomerates abgeschlossen wird (Abb. 52, 53 und Blatt Sibbesse, Nr. 3925). Beide Erscheinungen, Diskordanzen wie Schichtlücken, können auch in Verbindung mit Störungen auftreten, deren Charakter in der Karte anhand von Merkmalen nachweisbar ist und welche in ihr dementsprechend ausgewiesen sind, wie sich aus dem nachstehenden Kapitel ergibt.

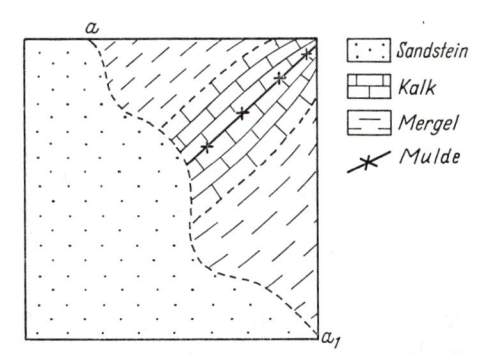

Abb. 51. Tektonische Diskordanz in der Karte (Erläuterung s. Text).

g) Störungen. Wie die Abb. 54 zeigt, kann man hinsichtlich des Richtungssinnes verschiedene Verschiebungen unterscheiden. Gegenüber den Abschiebungen = Verwerfungen als Dehnungsformen sind die Aufschiebungen, zu denen in den folgenden Ausführungen noch die Überschiebungen und Decken hinzukommen, Pressungserscheinungen.

Eine Faltung ist fast stets mit streichenden wie querschlägigen Störungen verbunden. Soweit es sich vor allem um Abschiebungen handelt, können sie auch ohne sie auftreten. Alle genannten Störungen sind, sofern sie im Gelände erfaßbar sind, in der geologischen Karte eingetragen. Ihr Charakter ist zuweilen schon an den verwendeten und in der Legende aufgeführten Zeichen erkennbar (s. S. 48, Abb. 17). Sofern dies nicht der Fall ist, kann

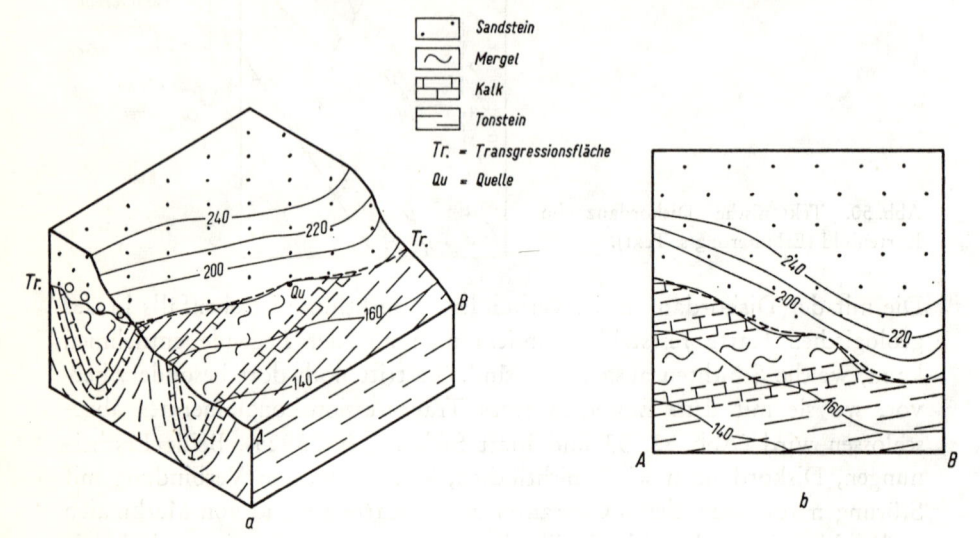

Abb. 52. Tektonische Diskordanz mit Transgressionsfläche im Blockbild (a) und in der Karte (b).

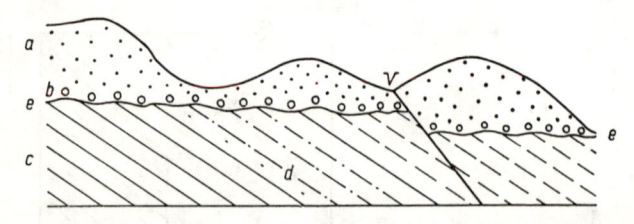

Abb. 53. Querprofil durch eine Transgressionsfläche, von einer Störung (V) verworfen.

er auch mit Hilfe der Lagerungs- wie Altersbeziehungen der Gesteine beiderseits der jeweiligen Störung festgestellt werden, wie die im Folgenden angeführten Beispiele beweisen. Hierbei ist noch zu bemerken, daß der Verlauf einer Störung im Gelände grundsätzlich von denselben Faktoren abhängt wie jener der Ausstrichgrenze einer Schicht. Infolgedessen ist ihr Einfallen und Streichen in der gleichen Weise feststellbar wie bei einer Schichtgrenzlinienkurve (s. S. 59 f.).

4. Die geologische Karte 1 : 25 000 (GK 25) und ihre Ausdeutung

Aufschiebungen. Sofern es sich um eine streichende Störung handelt, die in einem Schichtpaket von gleicher petrographischer Beschaffenheit (Sandstein, Grauwacke usw.) und gleichem Alter auftritt, ist ihr Charakter aus dem beiderseits von ihr liegenden Gesteinsverband nicht zu erschließen. Die durch sie verursachte Veränderung der Schichtmächtigkeit könnte auch primären Ursprunges sein. Die Identifizierung dieser Störung ist ebenfalls nicht möglich, wenn sie in einer in sich petrographisch oder altersmäßig wechselnden Folge in einer Schichtfläche verläuft und keine Sattel- oder Muldenumbiegungen vorhanden sind.

Abb. 54. Die verschiedenen Verschiebungen als Störungen und zwar die Aufschiebung als einer tektonisch bedingten relativen Aufwärtsbewegung einer Gesteinscholle gegenüber einer anderen an einer Bewegungsfläche, die Abschiebung als eine entsprechende Abwärtsbewegung, beide auch als schräg verlaufende Bewegung wie die Horizontalverschiebung als horizontale Seitenverschiebung zweier Gesteinspakete.

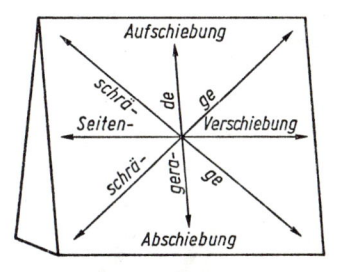

Stellt man in diesem Fall jedoch bei einem Vergleich mit der Legende der Karte fest, daß eine Schicht oder mehrere teilweise oder vollständig fehlen, d. h. tektonisch unterdrückt sind und nicht zuvor auskeilen, so läßt sich u. U. die Art der Störung, ob sie streichend oder diagonal zu den Schichten verläuft, ermitteln. Wenn sich aus einer Angabe oder aus dem Verlauf der Ausstrichgrenze in der Karte ergibt, daß sie gleichsinnig d. h. homothetisch, aber steiler (Abb. 55) oder flacher als die Schichten einfällt und jeweils

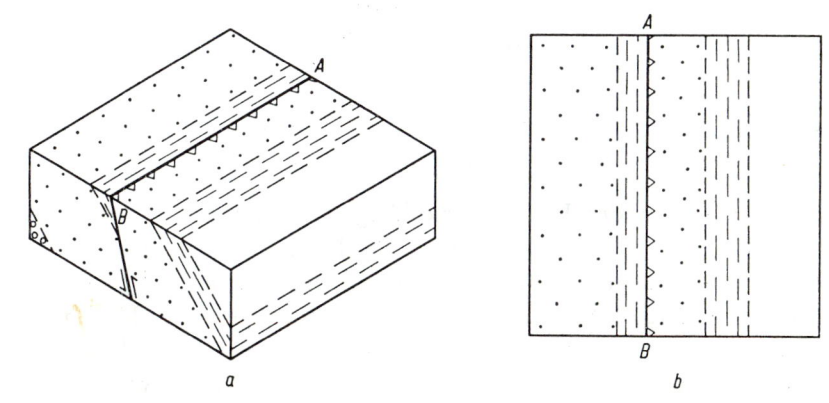

Abb. 55. Aufschiebung im Blockbild (a) und in der Karte (b) (Erläuterung s. Text).

ältere Ablagerungen in ihrem Hangenden an jüngere in ihrem Liegenden (Abb. 55) grenzen, so liegt eine Aufschiebung vor. Ist sie gegen sie d. h. antithetisch, flacher oder steiler geneigt, so ist ebenfalls der zuvor genannte Fall gegeben. Um eine Verwechslung mit einer Abschiebung (s. S. 87) zu vermeiden, ist also ihr Einfallen in Beziehung gesetzt zu den Altersverhältnissen der an sie angrenzenden Schichten als tektonische Leitschichten entscheidend. Sie ist in Abb. 55 aus einem Abschnitt dargestellt, welcher zu dem Hangendschenkel eines überkippten Sattels gehört. Weitaus häufiger entwickelt sie sich auf seinem überkippten Schenkel. Hierbei treten die gleichen Altersbeziehungen der Schichten unter wie über ihr ein, wie sie zuvor geschildert worden sind. Komplizierte Verhältnisse sind in Abb. 57 dargestellt.

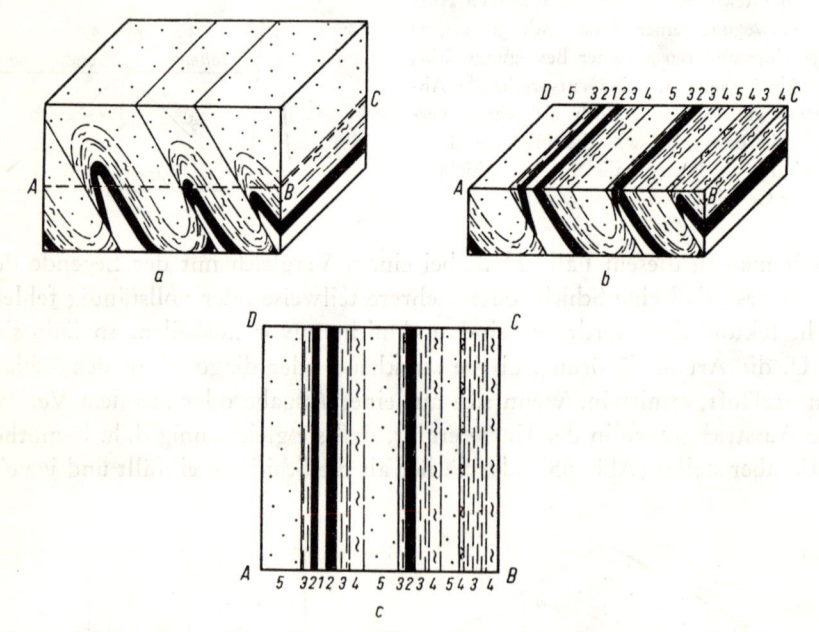

Abb. 56. Schuppenbau im Blockbild (a) und in der Karte (c) (Erläuterung s. Text).

Wiederholt sich in der Karte querschlägig zum Streichen dieses Erscheinungsbild, so liegt ein Schuppenbau vor (s. Blatt Weilburg, Nr. 5515). Er muß nicht, wie in Abb. 56 noch die überkippten Schenkel der jeweiligen Sättel zeigen, deren Schichten sich unter Berücksichtigung der Morphologie durch eine geringere Ausstrichbreite als auf dem Hangendschenkel ausweisen. Eine Aufschiebung kann auch aus einer Flexur (s. S. 77) hervorgehen und somit eine Schollengrenze kennzeichnen wie z. B. am Nordostrand des Har-

4. Die geologische Karte 1 : 25 000 (GK 25) und ihre Ausdeutung

zes (s. Blatt Goslar, Nr. 4028). Sie weist im Kartenbild die gleichen, schon zuvor erwähnten Erscheinungen auf.

Überschiebungen. Die Überschiebung tritt nicht gesellig wie die zuvor genannten Störungen, sondern vereinzelt auf. Sie fällt flacher als sie d. h. unter 45° ein (Abb. 57, 58) und besitzt eine größere Schubweite (w in Abb. 59). Sie kann homo- wie antithetisch ausgerichtet sein. Sie kann streichend wie diagonal zu den Schichten verlaufen (Abb. 57). Sofern sie nicht in der Karte durch die an ihrer Ausbißlinie angebrachten Dreiecke

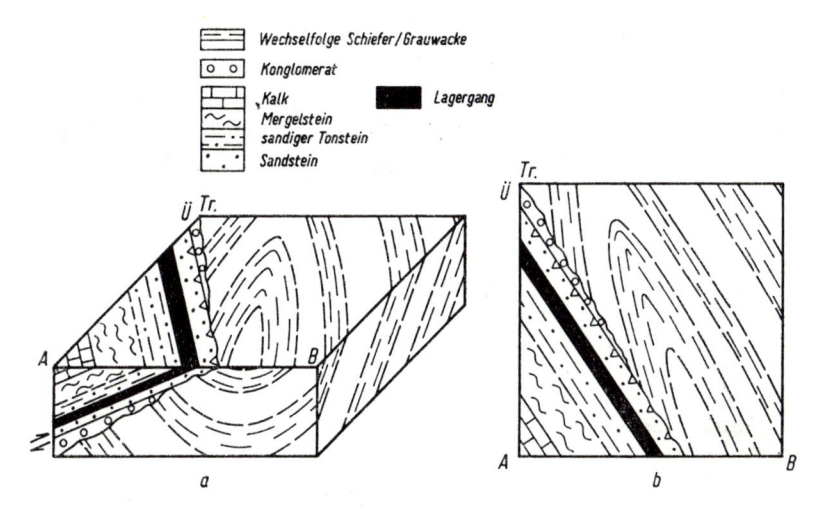

Abb. 57. Überschiebung im Blockbild (a) und in der Karte (b) über einer Transgressionsgrenze (Tr) (Erläuterung s. Text).

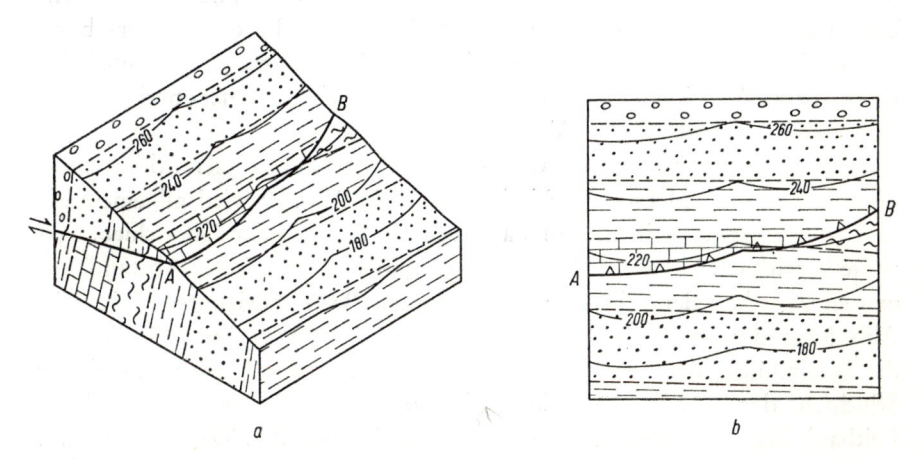

Abb. 58. Diagonal verlaufende Überschiebung im Blockbild (a) und in der Karte (b).

kenntlich gemacht ist (s. Abb. 57), kann sie an denselben, bei den Aufschiebungen schon geschilderten Versetzungen der Schichten erkannt werden. Hierbei ist jedoch zu berücksichtigen, daß in einem gefalteten Gebiet, in dem von ihr Sättel und Mulden in Abhängigkeit von der Überschiebungsweite geschnitten werden, örtlich die Altersverhältnisse der über wie unter ihr vorhandenen Schichten sehr unterschiedlich sein können. So kann eine Muldenfüllung über einem Sattelkern liegen. Diese Lagerungsverhältnisse sind in der Karte verständlicherweise nur dort feststellbar, wo in der Natur entsprechende Aufschlußverhältnisse vorhanden sind. Sie sind z. B. gegeben, wenn die Störung an einem flachen Hang austritt, z. B. die Taunusquarzitüberschiebung auf Bl. Preßberg, Nr. 5913. Infolgedessen ist auch in der Horizontalprojektion d. h. in der Karte innerhalb dieses Geländeabschnittes nicht nur die Einfallsrichtung der Überschiebung bzw. auch Aufschiebung aus dem Verlauf der Störungslinie eindeutig zu ermitteln,

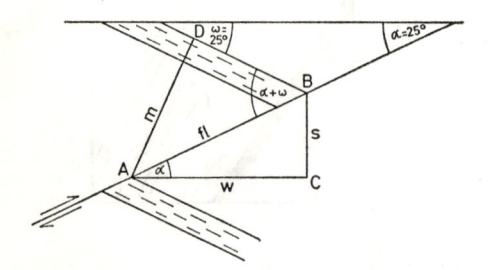

Abb. 59. Erläuterung s. Text.

sondern auch die jeweiligen Lagerungsverhältnisse der Schichten in ihrem Liegenden. Wie schon zuvor ausgeführt, liegt im Falle einer Über- bzw. Aufschiebung die tektonische Leitschicht (Gesteinsbank etc.) in der über der Über- bzw. Aufschiebung liegenden Hangend-Scholle stets oberhalb von jener in der Liegend-Scholle (Abb. 59).
Der horizontale Abstand der Ober- bzw. Unterkante dieser Schicht zwischen Hangend- und Liegend-Scholle d. h. w in Abb. 59 wird allgemein als söhlige Sprungweite, in diesem Fall auch als Schub- oder Überschiebungsweite bezeichnet. Sie wie die seigere Sprunghöhe als vertikaler Abstand, gemessen zwischen den schon zuvor genannten Bezugshorizonten d. h. s in Abb. 59 sind neben fl = flache Sprunghöhe (s. S. 99) wichtige Größen für die Bestimmung der Lagerungsverhältnisse. Wenn der Einfallswinkel der Schichten, der Störung und die Mächtigkeit der zwischen der jeweiligen Leitbank liegenden und verschobenen Schicht (m in Abb. 59) gegeben sind, Werte, die man nach den auf S. 64 und S. 69 beschriebenen Methoden er-

4. Die geologische Karte 1 : 25 000 (GK 25) und ihre Ausdeutung

mitteln kann, so erhält man die flache wie seigere Sprunghöhe und die Sprungweite aus der Abb. 59 wie folgt, wobei ω der Einfallswinkel der Schicht, α jener der Störung und m die Mächtigkeit sind:

$$\sin(\alpha + \omega) = \frac{m}{fl}$$

1. $fl = \dfrac{m}{\sin(\alpha + \omega)}$

$$\sin \alpha = \frac{s}{fl}$$

2. $s = fl \cdot \sin \alpha$

$$\cos \alpha = \frac{w}{fl}$$

3. $w = fl \cdot \cos \cdot \alpha$

Entsprechende Beziehungen gelten für eine homothetische Über- bzw. Aufschiebung.

Decken. Die zuvor erwähnten Merkmale treffen vor allem auch auf Überschiebungen mit großen Überschiebungsweiten d. h. auf Decken zu. Nicht nur hinsichtlich der Altersverhältnisse wie der Beschaffenheit der Gesteine, sondern auch im Hinblick auf den Baustil kann sich die Decke von ihrer Unterlage, auf der sie ruht, unterscheiden. Diese Unterschiede können in der Karte an der Deckenstirn (D in Abb. 60) wie im Deckenfenster (F in Abb. 60) und in den Tälern, vor allem mit flacheren Talhängen, sichtbar werden, die unter die Überschiebungsbahn hinabreichen. Gegebenenfalls kommt hier sehr deutlich die tektonische Diskordanz zwischen der Decke und ihrem Untergrund zum Vorschein. Sie kann mit einer Schichtlücke verbunden sein, die eine Folge des Überschiebungsvorganges ist und deshalb keineswegs auf einer Erosion beruhen muß. Wie in allen vorhergehenden Fällen kann ihr Ausmaß unter Benutzung der Legende der Karte festgestellt werden. Durch eine Abtragung im Bereich der Decke kann es zu der Bildung des schon zuvor erwähnten Fensters kommen. Es kann einen Einblick bis in die Unterlage der Decke freigeben, die somit auch in der Karte sichtbar wird. Sie kann aus jüngeren und der Rahmen des Fensters d. h. die Decke selbst aus älteren Gesteinen bestehen wie es z. B. auf das Fenster von Theux am Nordrand der Ardennen zutrifft (s. Blatt Loureigné-Spa Nr. 148). Jedoch auch der umgekehrte Fall kann gegeben sein. Desweiteren können von einer Decke infolge einer Erosion nur Reste = Klippen verbleiben (K in Abb. 60). Sie heben sich meistens durch ihre petrographische Zusammensetzung, ihre Altersstellung wie auch durch die Tektonik in der Karte scharf von ihrer Umgebung ab. Als Beispiel hierfür sind die Mythen in der Schweiz zu erwähnen.

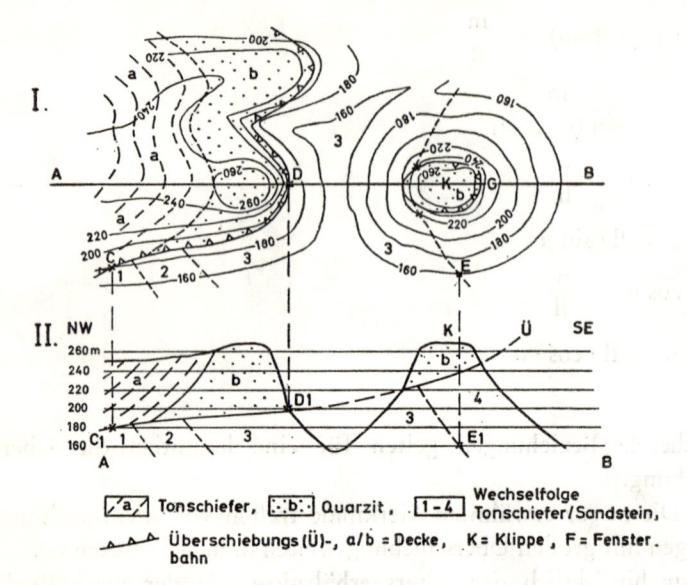

Abb. 60. Decke mit Fenster und Klippe, dargestellt in der Karte (I) und im Profil (II) (Erläuterung s. Text).

Horizontalverschiebungen. Auf- und Überschiebungen einschließlich einer Decke sind als Einengungsvorgänge häufige Begleiterscheinungen einer Faltung. Hinzu kommen manchmal auch noch Horizontal = Blattverschiebungen (Abb. 61). An ihnen haben sich in der Horizontalen liegende Bewegungen und damit Schichtversetzungen vollzogen. Der durch sie erzeugte Versetzungsbetrag (b in Abb. 61) läßt sich bei waagerechter Lagerung der Schichten in einem ebenen Gelände nicht feststellen. Dies trifft ebenfalls auf den Fall zu, daß diese Störungen bei vorhandenem Relief im Streichen von geneigten Schichten verlaufen, deren Zusammensetzung sich auf große Erstreckung nicht ändert. Sind sie diagonal oder querschlägig zu ihnen ausgerichtet, so kann der in der Karte feststellbare, seitliche Versetzungsbetrag, zumal wenn er nicht eine erhebliche Entfernung einschließt, auch durch eine Abschiebung verursacht sein (Abb. 84). Somit können sie sehr leicht mit ihr verwechselt werden. Sie sind jedoch auch von ihr unterscheidbar, wie nachstehende Beispiele beweisen. Erscheint ein Falten- oder Muldenkern beiderseits einer Störung verschoben, aber im gleichen Niveau

4. Die geologische Karte 1 : 25 000 (GK 25) und ihre Ausdeutung

gleich breit, so ist der Verschiebungsbetrag bei nicht oder gleichmäßig geneigtem Faltenbau auf eine Blattverschiebung zurückzuführen (Abb. 62 b). Sie ist ebenfalls bei folgenden Voraussetzungen gegeben. Zu beiden Seiten einer Störung weist eine um einen gewissen Betrag seitlich versetzte Schicht ein gleiches und mit der Tiefe gleichbleibendes Einfallen auf. Sie wird von einem entgegengesetzt einfallenden Gang etc. geschnitten. Wenn sein Abstand zu der Schicht im gleichen Niveau gleich groß bleibt (wie a in Abb. 61), so liegt ebenfalls eine Horizontalverschiebung vor.

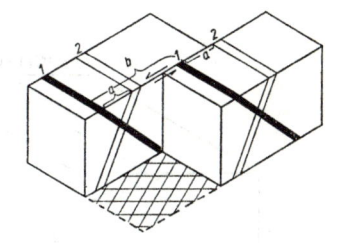

Abb. 61. Horizontalverschiebung im Blockbild (Erläuterung s. Text).

Abschiebungen. Weit häufiger als die bisher genannten Störungen sind die Abschiebungen = Verwerfungen. Sie erzeugen als Dehnungssprünge eine Bruchtektonik, die das betreffende Gebiet in einzelne Schollen zerlegt. Sie sind wie die Auf- und Überschiebungen einschließlich der Horizontalverschiebungen in der Karte als beobachtet mit einer geschlossenen, als vermutet mit einer unterbrochenen Linie markiert (Abb. 17). Sie ist in ein

Abb. 62. Grundriß eines Sattels (1 die ältere, 2 die jüngere Schicht), der durch eine Abschiebung (Bild a) und durch eine Horizontalverschiebung (Bild b) gestört ist (Erläuterung s. Text).

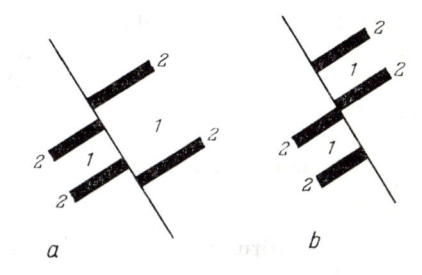

Punkt-Strich-System aufgelöst, wenn die Störung als nachgewiesen unter quartären Deckschichten verläuft. Manchmal ist die Verwerfung auf der Seite, auf der die Schichten relativ zu der gehobenen Scholle abgesunken sind, mit Querstrichen oder mit einem Pfeil versehen, der zugleich den Betrag des Einfallens angibt. Einfallswinkel wie Einfallsrichtung können einschließlich des Streichens auch aus dem räumlichen Verhalten der Störungslinie in der geologischen Karte nach den gleichen Methoden ermittelt werden, wie sie für die Ausstrichgrenze von Schichten Gültigkeit besitzen (s. S. 57).

Eine Abschiebung ist unter Beachtung des Verlaufes ihres Ausbisses in der Karte und damit der Richtung ihres Einfallens allgemein daran erkennbar, daß jüngere Schichten in der relativ abgesunkenen neben älteren in der relativ gehobenen Scholle liegen (Abb. 63, 64, 66, 67). Sofern sie eine horizontale Lage einnehmen, sind diese Altersunterschiede nicht feststellbar, wenn der Verschiebungsbetrag einer streichenden oder querschlägigen Verwerfung und die nachfolgende Abtragung dazu geführt hat, daß beider-

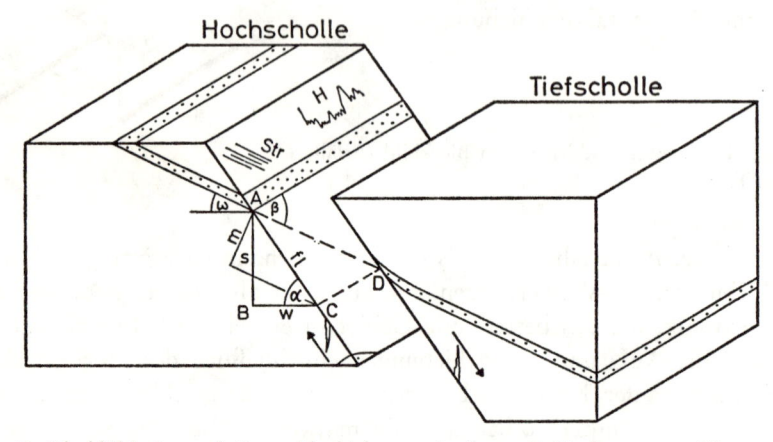

Abb. 63. Blockbild einer schrägen Abschiebung mit ihren Gefügelementen. AB = vertikaler Verwerfungsbetrag = Sprunghöhe = s, BC = scheinbare Sprungweite = w (bei senkrechter Abschiebung wahre Sprungweite), CD = horizontaler Verschiebungsbetrag = scheinbare = horizontale Schublänge, AC = flache Sprunghöhe = fl (lotrechter Verschiebungsbetrag bei senkrechter Abschiebung), AD = wahre Verschiebungslänge, α = Einfallswinkel der Verwerfung, β = Winkel zwischen dem Streichen der Schicht und der Bewegungsrichtung, ω Einfallen der Schichten, Str. = Striemung, H = abgerissene Tapete des Harnisch, bei C Fiederspalte.

seits der Störung noch dieselben Schichten anstehen. Infolgedessen würde der Charakter dieser Störung im Kartenbild nicht deutbar sein. Eine Ausdeutung ist jedoch möglich, wenn diese Abschiebung an einem flachen Hang eines Tales austritt, dessen Sohle noch unterhalb der Liegendgrenze der zuvor genannten Schichten als tektonischer Leitbank liegt und somit zumindest einen gewissen Anteil des durch die Abschiebung hervorgerufenen Versetzungsbetrages im Einfallen der Verwerfungsfläche freigibt. Gleiche Feststellungen können auch bei streichenden Störungen dieser Art in geneigten Schichten, ob sie mit oder gegen sie einfallen, getroffen werden, wenn die zuvor jeweils beschriebenen Voraussetzungen erfüllt sind. In allen anderen Fällen gilt die schon oben genannte Regel, daß die jeweils

4. Die geologische Karte 1 : 25 000 (GK 25) und ihre Ausdeutung

jüngeren Schichten in der abgesunkenen Scholle liegen. Sie trifft also auf streichende Störungen in horizontal liegenden wie in geneigten Schichten zu, unabhängig davon, ob die Verwerfungsfläche senkrecht oder gleichsinnig d. h. syn- oder homothetisch bzw. gegensinnig d. h. antithetisch zu den Schichten einfällt (Abb. 65, 66, 67, 68, 72). Bei einem gleichsinnigen Einfallen treten die jeweils jüngsten der zutage tretenden Schichten der Hochscholle im unmittelbar Liegenden einer streichenden Verwerfungsfläche, direkt in ihrem Hangenden die ältesten der Tiefscholle auf (Abb. 64).

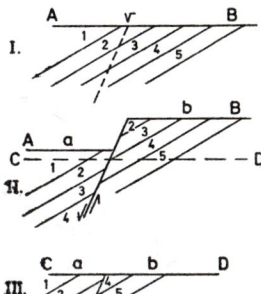

Abb. 64. Streichende, gleichsinnige Abschiebung (Verwerfung = V) im Querprofil (AB) mit Hoch- (b) und Tief- (a) scholle. CD ein Abtragungsniveau (Erläuterungen s. Text).

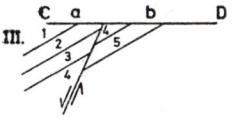

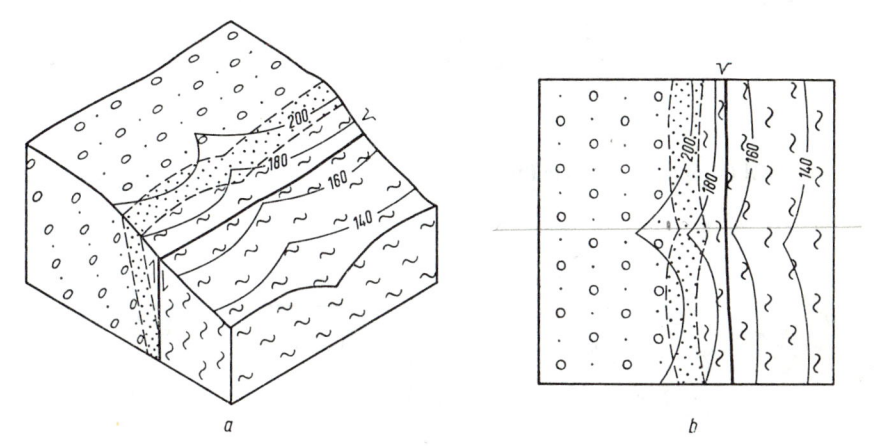

Abb. 65. Seiger stehende Abschiebung (Verwerfung = V) im Blockbild (a) und in der Karte (b).

Die abschiebenden Bewegungen, die senkrecht oder schräg zum Streichen der Verwerfungsfläche erfolgen können, führen bei einer widersinnig einfallenden Verwerfung zu einer Schichtwiederholung (Abb. 67, 68), bei ihrem gleichsinnigen Einfallen zu einer Schichtunterdrückung (Abb. 64). Soweit letztere in der Karte nach der stratigraphischen Unterteilung der

Legende sichtbar wird, hängt sie von der Größe der seigeren Sprunghöhe (s. in Abb. 63) in Beziehung gesetzt zum Einfallen der Schichten ab. Die später erfolgte Abtragung beeinflußt ebenfalls die Ausstrichbreite einer Schicht, die bei einer gleichsinnig, aber steiler als die Schicht einfallenden Verwerfung (c–b in Abb. 69 a) ab-, bei einer antithetischen Verwerfung zunimmt (c–b in Abb. 69 b). Die Ausstrichbreite kann sich in beiden Fällen vergrößern, wenn die Abschiebung flacher als die Schicht einfällt.

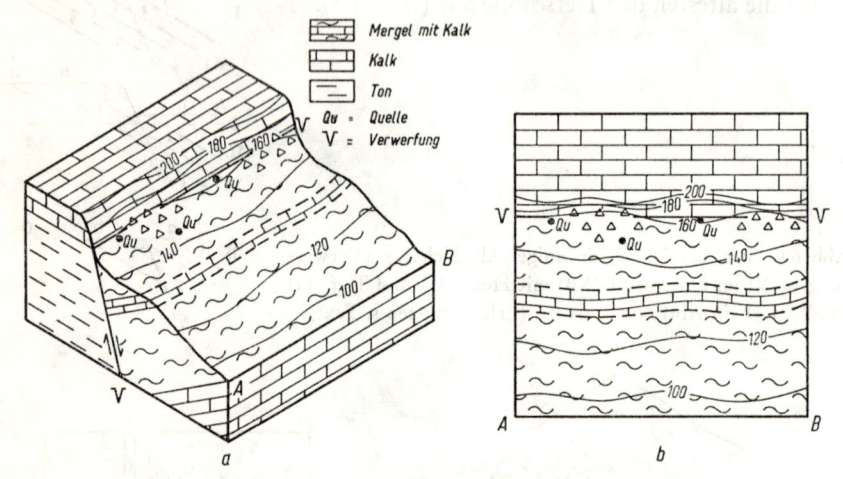

Abb. 66. Schräg einfallende Abschiebung (Verwerfung = V) mit eingekippter Tiefscholle im Blockbild (a) und in der Karte (b).

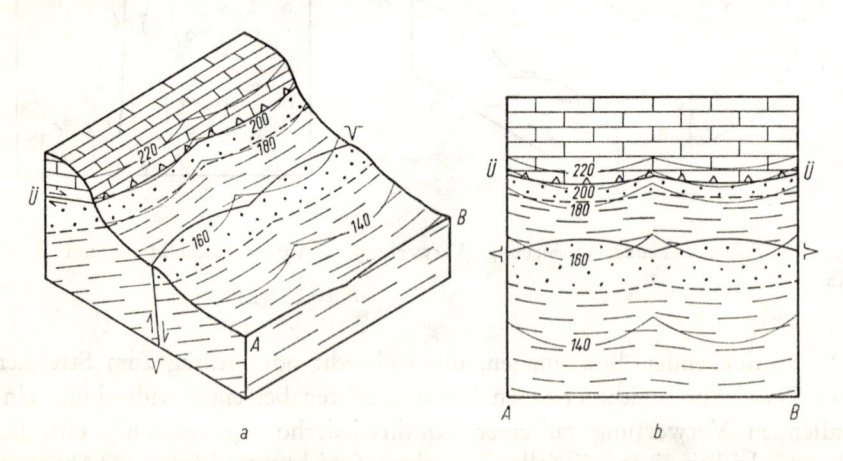

Abb. 67. Widersinnig = antithetisch einfallende Abschiebung (Verwerfung = V) im Blockbild (a) und in der Karte (b), außerdem eine Überschiebung (Ü).

4. Die geologische Karte 1 : 25 000 (GK 25) und ihre Ausdeutung

An einer diagonal bis querschlägig verlaufenden Verwerfung findet mit der abschiebenden Bewegung beiderseits der Störung zugleich eine erkennbare laterale Versetzung der Schichten statt (w_1 in Abb. 70, 71). Sie tritt nicht ein, wenn sie seiger stehen und die Bewegung in der Fallinie einer senkrecht oder schräg einfallenden Verwerfungsfläche erfolgt ist. Diese Verwerfung ist in einem waagerechten Schnitt nicht erkennbar. Hiervon abgesehen ist der zuvor erwähnte, laterale Versetzungsbetrag an dem Abstand gleichalter Schichten (tektonische Leitbank) beiderseits der Störung ablesbar (w_1 in

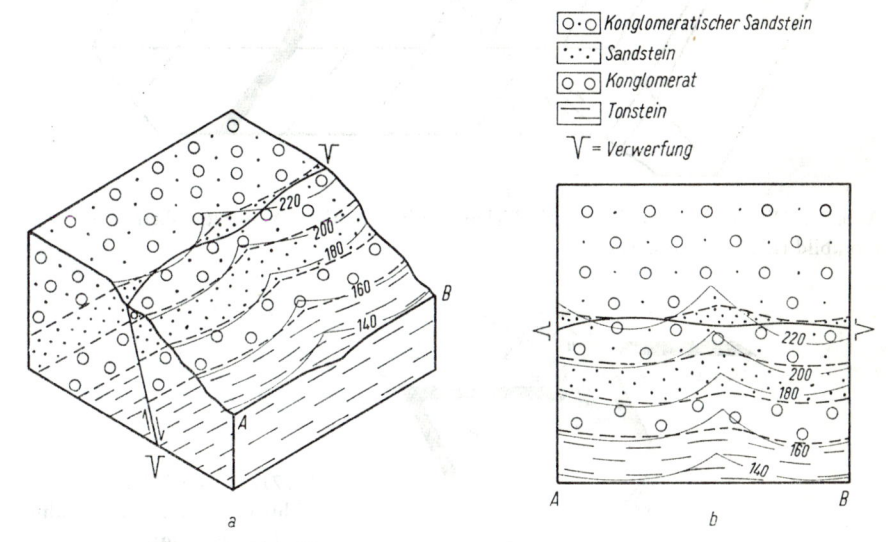

Abb. 68. Widersinnig einfallende Abschiebung (Verwerfung = V) mit Schichtwiederholung im Blockbild (a) und in der Karte (b) (Erläuterung s. Text).

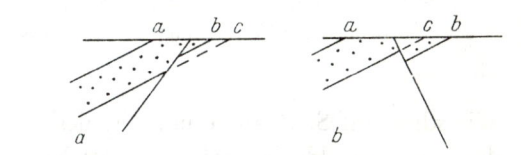

Abb. 69. Erläuterung s. Text.

Abb. 70, 71). Er hängt von dem Einfallswinkel der Schichten und der Verwerfungsfläche, von der Richtung der relativ abschiebenden Bewegung ab, ob in Fallrichtung der Verwerfungsfläche oder schräg zu ihr und von der Größe der seigeren Verwurfshöhe (s. S. 92) ab (Abb. 71). Zwischen ihnen besteht folgender Zusammenhang. Je flacher die Neigung der Schichten, je schräger die Abschiebung entgegen dem Einfallen der Schichten, je größer die Verwurfshöhe sind, desto größer ist der laterale Versetzungsbetrag. Inwieweit eine horizontale Komponente noch hinzu gekommen ist, kann aus der geologischen Karte meistens nicht entnommen werden (s. S. 86). Die Abb. 72 zeigt, daß auf verschiedene Weise derselbe Versetzungsbetrag entstehen kann.

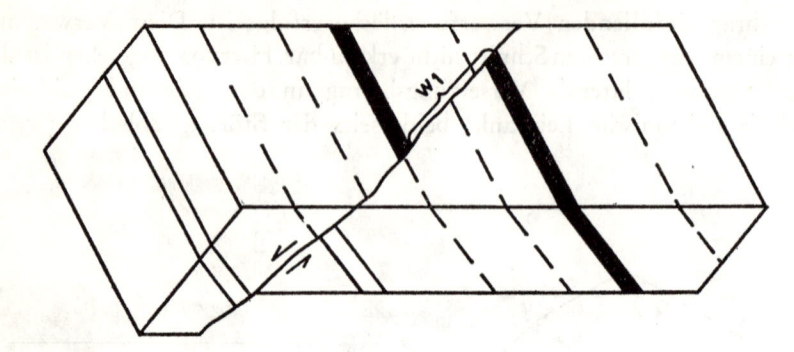

Abb. 70. Diagonal verlaufende Abschiebung mit lateralem Versetzungsbetrag (w_1) im Blockbild (Erläuterung s. Text).

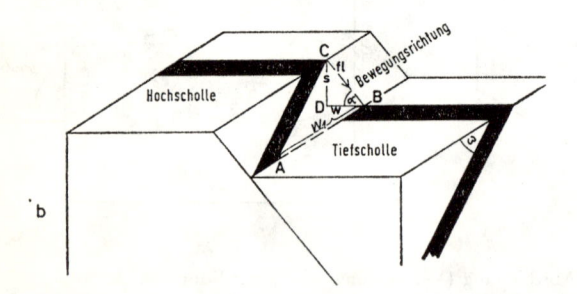

Abb. 71. Querschlägig zu den Schichten verlaufende Abschiebung (Verwerfung).

AB = w_1 = lateraler Versetzungsbetrag, BC = fl = flache Sprunghöhe, CD = seigere Sprunghöhe = s, DB = w = söhlige Sprungweite (s. auch Bemerkungen in Abb. 63), α = Einfallswinkel der Verwerfung, ω = Einfallswinkel der Schicht.

Wie schon auf S. 86 ausgeführt, ist deshalb in solchen Fällen eine Entscheidung, ob eine Horizontale = Blatt-Verschiebung vorliegt, nicht möglich. Eine der Ausnahmen hiervon ist der Fall, in dem eine diagonal bis querschlägige Verwerfung einen Sattel oder eine Mulde schneidet usw. (s. S. 86). Er erlaubt zugleich, die Relativbewegung der Störung festzustellen. Sie ergibt sich nicht nur aus den schon des öfteren erwähnten Altersunterschieden der aneinandergrenzenden Schichten beiderseits der Störung (Abb. 73, 74), sondern auch aus der Tatsache, daß infolge einer Abtragung im Bereich der Hochscholle die Ausstrichbreite einer gleichalten Schicht der Muldenfüllung in der abgesunkenen Scholle größer (Abb. 73), jene im Sattel kleiner

4. Die geologische Karte 1 : 25 000 (GK 25) und ihre Ausdeutung

(Abb. 74) als in der relativ gehobenen Scholle ist (Blatt Arnsberg, Nr. 4514). Darüber hinaus kann man feststellen, ob die abschiebende Bewegung in Richtung der Fallinie oder schräg zu ihr erfolgt ist. Dazu müssen die Einfallswinkel der Flanken des Sattels bzw. der Mulde bekannt sein, um aus ihnen die jeweilige Mulden- bzw. Sattelachse zu konstruieren. Bei einer Abschiebung in der Fallinie bleibt sie in der gehobenen wie gesunkenen Scholle in der gleichen Position. Bei einer schrägen Bewegung ist sie in der Richtung versetzt, in welcher die Bewegung erfolgte.

Abb. 72. Der gleiche, laterale Versetzungsbetrag einer Schicht zwischen einer Tief- (1) und Hoch(2)-Scholle an einer querschlägigen Verwerfung, entstanden a. durch eine senkrechte Abschiebung b. durch eine schräge Abschiebung, c u. d eine Horizontalverschiebung.

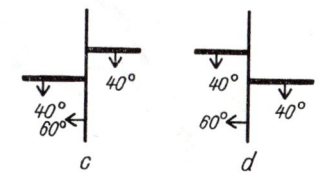

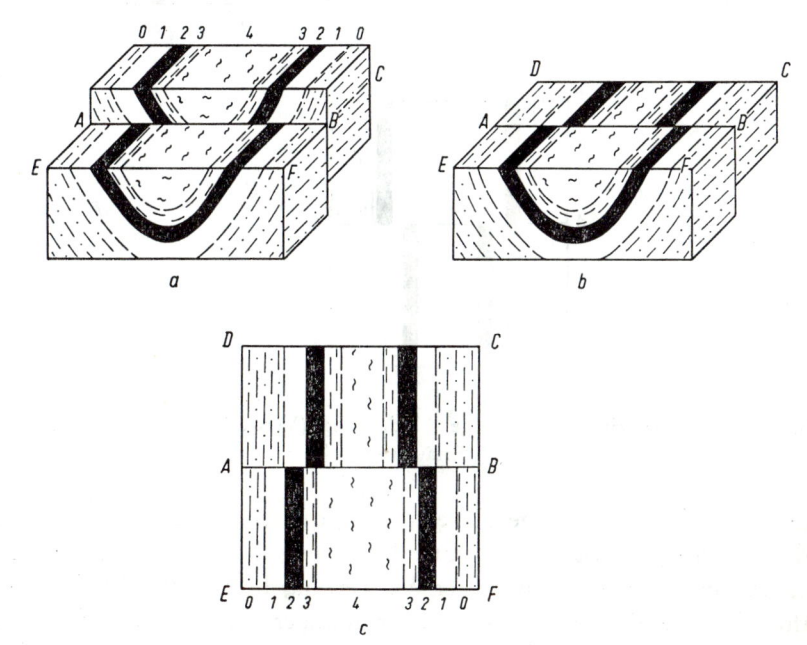

Abb. 73. Eine durch eine querschlägige Abschiebung (Verwerfung) gestörte Mulde im Blockbild (a u. b) wie in der Karte (c) (Erläuterung s. Text).

Hinsichtlich des Vorkommens von jeweils älteren Schichten in der Hochscholle muß auf eine, wenn auch seltenere Ausnahme hingewiesen werden. So kann die gehobene Scholle je nach dem Ausmaß der Abtragung auch durch jüngere Gesteine angezeigt werden. Dies ist der Fall, wenn überkippte Schichten durch eine streichende Verwerfung getrennt werden und die Erosion den Kern des überkippten Sattels abgetragen hat.

Gleich den Aufschiebungen wie den Horizontalverschiebungen liegen vor allem die Abschiebungen in mehr oder weniger parallel zueinander angeordneten Scharen vor. Sie bilden hierbei ein System bestimmter Richtung, die von Klüften und Spalten begleitet sein können (Abb. 75). Sie zerlegen das betreffende Gebiet in einzelne Schollen. Letztere können tektonisch

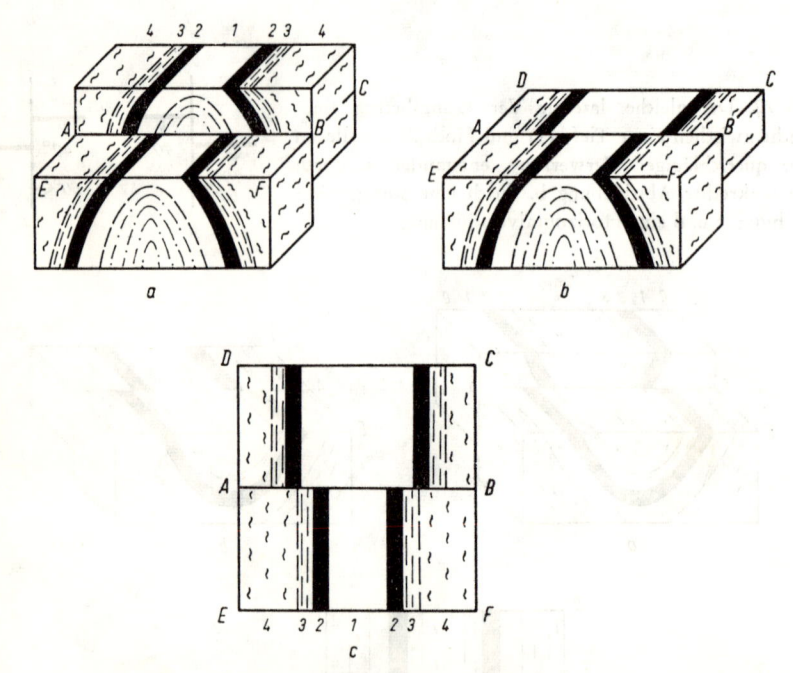

Abb. 74. Eine durch eine querschlägige Abschiebung (Verwerfung) gestörter Sattel im Blockbild (a u. b) wie in der Karte (c) (Erläuterung s. Text).

eine verschiedene Höhenlage einnehmen. Nicht selten treten sie hintereinander gestaffelt auf. Stellt man unter Benutzung der Legende in der Karte fest, daß in der ersten, von einer Verwerfung begrenzten Scholle dieser Staffel die ältesten, in den mehr oder weniger parallel dazu folgenden Schollen jeweils jüngere Schichten zutage treten, so ist eine geologische Treppe bzw. ein Staffelbruch oder Halbhorst gegeben (Abb. 76). Wieder-

4. Die geologische Karte 1 : 25 000 (GK 25) und ihre Ausdeutung

holt sich dieses Bild von der Scholle mit den jüngsten Schichten aus in entgegengesetzter Richtung d. h. mit entgegengesetztem Einfallen der Verwerfung zu der zuvor geschilderten Staffel, so liegt ein Graben vor (Abb. 77). Er hebt sich im Kartenbild also dadurch von seiner Umgebung ab, daß in seinem Kern jüngere, beiderseits von anschließenden, mehr oder weniger parallel zueinander geordneten Verwerfungen jeweils ältere Schichten zutage anstehen (s. Blatt Lauterbach/Hess. Nr. 5222). Ein Horst ist durch ein umgekehrtes Verhalten der Schichten gekennzeichnet (Abb. 78, Blatt Frankenau Nr. 4919). In Abhängigkeit von ihrem Widerstand gegen eine Abtragung kann hierbei eine Grabenfüllung morphologisch einen Rücken, ein Horst eine Senke bilden. Somit würde eine Reliefumkehr vor-

Abb. 75. Erläuterung s. Text.

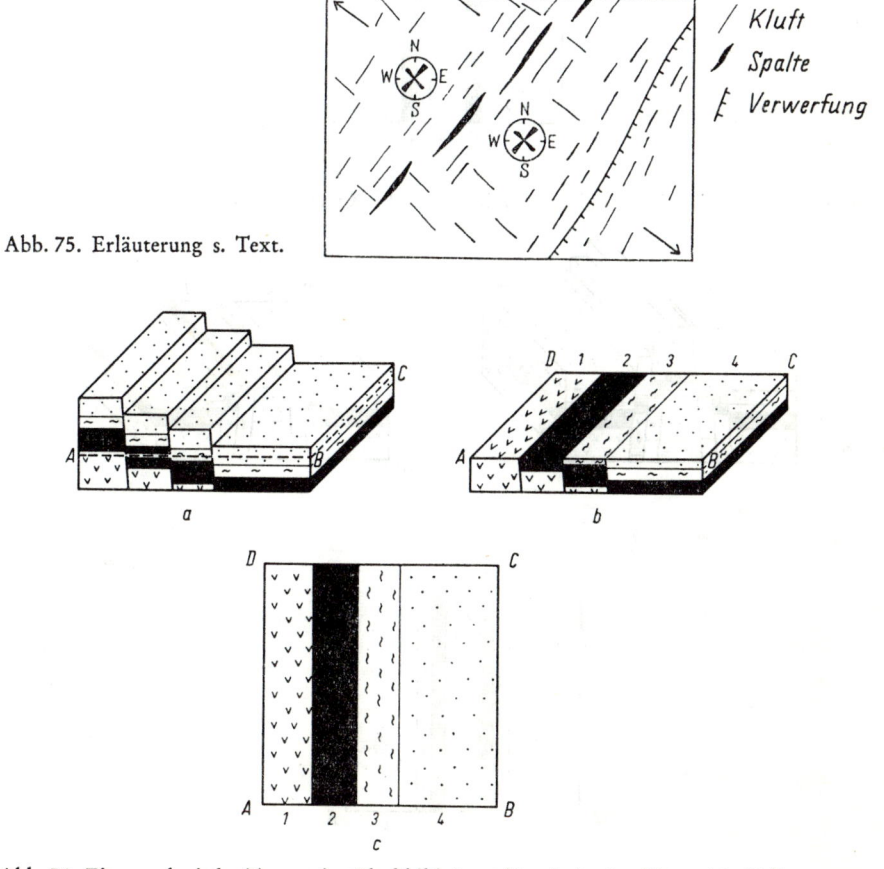

Abb. 76. Eine geologische Treppe im Blockbild (a u. b) wie in der Karte (c) (Erläuterung s. Text).

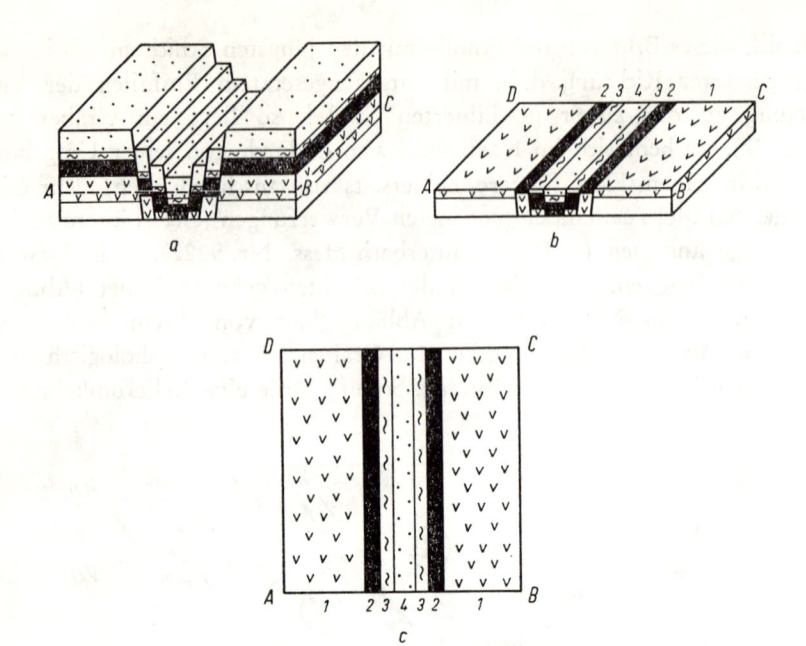

Abb. 77. Ein Graben im Blockbild (a u. b) wie in der Karte (c) (Erläuterung s. Text).

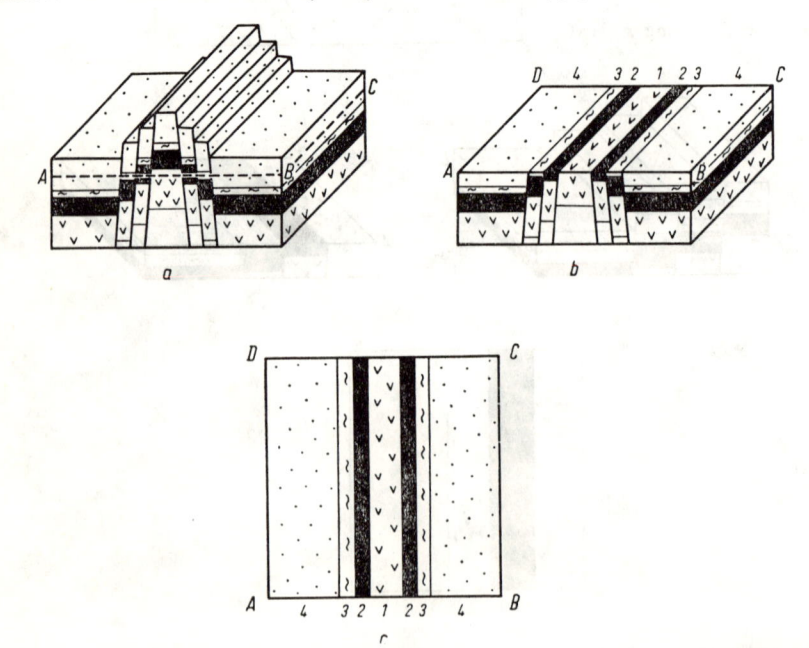

Abb. 78. Ein geologischer Horst im Blockbild (a u. b) wie in der Karte (c) (Erläuterung s. Text).

4. Die geologische Karte 1 : 25 000 (GK 25) und ihre Ausdeutung

liegen, für die es zahlreiche Beispiele gibt z. B. das Ohm-Gebirge südlich des Harzes.

Wie bei den zuvor erwähnten Störungen ist auch das Alter einer Verwerfung stets jünger als die Schichten, die von ihr betroffen worden sind. So kann sie z. B. unter einer Transgressionsgrenze verschwinden oder unter quartären Schichten unter- und an ihrem anderen Ende wieder auftauchen (Abb. 96). In beiden Fällen ist sie also älter als die darüber liegenden Schichten. Wenn sie an einer Intrusion ab- und jenseits von ihr wieder ansetzt oder sie durchschlägt, ist sie im erstgenannten Fall älter, im letztgenannten Fall jünger als die Intrusion selbst. In einem gefalteten Gebiet sind die streichenden Störungen, zumal wenn sie noch mitverfaltet sind, mehr oder weniger gleichzeitig mit der Faltung, querschlägig bis diagonal zu ihr verlaufend nach der Anlage der von ihr betroffenen Falten entstanden. Wenn sie sich untereinander kreuzen, dann ist jene älter, die an der anderen Störung versetzt worden ist (Abb. 79, 80). Sie kann zusammen mit den Schichten eine seitliche, staffelförmige (Abb. 80) bzw. bajonettartige Versetzung aufweisen, wenn sie von einem System von gleich einfallenden Abschiebungen unterschiedlichen Verwerfungsbetrages betroffen worden ist. Sie kann in streichender Richtung durch Abnehmen des Verschiebungsbetrages oder durch Zerschlagen auskeilen. Zuweilen sind die Schnittlinien von zwei Verwerfungen von besonderem Interesse, vor allem, wenn einer der Verwerfung ein Gang aufsitzt.

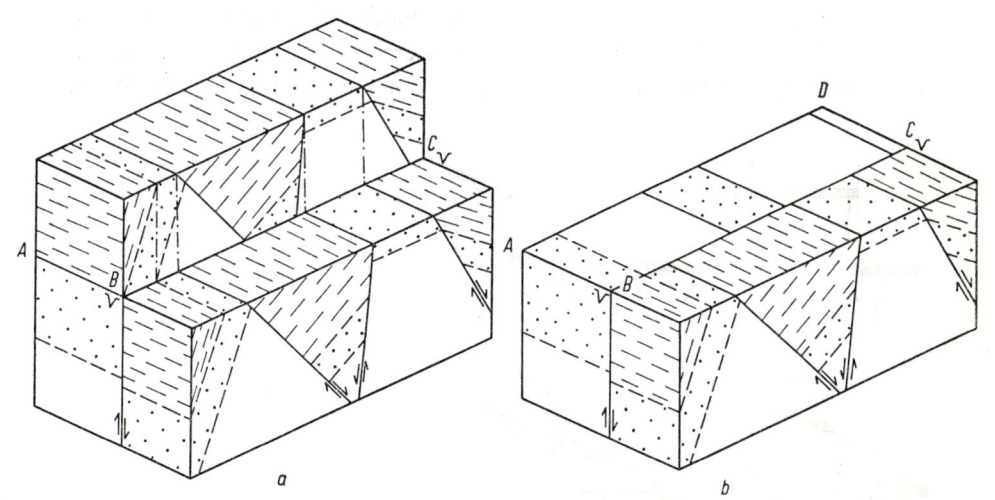

Abb. 79. Kreuzung einer jüngeren Störung mit älteren Abschiebungen im Blockbild (a) und nach der Abtragung im Blockbild b (Erläuterung s. Text).

Die hiermit verbundenen Konstruktionen, die der Ausrichtung eines Ganges dienen und auf S. 119 des näheren besprochen werden, hängen mit der Feststellung der räumlichen Lage der Verwerfungsfläche zusammen. Wie schon zuvor ausgeführt, kann sie als streichende Störung seiger (90°) stehen oder in einem hiervon abweichenden Winkel mit oder gegen die Schichten einfallen (s. S. 87 ff.). Die Bewegungen auf ihr können in Richtung der Fallinie oder schräg zu ihr erfolgen. Die hierdurch bedingte seigere Sprunghöhe (s in Abb. 63 und 81, 83) ist der senkrechte Betrag der Verschiebung, ge-

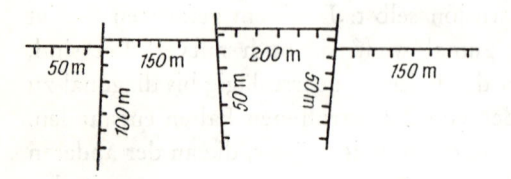

Abb. 80. Eine ältere Verwerfung, staffelförmig versetzt an jüngeren Abschiebungen (Erläuterung s. Text).

messen als der senkrechte Abstand zwischen der Ober- bzw. Unterkante ein und derselben Schicht zwischen der Hoch- und Tiefscholle. Sie ist von besonderem Interesse für die Auswertung tektonischer Vorgänge. Sie bildet z. B. bei geraden Abschiebungen zusammen mit der flachen Sprunghöhe (fl. in Abb. 63 und 81, 83) als Verschiebungsbetrag in Richtung der Fallinie der Verwerfungsfläche und der Sprungweite (w in Abb. 63, 83 und a in 81) als der Horizontalkomponente der Verwerfung in ihrer Fallrichtung ein rechtwinkliges Dreieck (Abb. 81). Für seinen Entwurf ist also das Vorhandensein einer tektonischen Leitbank in der Hoch- wie Tiefscholle Voraussetzung. Sofern sie in der ersteren wegen einer inzwischen erfolgten Abtragung fehlt, muß sie unter Berücksichtigung der aus der Legende der Karte

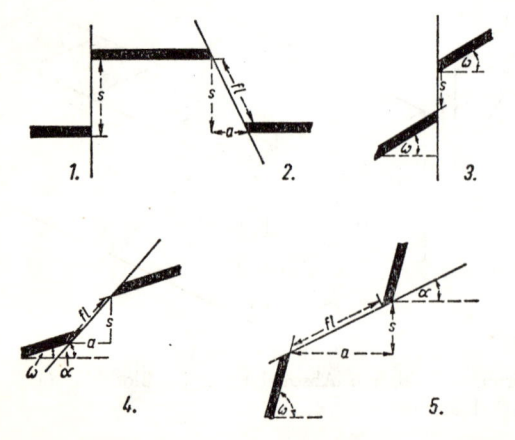

Abb. 81. Erläuterung s. Text.

4. Die geologische Karte 1 : 25 000 (GK 25) und ihre Ausdeutung

zu entnehmenden Mächtigkeit ergänzt werden, wie es in Abb. 82 für die Schicht 2 geschehen ist. Zu der zuvor genannten seigeren Sprunghöhe müssen bei einer schrägen Abschiebung noch die Verschiebungsrichtung AD = fl im Dreieck ACD der Abb. 63, der Winkel zwischen ihr und der Streichrichtung der Verwerfung, gemessen auf der Verwerfungsfläche, wie der durch die schräge Abschiebung erfolgte horizontale Versetzungsbetrag (CD im Dreieck ACD der Abb. 63) und die Strecke BD als Sprungweite berücksichtigt werden.

Sofern eine streichende Verwerfung vorliegt, kann man aus der geologischen Karte ihre seigere Sprunghöhe (s in Abb. 81) ermitteln, wenn die Mächtigkeit der verschobenen Schichten (m in Abb. 82), ihr Einfallen und jenes der Verwerfungsfläche gegeben sind. Die beiden letztgenannten Werte kann man nach der auf S. 64, 69 beschriebenen Methode aus der geologischen Karte entnehmen. Die Mächtigkeit m erhält man über die Konstruktion eines Querprofiles aus der Ausstrichbreite, der Neigung der Schicht wie dem Böschungswinkel, sofern ein Relief vorhanden ist (s. S. 68).

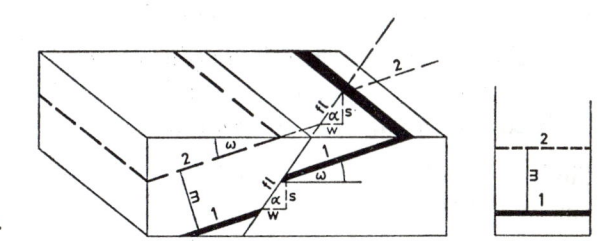

Abb. 82. Erläuterung s. Text.

Sie ist in einem Profil quer zur Streichrichtung der Verwerfung gleich der Sprunghöhe, wenn die Schichten horizontal liegen und die Verwerfung mit 90° einfällt (s. in Abb. 81,1). Es besteht in diesem Fall keine flache Sprunghöhe (fl in Abb. 81,2) und somit auch keine Sprungweite (a in Abb. 81,2).

Mithin ist (Abb. 81,1)

$s = m$
$fl = s$
$a = 0$

Sind die gleichen Voraussetzungen wie zuvor gegeben, aber die Verwerfungsfläche fällt abweichend von 90° ein, so ist bei gleichbleibendem Betrag der Vertikalkomponente (s) der Verwerfung die flache Sprunghöhe und Sprungweite desto größer, je flacher die Abschiebung einfällt. α ist der Einfallswinkel der Verwerfung, ω jener der Schicht.

Es sind (Abb. 81,2)

$s = m$
$\sin \alpha = m : \text{fl}, \text{fl} = m : \sin \alpha$
$\text{tg } \alpha = m : a, a = m : \text{tg } \alpha$

Sind die Schichten geneigt und die Verwerfung steht senkrecht (Abb. 81,3), so sind

$\cos \omega = m : s, s = m : \cos \omega$
$\text{fl} = s$
$a = 0$

Sind die Schichten geneigt und fällt die Verwerfung mit ihnen, aber steiler als sie ein (Abb. 81,4), so sind

$\sin \alpha = s : \text{fl}, s = m \cdot \sin \alpha : (\sin \alpha - \omega)$
$\sin (\alpha - \omega) = m : \text{fl}, \text{fl} = m : \sin (\alpha - \omega)$
$\cos \alpha = a : \text{fl}, a = m \cdot \cos \alpha : \sin (\alpha - \omega)$

Sind die Schichten geneigt und fällt die Verwerfung gleichsinnig, aber flacher als sie ein (Abb. 81,5), so sind

$\sin \alpha = s : \text{fl}, s = m \cdot \sin \alpha : (\sin \omega - \alpha)$
$\sin (\omega - \alpha) = m : \text{fl}, \text{fl} = m : \sin (\omega - \alpha)$
$\cos \alpha = a : \text{fl}, a = m \cdot \cos \alpha : \sin (\omega - \alpha)$

Sind die Schichten geneigt und fällt die Verwerfung zu ihnen widersinnig ein, so sind (Abb. 83)

$\sin \alpha = s : \text{fl}, s = m \cdot \sin \alpha : \sin (\omega + \alpha)$
$\sin (\omega + \alpha) = m : \text{fl}, \text{fl} = m : \sin (\omega + \alpha)$
$\cos \alpha = a : \text{fl}, a = m \cdot \cos \alpha : \sin (\omega + \alpha)$

In ähnlicher Weise berechnet sich die Sprunghöhe und Sprungweite bei Auf- und Überschiebungen (s. S. 84).

Bei einer querschlägig zu den einfallenden Schichten verlaufenden Abschiebung kann die wichtige Größe der seigeren Sprunghöhe unter Zuhilfenahme des lateralen Versetzungsbetrages der tektonischen Leitschicht, wie folgt, ermittelt werden. Wenn eine senkrechte Verwerfung mit einer Verschiebung in der Fallinie vorliegt (Abb. 84), denkt man sich zur Feststellung der seigeren Sprunghöhe eine Profilebene in die querschlägig verlaufende Verwerfung gestellt (Abb. 84a). Auf diese Ebene überträgt man im Horizontalschnitt den Betrag der lateralen Versetzung ein und derselben Schicht beiderseits der Störung (A–B in Abb. 84a). Hierbei ist A der Austrittpunkt der oberen Grenze der Leitschicht in der gehobenen, B jener in der relativ

4. Die geologische Karte 1 : 25 000 (GK 25) und ihre Ausdeutung

abgesunkenen Scholle innerhalb des von A ausgehenden Horizontalschnittes. Unter der Voraussetzung, daß der Einfallswinkel auf beiden Seiten der Verwerfung der gleiche ist, trägt man ihn in A an. Dann errichtet man in B das Lot. Es trifft den freien Schenkel des Einfallswinkels in C. C—B ist die gesuchte seigere Sprunghöhe (Abb. 84 a).

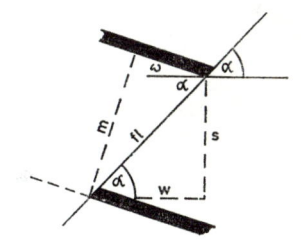

Abb. 83. Erläuterung s. Text.

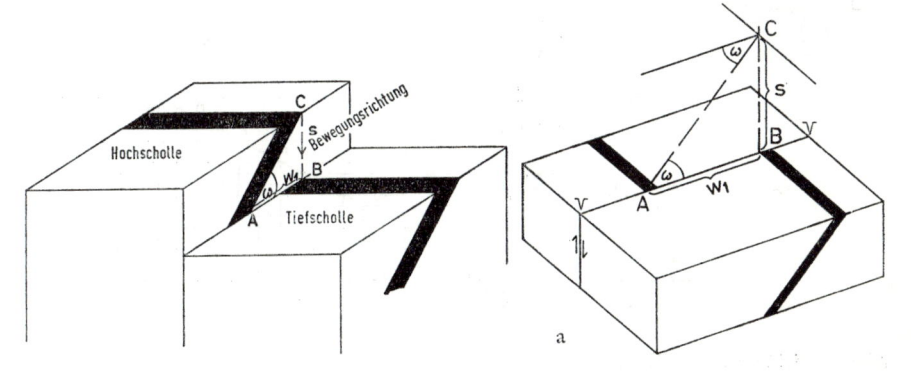

Abb. 84. Querschlägig verlaufende und senkrecht einfallende Verwerfung mit seigerer Sprunghöhe (s) und lateralem Versetzungsbetrag (w_1).

Bei einer senkrechten oder schrägen Verschiebung an einer von 90° abweichend einfallenden Verwerfung ist eine weitere Konstruktion zur Ermittlung der seigeren Sprunghöhe möglich. In der Abb. 85 ist A–B eine querschlägige, E–W verlaufende Störung, die mit 60° nach Norden einfällt. In der abgesunkenen Scholle tritt in der Höhe von 240 m ü. NN eine Schicht zutage (C in Abb. 85 a), deren gleiche Ausstrichgrenze in der relativ gehobenen Scholle bei 170 m ü. NN liegt (C_1 in Abb. 85). Ihr Schnittpunkt in 240 m Höhe mit der Verwerfung ist Ausgangspunkt für die Konstruktion in der Abb. 85 c. Von ihm aus (C in Abb. 85 c) zieht man Parallelen zum Streichen der Störung in ihrer Fallrichtung = waagerechte Höhenlinien 240, 220 m in Abb. 85 c und zwar in einem Abstand, der sich als Horizontalprojektion des Einfallswinkels der Störung unter Berücksichtigung des Höhenmaßstabes ergibt (s. S. 64 und Strecke CD in Abb. 85 b). Nach demselben Verfahren entwirft man die Parallelen zum

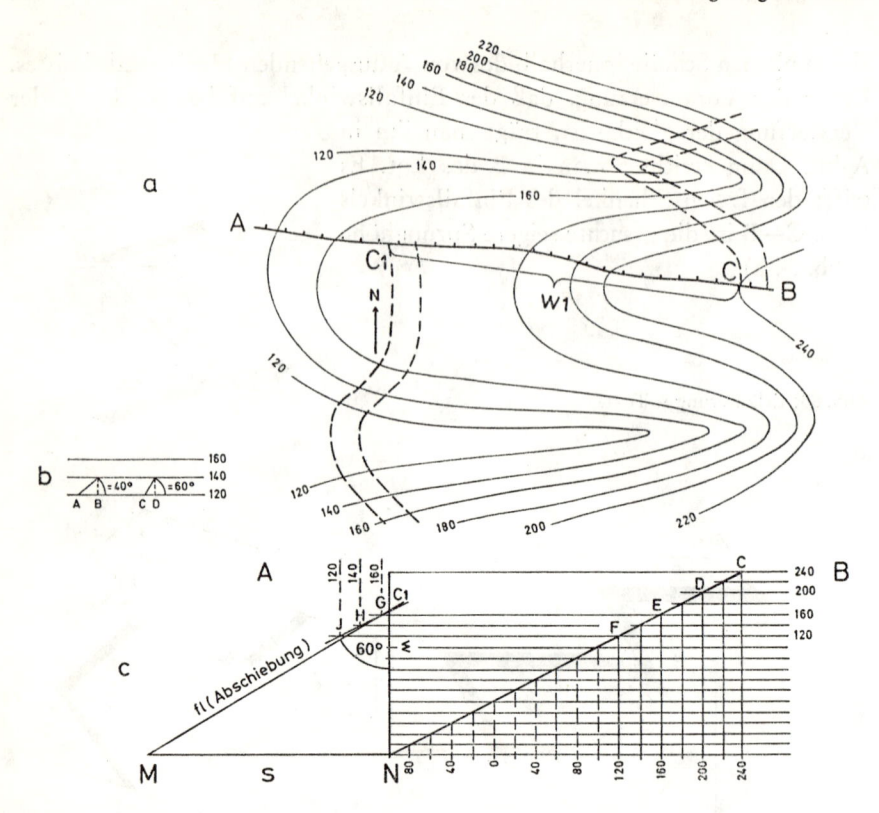

Abb. 85. Erläuterung s. Text.

Streichen der oben erwähnten Schicht (N–S Linien in Abb. 85 c) in ihrem Einfallen sowohl in der abgesunkenen wie gehobenen Scholle. Sie bringt man zum Schnitt mit der jeweiligen Linie gleicher Höhenlage auf der Verwerfungsfläche. Damit erhält man die Schnittkante der einfallenden Schicht in der abgesunkenen Scholle mit der Verwerfungsfläche durch die Punkte C, D, E und F und jene in der gehobenen Scholle durch die Punkte C_1, G, H und J (Abb. 85). Nach der gleichen Methode verlängert man die zuerst genannte Schnittkante bis auf die Höhe von Punkt C_1. Von ihm aus fällt man auf sie, zugleich in die Ebene von C_1 projiziert, eine Senkrechte, welche diese Linie in N trifft. In C_1 trägt man den Einfallswinkel α der Verwerfung, im vorliegenden Fall 60°, in Richtung ihrer Neigung ab. In N errichtet man ein Lot, welches den freien Schenkel des zuvor genannten Winkels α in M schneidet. MN ist die gesuchte seigere Verwurfshöhe (s. Abb. 85 c), wie sie unter den derzeitigen Verhältnissen im Gelände und so-

4. Die geologische Karte 1 : 25 000 (GK 25) und ihre Ausdeutung

mit auch in der geologischen Karte gegeben ist. Sie beträgt im vorliegenden Fall 268 m und ist somit gleich der Höhendifferenz zwischen Punkt C_1 und N. Die Strecke NC_1 ist die Sprungweite. Ihre Kenntnis als Größe des Schichtausfalles an einer Verwerfung ist für die Erkundung bei nutzbaren Lagerstätten von Bedeutung, worüber auf S. 119 kurz berichtet wird.

Aus den vorausgegangenen Ausführungen geht hervor, daß das tektonische Bild in einer Karte, welches sehr vielfältig sein und die unterschiedlichsten Ursachen haben kann, mit Hilfe von verschiedenen Methoden ermittelt werden kann. Um es jedoch in seiner Gesamtheit erfassen und darstellen zu können, ist unter Benutzung der in der Legende angegebenen stratigraphischen Abfolge der Entwurf eines geologischen Querprofiles unerläßlich.

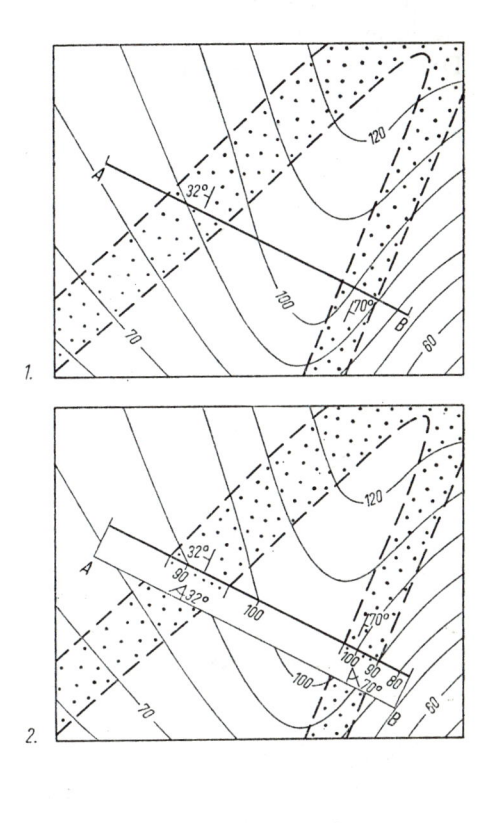

Abb. 86. Erstellung eines geologischen Profiles, das infolge eines abtauchenden Sattels die Schichten schief schneidet (Erläuterung s. Text).

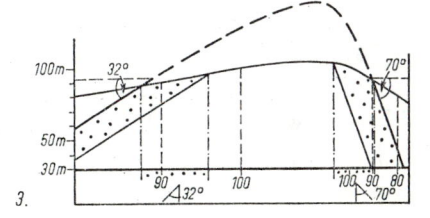

4.2.3. Das geologische Profil

Wie schon zuvor darauf hingewiesen wurde, ist ein geologisches Profil zur Verdeutlichung des Inhaltes einer geologischen Karte sehr wichtig, weil es über den tektonischen Aufbau des betreffenden Gebietes Auskunft gibt. Deshalb ist es auf den meisten geologischen Karten als Querschnitt durch das dargestellte Gebiet vorhanden. Es genügt jedoch nicht immer zur Aufklärung der gegebenen Lagerungsverhältnisse etc. Deshalb müssen beim Lesen der Karte meist noch zusätzliche Profile entworfen werden. Dies ist vor allem dann der Fall, wenn z. B. besondere Aufgaben der Angewandten Geologie gestellt sind.

Das Profil soll in erster Linie ein Querprofil sein. Es muß deshalb senkrecht zum Streichen der Schichten ausgerichtet sein, dessen Feststellung nach der auf S. 62 beschriebenen Methode erfolgt. Seiner Änderung sollte es, so weit wie möglich, folgen, indem es an der Stelle eines Wechsels in der Streichrichtung abknickt und in der Fortsetzung ein neues Profil senkrecht zum

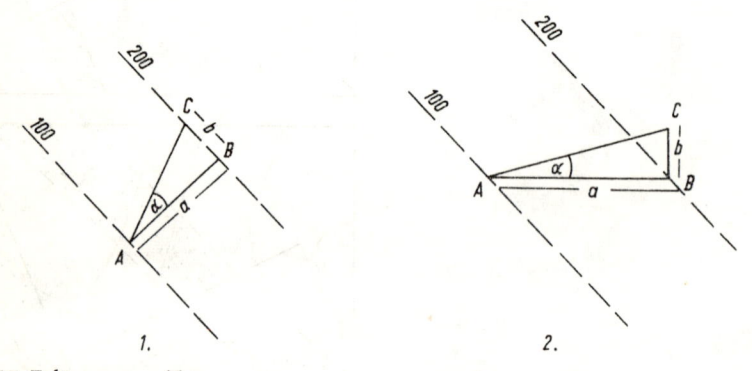

Abb. 87. Erläuterung s. Text.

Streichen gezeichnet wird. Somit kann es sich aus verschiedenen, abgeknickten Teilen zusammensetzen. Trotzdem wird es manchmal unvermeidbar sein, daß es in seinem Verlauf Schichten wie z. B. abtauchende Sättel und aushebende Mulden wie zwischenliegende Störungen schief schneidet (Abb. 86). Jedoch nur, wenn es die gestellte Aufgabe besonders notwendig macht, wird man es in einem von 90° zu stark abweichenden Winkel zum Streichen entwerfen. Hierbei ist darauf zu achten, daß sich der Einfallswinkel der Schichten wie ihre Mächtigkeit ändern. Diese Veränderungen sind in den Abb. 87 und 88 wiedergegeben. Die Abb. 87 zeigt, daß bei

4. Die geologische Karte 1 : 25 000 (GK 25) und ihre Ausdeutung

einem gleichen Höhenabstand b zwischen der 100 und 200 m ü. NN gelegenen Streichlinie der Schicht ihr Einfallswinkel α um so geringer wird, je schräger die Profillinie a zum Streichen verläuft. Um so größer wird aber die Mächtigkeit der Schicht.

Sofern das Profil senkrecht zum Streichen ausgerichtet ist, kann der wahre Einfallswinkel nach den auf S. 64 ff. beschriebenen Methoden aus der Karte entnommen werden. Verläuft es diagonal zu ihm, so kann der scheinbare Einfallswinkel wie folgt ermittelt werden. Man zeichnet zuerst das Profil AB (Abb. 89,1) senkrecht zum Streichen mit dem wahren Einfallen α der Schichten. Anschließend zieht man die Profillinie CD, die diagonal zu ihm verläuft. Dann verlängert man im Streichen der Schichten ihre Ausbisse E, F von AB nach CD und erhält damit die Punkte E_1, F_1 usw. Im gewählten Höhenmaßstab GK (Abb. 89,2) trägt man ihren wahren

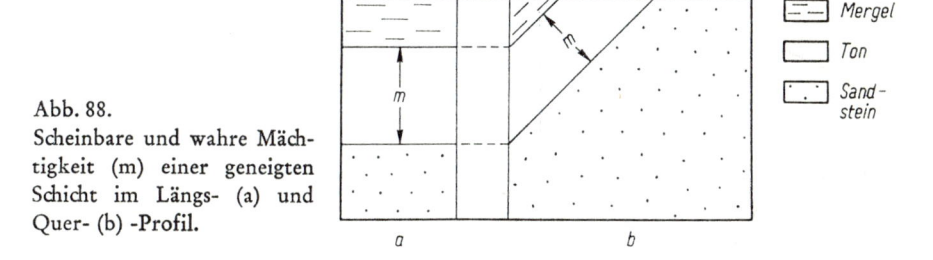

Abb. 88.
Scheinbare und wahre Mächtigkeit (m) einer geneigten Schicht im Längs- (a) und Quer- (b) -Profil.

Einfallswinkel α ab und erhält die Strecke GH als seine Horizontalprojektion, die man an der Parallelen GG_1 zur Streichrichtung der Schichten in G als Senkrechte GH abträgt (89,3). Von H_1 in Abb. 89,3 zieht man die Parallele zur diagonal verlaufenden Profillinie CD, welche G bis G_1 in G_2 schneidet. Die Strecke H_1G_2 (Abb. 89,3) stellt die Horizontalprojektion des scheinbaren Einfallswinkels der Schichten dar. Seinen Wert erhält man, indem man im gewählten Höhenmaßstab GK die zuletzt genannte Strecke von G_2 aus bis H_1 abträgt, in H_1 ein Lot errichtet und damit den Punkt K_1 erhält, welchen man mit G_1 verbindet. Dann ist $K_1 G_2 H_1$ der gesuchte scheinbare Einfallswinkel (Abb. 89,3). Er kann auch auf folgende Weise festgestellt werden. An die aus der Karte entnommene Streichrichtung AB der Schichten legt man senkrecht zu ihr als Richtung des Querprofiles in A eine Horizontale und in einem dem Höhenmaßstab der Karte und dem Einfallswinkel der Schicht adaequaten Abstand zu AB eine Parallele als tieferliegende Streichlinie (Abb. 90). Die Projektion der letzteren in die Ebene von A schneidet die Horizontale von A in C. Dann trägt man in A den aus der geol. Karte ermittelten, wahren Einfallswinkel ω der Schichten ab. Sein freier Schenkel schneidet die Parallele zu AB in D. CD, in die Horizontalebene von A eingeklappt, ist die Höhendifferenz zwischen den beiden Streichlinien AB und CD. Anschließend zieht man durch A die Streichrichtung der diagonal verlaufenden Profillinie AE. Sie schneidet die Parallele zu AB in F. Senkrecht trägt man von F aus den Abstand DC ab und verbindet den hiermit erhaltenen Punkt G mit A. Dann ist GAF der gesuchte, wahrscheinliche Einfallswinkel. Eine weitere Konstruktion zeigt die Abb. 91.

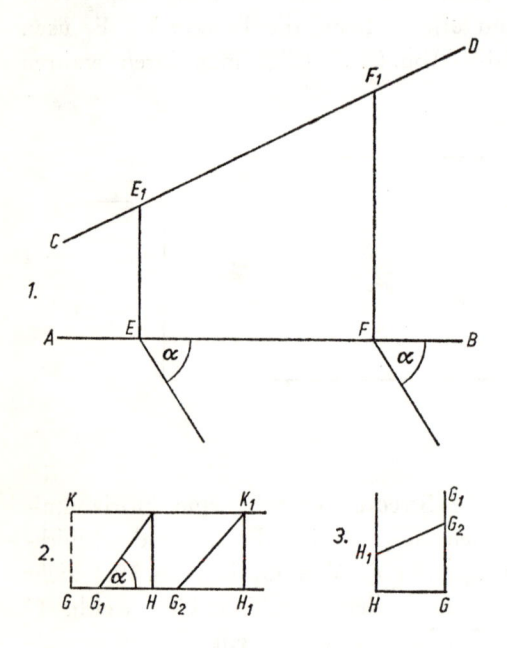

Abb. 89. Erläuterung s. Text

Liegt die Meßstelle für das Streichen und Einfallen der Schichten in der Karte außerhalb der festgesetzten Profillinie, so muß sie auf die gleiche Höhenlinie im angelegten Höhenmaßstab projiziert werden. Diese Konstruktion setzt voraus, daß sich in dem Abschnitt zwischen der Meßstelle in der Karte und Lage des Profilschnittes Streichen und Fallen der Schichten nicht ändern. Des weiteren ist zu beachten, daß der wahre Fallwinkel der Schichten und der Böschung benutzt werden kann, wenn das Profil nicht überhöht gezeichnet wird, d. h. für seine Längen und Höhen der gleiche Maßstab wie in der Karte gewählt wird. Eine Überhöhung, die meistens

4. Die geologische Karte 1 : 25 000 (GK 25) und ihre Ausdeutung

zur besseren Übersicht und der Darstellung von Einzelheiten durchgeführt wird, ist bei horizontaler Lagerung der Schichten ohne weiteres zulässig. In allen anderen Fällen sollte sie nicht das $2^1/_2$fache, wenn möglich, überschreiten. Sie geschieht schon mit der Anlage des morphologischen Profiles, das nach dem auf S. 25 ff. wiedergegebenen Verfahren ausgeführt wird.

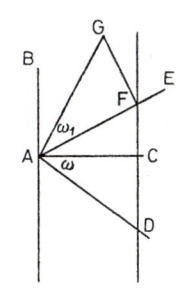

Abb. 90. Erläuterung s. Text.

Abb. 91. Wahres Streichen und Einfallen bei A wie Profillinie A—D$_1$ gegeben, gesucht scheinbares Einfallen bei A. d = gewählter Höhenabstand zu A, D—D$_1$ tiefliegende Streichlinie, ω = wahrer, ω_1 = scheinbarer Einfallswinkel.

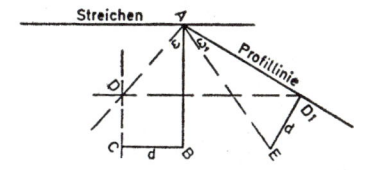

Nach seiner Erstellung trägt man am besten auf dem gleichen Millimeterpapierstreifen, auf dem man die Schnittpunkte zwischen Höhenlinien und der Profillinie fixiert hat, jene zwischen ihr und den Schichtgrenzen wie den gegebenen Strukturlinien (Verwerfungen etc.) ab. Von diesem Streifen überträgt man sie ebenfalls auf die als Basislinie ausgewählte Höhenlinie des Profiles und von hier aus über Fällen von Loten auf die schon zuvor

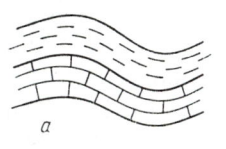

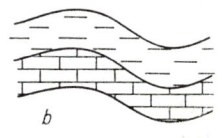

Abb. 92. Erläuterung s. Text.

entworfene morphologische Profillinie (Abb. 93, II). Die so erzielten Schnittpunkte mit ihr stellen also die Ausbisse der Schichtgrenzen bzw. Störungen auf der Erdoberfläche dar. An ihnen wird die jeweils ermittelte Neigung der Schichten abgetragen, wobei je nach dem Verlauf der Profillinie zum Streichen der Schichten ihr wahrer oder scheinbarer Einfallswinkel zu berücksichtigen ist. Anschließend werden von hier aus entsprechend dieser Neigung wie Richtung die Schichtgrenzen usw. nach unten ausgezogen. Inwieweit das Profil nach der Teufe zu ausgezeichnet wird, hängt von den Aufschlüssen und den gestellten Aufgaben ab. Wenn nicht andere Forderungen bestehen, sollte es sich zumindest nach dem tiefstliegendsten Aufschluß in seiner weiteren Umgebung, z. B. somit auch nach einer eventuell vorhandenen Bohrung, richten. Hierbei ist darauf zu achten, daß sich alle Beobachtungen ungestört in das Profil projizieren lassen. Wesentlich darüber hinaus sollte es nicht entwickelt werden, da sich das tektonische Bild, besonders bei komplizierten Lagerungsverhältnissen, mit der Teufe ändern kann. Deshalb müssen stets die beobachteten gegenüber den vermuteten tektonischen Strukturen kenntlich gemacht werden z. B. die beobachtete Faltung durch ausgezogene, ihre vermuteten Anteile durch gestrichelte Linien. In entsprechender Weise ist mit den Störungen zu verfahren.

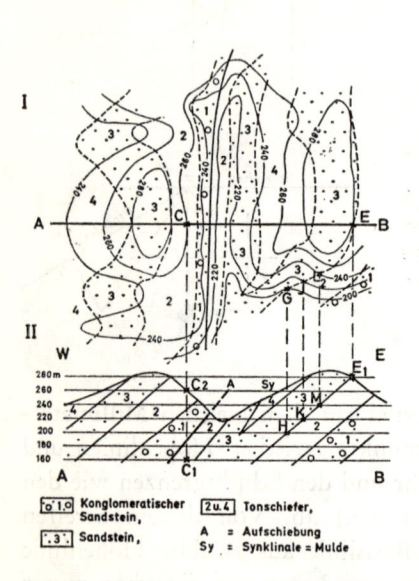

Abb. 93. Erläuterung s. Text.

Die einzelnen, nach der petrographischen Beschaffenheit und/oder Alter ausgeschiedenen Gesteine müssen kenntlich gemacht werden. Hierbei können Farben, Symbole und Signaturen benutzt werden. Bei der Verwendung vor allem von Strichsignaturen ist darauf zu achten, daß sie sich dem Verlauf der Schichtgrenzen anpassen (a in Abb. 92) und nicht an ihnen abstoßen (b in Abb. 92). Dies richtet sich selbstverständlich nach dem benutzten Kennzeichen und seiner Bedeutung für die betreffende Gesteinsart. So trifft diese Forderung z. B. nicht auf Intrusionen zu wie z. B. das Kreuz (+) für Granite beweist. Sofern eine Signatur zugleich eine Bankigkeit wie z. B. jene für Kalkstein ausdrückt, sollte der Abstand der Bänke in der betreffenden Schichteinheit gleich bleiben (s. Abb. 92,a) und sich nicht ändern, wie es in Abb. 94,1 bewußt geschehen ist. Eine Veränderung in der Signatur sollte nur dann eintreten, wenn sie einer Beobachtung in der Natur ent-

4. Die geologische Karte 1 : 25 000 (GK 25) und ihre Ausdeutung

spricht. Besonders tektonische Elemente wie z. B. Überschiebungen etc. können noch durch einen Buchstaben, z. B. in diesem Fall durch Ü an der oberen Profillinie gekennzeichnet werden. Sofern Bohrungen, Schachtanlagen usw. von der Profillinie geschnitten werden, werden sie an der entsprechenden Stelle eingetragen. Zuweilen ist es auch üblich, die von der Erosion geschnittenen tektonischen Strukturen durch Luftlinien miteinander zu verbinden z. B. einen Sattel. Dies empfiehlt sich besonders bei der durch eine Abtragung unterbrochenen Überschiebung oder Decke.

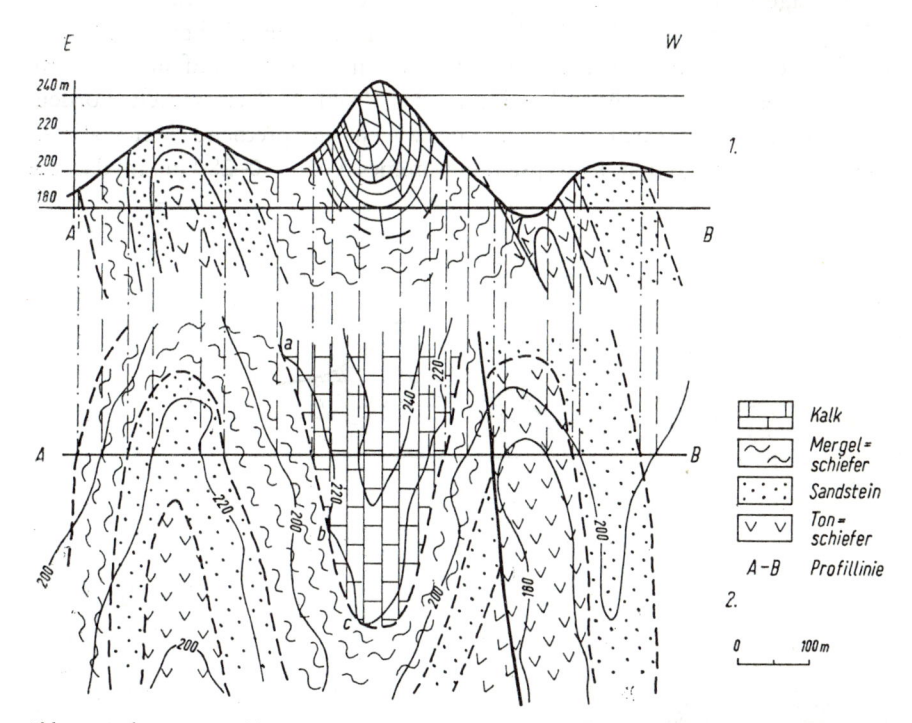

Abb. 94. Erläuterung s. Text.

Abschließend versieht man das nunmehr mit Tusche auszuziehende Profil mit den auch in der Karte an die Profillinie gesetzten Buchstaben, den Himmelsrichtungen, nach denen es ausgerichtet ist, und mit den Namen von Orten und/oder Landschaftsbezeichnungen. Ihnen wird eine Legende beigefügt, welche die Gesteine, mit zunehmendem Alter von oben nach unten bzw. von links nach rechts oder umgekehrt geordnet, enthält und, sofern erforderlich, weitere in der Zeichnung verwendete Kennzeichen in einer

Reihenfolge, wie sie auch in der Legende zur geologischen Karte üblich ist. Schließlich wird das Profil noch mit einer Unterschrift versehen, aus der seine bezeichnendsten Merkmale und seine geographische Lage hervorgeht. Auf jeden Fall darf es nicht zu überladen sein, auch hinsichtlich der Charakterisierung seiner Gesteine, um noch lesbar zu bleiben.
Im Folgenden sollen unter Benutzung von Abbildungen einige Profile besprochen werden, wobei Wert darauf gelegt wird, richtige wie falsche Darstellungen zu bringen. In Abb. 93 ist eine gefaltete Schichtabfolge im Grundriß d. h. als Karte dargestellt. Hierbei sind die Gesteine in ihrer Altersfolge vom Älteren zum Jüngeren mit aufsteigenden Zahlen 1–4 versehen und nur noch die Sandsteine und konglomeratischen Sandsteine durch eine Signatur kenntlich gemacht, um den Schichtverlauf in der Karte besser erkennen zu können. Aus ihr ist das Profil A–B entwickelt worden. Seine Basis ist die 160 m Höhenlinie des zuerst, entsprechend dem Maßstab der Karte aufgestellten Isohypsendiagrammes von 160–280 m, in das die

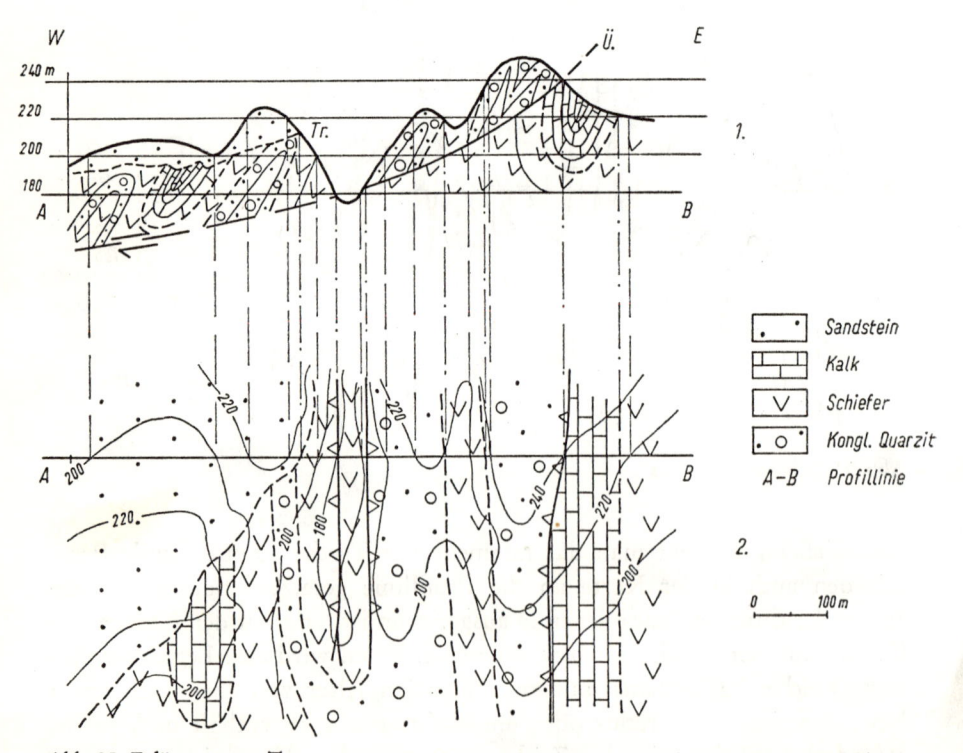

Abb. 95. Erläuterung s. Text.

4. Die geologische Karte 1 : 25 000 (GK 25) und ihre Ausdeutung 111

Schnittpunkte der Profillinie A–B mit den Höhenlinien projiziert worden sind z. B. C nach C_2 mit Fußpunkt C_1. Nach der hierdurch erfolgten Erstellung des morphologischen Profiles werden in gleicher Weise wie zuvor die Schnittpunkte zwischen Ausstrichgrenzen und Störungen mit der Profillinie übertragen z. B. nach E_1, desgleichen, so weit wie möglich, das Einfallen der Schichten z. B. G–J–L nach H–K–M. Anschließend wird das Profil bis zur 160 m Basislinie ausgezeichnet. Gleich der Karte läßt es die teilweise Unterdrückung der Schicht 1 und 2 an der Aufschiebung A und die geringere Ausstrichbreite der Schichten auf dem überkippten gegenüber dem tektonisch hangenden Flügel eines Sattels erkennen. Die Abb. 94 zeigt eine Karte mit zwei abtauchenden Sätteln und einer aushebenden Mulde mit Reliefumkehr, wie auch aus dem zugeordneten Profil entnommen werden kann. Das Einfallen der Schichten kann nicht aus der Karte abgeleitet werden, sondern muß im Gelände eingemessen worden sein. Ebenfalls muß nach dem Verlauf der Störungslinie in der Karte ihr Einfallen im Profil etwas steiler sein. Abgesehen hiervon handelt es sich bei allen Einfallsbeträgen um das wahrscheinliche Einfallen, da die Profillinie das Streichen der Schichten nicht senkrecht schneidet. Somit ist im Profil auch nur die wahrscheinliche Mächtigkeit der Schichten gegeben. Des weiteren ist die Signatur des Kalksteines falsch gezeichnet. Die Abb. 95 stellt eine Überschiebung mit einem Fenster in Karte und Profil, eine Vergrößerung der Ausstrichbreite durch Spezialfaltung und zusätzlich eine Transgressionsgrenze dar. Sie enthält bewußt einige Fehler. Nach der Karte muß das Einfallen der Schichten im Profil wesentlich steiler sein. Desgleichen kann die Spezialfaltung am Kopf der Überschiebung, wo die Mächtigkeit eines überkippten Sattels wie auch unterhalb der Transgressionsgrenze nicht korrekt gezeichnet ist, nicht der Karte entstammen. Dies trifft ebenfalls auf den Verlauf der Transgressionsgrenze im Profil zu. Der Ausstrich der Überschiebungsbahn im dargestellten Taleinschnitt der Karte müßte sich schließen. Schließlich ist die Legende nicht vollständig. Ein anderes Beispiel für Übungszwecke liefert die Abb. 96, indem die Richtung, aber nicht der Grad des Einfallens der Schichten aus der Karte entnommen werden kann. Abgesehen hiervon ist eine Störung vorhanden, die auch unter holozänen Ablagerungen nachgewiesen werden konnte. Diese Sedimente sind beim Fehlen von geeigneten Aufschlüssen in einem Profil häufig nicht genauer darstellbar, weil ihre Zusammensetzung auf kurze Entfernung sowohl in lateraler wie in horizontaler Beziehung ändern kann und nicht nur aus den an der Oberfläche anstehenden Konglomeraten und Sanden, wie im gegebenen Beispiel, bestehen muß. Eine detaillierte Kenntnis ihres Aufbaues ist aber für viele in der angewandten Geologie z. B. für die Erstellung von Bauwerken im Hoch- und

Tiefbau von Bedeutung. Zwei weitere Beispiele stellen eine Anzahl von durch Verwerfung begrenzte Schollen dar, die sich z. T. zu Horsten und Gräben mit und ohne Reliefumkehr anordnen. In der Abb. 97, in der das Alter der Schichten vom Älteren zu Jüngeren durch die Zahlen 1–4 gekennzeichnet ist, ist das Einfallen der Störungen teils Messungen im Gelände, teils der Karte entnommen. In der Abb. 98 sind sie z. T. falsch eingezeichnet. Die Legende ist unvollständig.

Zur Ermittlung der räumlichen Lagerungsverhältnisse kann man auch das jeweilige Profil wie Karte zur Anlegung eines Blockbildes benutzen, über dessen Ausführung genauer auf S. 198 berichtet wird.

Nach der gegebenen Darstellung beginnt also die Ausdeutung einer geologischen Karte mit einer Orientierung über die im betreffenden Kartenblatt

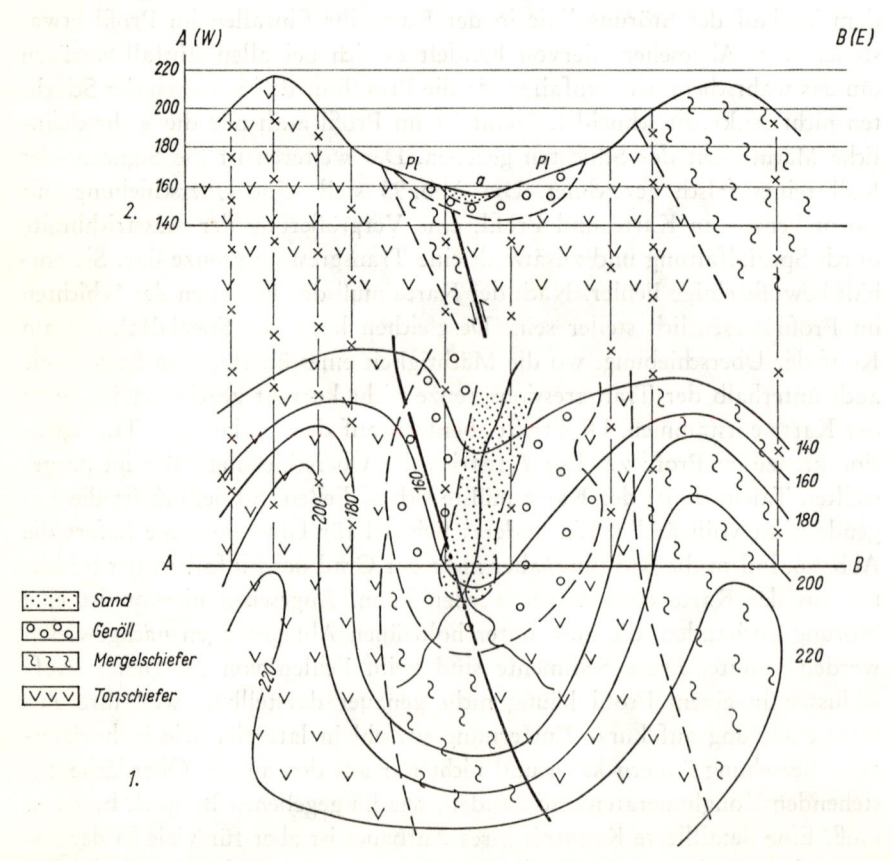

Abb. 96. Erläuterung s. Text.

4. Die geologische Karte 1 : 25 000 (GK 25) und ihre Ausdeutung

vorkommende stratigraphische Abfolge. Hierzu dient die am Kartenrand vorhandene Legende. Sie gibt Aufschluß über Beschaffenheit, Fossilinhalt und Alter der Schichten. Es schließt sich die Ermittlung der Lagerungsverhältnisse an, wobei zuerst das Streichen, dann das Einfallen der Schichten und damit, sofern vorhanden, die tektonischen Strukturen bei gleichzeitiger Verwendung der Schichtabfolge in der Legende festgestellt werden. Sie wird unter Benutzung des vorhandenen Profiles bzw. durch den Entwurf weiterer Profile durchgeführt bzw. ergänzt.

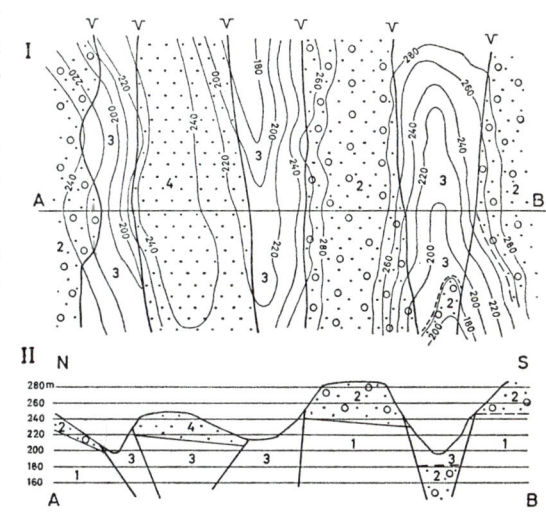

Abb. 97. Erläuterung s. Text.

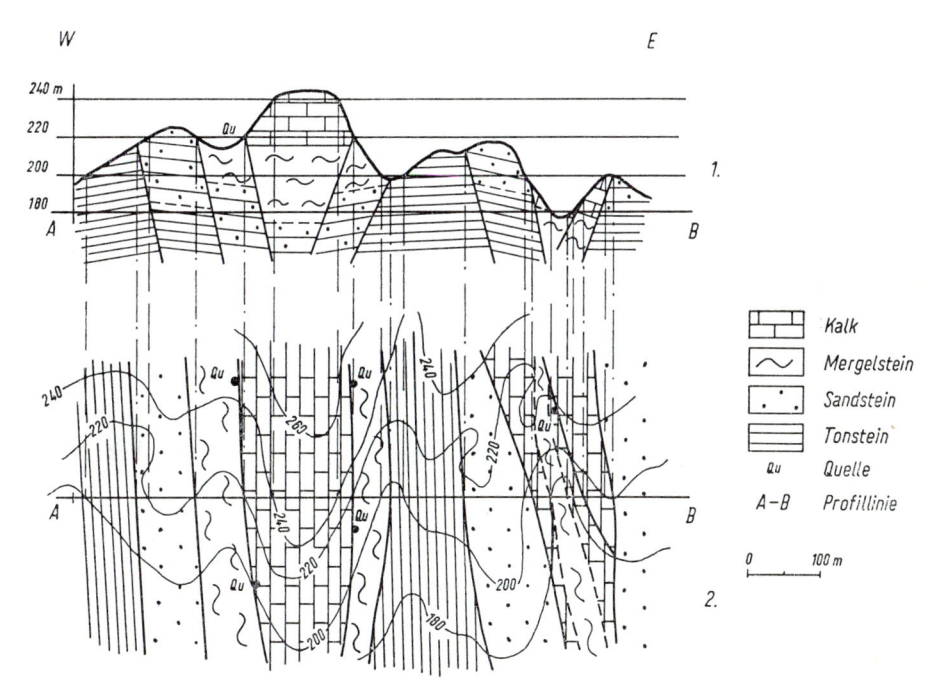

Abb. 98. Erläuterung s. Text.

4.2.4. Sonderfälle

Auf den S. 65 ff. sind schon einige Sonderkonstruktionen zur Ermittlung von Streichen und Einfallen einer Schicht bzw. eines Flözes, Erzganges usw. beschrieben worden. Sie werden im folgenden durch eine weitere Anzahl ergänzt, wobei auch andere Fragestellungen eine Beantwortung finden.

Die unterschiedliche Höhenlage von drei Punkten A, B, C (Abb. 99) einer Schicht bzw. eines Flözes und ihre horizontalen Entfernungen sind gegeben. Gesucht wird die Neigung wie die Streichrichtung dieser Schicht. Hierzu verbindet man den Punkt A in Abb. 99 mit B und C. Man teilt die Strecke A–C entsprechend dem Höhenunterschied, im vorliegenden Fall 400 m, in gleiche Teile d. h. somit in vier Abschnitte ein. Den gefundenen Punkt gleicher Höhenlage zu B, also in Abb. 99 – 300 m = B_1 verbindet man mit B und erhält somit das Streichen der Schicht. Von A fällt man auf sie das Lot A–D als die Einfallsrichtung. Den Einfallswinkel erhält man durch die Konstruktion weiterer Streichlinien nach dem auf S. 62 dargestellten Verfahren oder über die Tangensfunktion $\operatorname{tg} a = \dfrac{h}{a}$, wobei h die Höhendifferenz zwischen dem Punkt A und der Strecke B–B_1 in Abb. 99 und a die Horizontalentfernung zwischen ihnen ist.

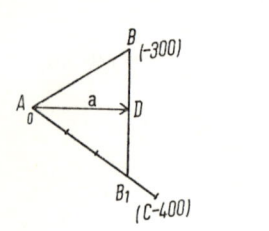

Abb. 99. Erläuterung s. Text. 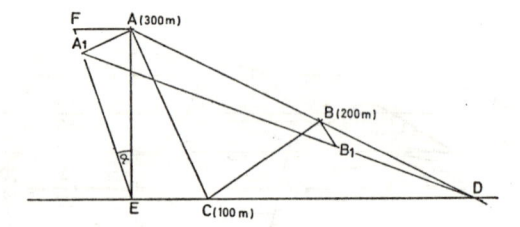   Abb. 100. Erläuterung s. Text.

Wenn eine Schicht durch drei genau festgelegte wie senkrecht abgeteufte Bohrungen in verschiedener Höhenlage angetroffen worden ist, so kann man aus diesen Angaben, wie folgt, ihr Streichen und Einfallen feststellen. Die drei Punkte, an denen die Bohrungen die Schicht erreicht haben, sind mit ABC bezeichnet (Abb. 100). Man verbindet sie untereinander. In A wie B errichtet man den jeweiligen Teufenunterschied zu C und erhält die beiden Endpunkte A_1 und B_1. Zwischen ihnen stellt man eine Verbindung her, die man weiter bis zum Schnitt mit der Verlängerung der Linie A–B führt. Diesen Schnittpunkt D in Abb. 100 verbindet man mit dem Punkt der Schicht in Bohrloch C. Diese Verbindungslinie ist das Streichen der Schicht. Von A aus fällt man ein Lot auf diese Linie, senkrecht dazu in A

4. Die geologische Karte 1 : 25 000 (GK 25) und ihre Ausdeutung 115

eine Strecke mit der Länge des Höhenunterschiedes zwischen A und C. Diesen Endpunkt F verbindet man mit dem Fußpunkt E des Lotes von A. Der Winkel FEA ist der Einfallswinkel der Schicht.
Eine ähnlich gestellte Aufgabe kann man nach den Darstellungen in den Abb. 101 auch, wie folgt, lösen. Die drei Bohrpunkte A, B, C, für welche die Höhenlage und hiervon abgezogen jene der Oberkante des Flözes angegeben sind, werden miteinander als die Projektion von Vertikalschnitten verbunden (Abb. 100,1). Außerdem ist die Horizontalentfernung zwischen den Punkten bekannt. Sie trägt man für den Abstand zwischen den Bohrungen A und B als die Strecke GB und für jenen zwischen A und C als die Strecke HC in einen zuvor entworfenen Höhenmaßstab ein (Abb. 101,2 u. 3) und zugleich auch die jeweilige Höhenlage der Oberkante des angetroffenen Flözes. Durch die Verbindung der letztgenannten Punkte erhält man bezogen auf die Verhältnisse zwischen der Bohrung A und B die Linie E–D und für jene zwischen A und C die Strecke EF (Abb. 101,2 u. 3). Beide schneiden die Isohypsen des jeweiligen Höhenmaßstabes. Indem man von einem der Schnittpunkte auf die nächsttieferliegende Höhenlinie ein Lot fällt, kann man als Horizontalprojektion den scheinbaren Einfallswinkel von ED bzw. EF ermitteln. Diese Entfernung trägt man für die Bohrung A

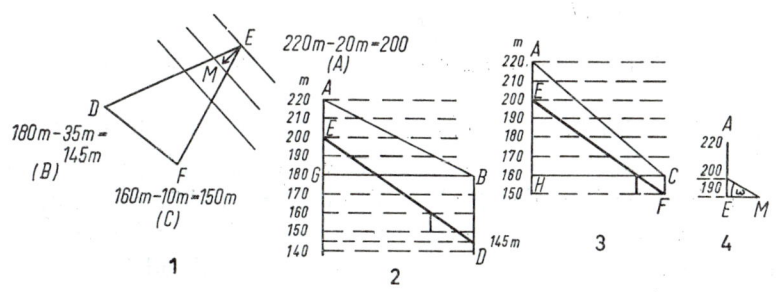

Abb. 101. Erläuterung s. Text.

und B auf der Strecke ED und für A und C auf EF im Dreieck EDF ab, das sich auf die Höhenlage der Oberkante des Flözes in den drei Bohrungen bezieht (Abb. 101,1). Die Punkte gleicher Höhenlage auf ihnen verbindet man und erhält somit das Streichen. Von E aus fällt man ein Lot E–M auf die tieferliegende Höhenlinie (Abb. 101,1). Diese Strecke übernimmt man in den Höhenmaßstab, um auf diese Weise den wahren Einfallswinkel ω des Flözes festzustellen (Abb. 102,4).
Als weitere Aufgabe soll unter einem Geländepunkt A die Tiefenlage einer Schicht bestimmt werden, deren Ausstrich, Streichen und Einfallen an einem höher als A gelegenen Punkt B bekannt sind. Sie kann man konstruktiv

wie folgt erhalten (Abb. 102). Man trägt A und B in entsprechender Lage auf Millimeterpapier auf. Durch B denkt man sich eine Horizontalebene gelegt, in die man A als A_1 projiziert. Anschließend zieht man durch B die Streichrichtung BC. Durch A_1 denkt man sich eine Vertikalebene senkrecht zu BC gestellt, die man in die Horizontalebene von B einklappt. Hierdurch erhält man den Höhenabstand zwischen A_1 und A als Senkrechte in A_1 errichtet und vom Schnittpunkt der Vertikalebene mit der Streichlinie BC d. h. von C aus abgetragen den Einfallswinkel ω mit seinem freien Schenkel C–D. Man verlängert nunmehr die Senkrechte A_1 über A hinaus bis zum Schnitt mit dem freien Schenkel CD in Punkt F. Die Strecke AF ist die gesuchte Tiefenlage der Schicht unter Punkt A (Abb. 102).

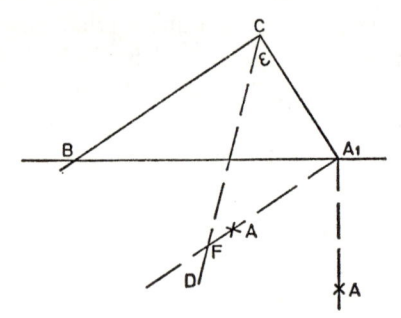

Abb. 102. Erläuterung s. Text. 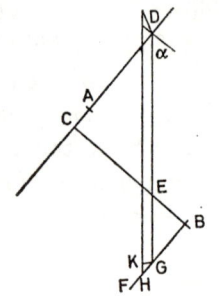   Abb. 103. Erläuterung s. Text.

Wenn in einem Punkt A die Höhenlage eines Ausbisses eines Flözes, sein Streichen und Einfallen gegeben sind und von einem tiefergelegenen Punkt B durch einen horizontalen Stollen dieses Flöz auf kürzeste Entfernung erschlossen werden soll, verfährt man konstruktiv zur Berechnung der Stollenlänge wie folgt. Man trägt A und B entsprechend ihrer Lage auf Millimeterpapier auf. Durch Punkt A legt man das Streichen des Flözes, das man sich in die Ebene von B projiziert denkt und auf das man von B aus ein Lot fällt (Abb. 103). Von seinem Schnittpunkt C mit der Streichlinie trägt man auf ihr den Höhenabstand zwischen A und B ab. An diesem Endpunkt D legt man unter der Berücksichtigung der Einfallsrichtung den gegebenen Einfallswinkel des Flözes an. Sein freier Schenkel schneidet das Lot BC in E. Der Abstand zwischen E und B gibt die gesuchte Stollenlänge an (Abb. 103).

In der angewandten Geologie ist es zuweilen notwendig, bei gegebener Ausstrichbreite eines Flözes, Erzhorizontes usw. und seinem Streichen wie Einfallen anzugeben, in welcher Teufe es in einer bestimmten Entfernung vom Ausstrich angetroffen würde, welche Mächtigkeit es in der Tiefe be-

4. Die geologische Karte 1 : 25 000 (GK 25) und ihre Ausdeutung

sitzt und wie lang in einer bestimmten Höhe ein Stollen sein müßte, um dieses Flöz etc. zu erreichen. Zur Beantwortung der zuletzt gestellten Frage verfährt man wie im zuvor beschriebenen Beispiel (Abb. 103). Um die Teufenlage des Flözes unter einem in seiner Entfernung vom Ausstrich und in seiner Höhenlage festgelegten Punkt B zu finden, erweitert man es, indem man von Punkt B entgegengesetzt zu dem Lot CD eine Senkrechte errichtet (BF in Abb. 103) und DE über E hinaus bis zum Schnittpunkt G mit ihr verlängert. Die Strecke BG (Abb. 103) ist die gesuchte Tiefenlage des Flözes. Hinsichtlich der Feststellung seiner Mächtigkeit trägt man in D bei einem flachen Gelände eine Senkrechte, bei einem Relief einen von ihr entsprechend abweichenden Böschungswinkel ab (Abb. 103). Je nach den gegebenen Verhältnissen vermerkt man auf ihnen die untere Ausstrichgrenze des Flözes. Von diesem Punkt zieht man eine Parallele zu DE, welche das Lot zu B in H schneidet. Dann ist GK die gesuchte Mächtigkeit in der angegegebenen Teufe, sofern Streichen und Einfallen sich nach der Tiefe gleichbleiben (Abb. 104). Hat eine Bohrung ein Flöz mit bekanntem Streichen und Einfallen durchteuft und ist somit der Abstand zwischen seiner Ober- und Unterkante bekannt, so kann man nach der Abb. 104 die Mächtigkeit m aus dem Dreieck ABC konstruktiv nach $\cos a = \dfrac{m}{b}$ ermitteln.

Ein weiteres Beispiel praktischer Geologie unter Zuhilfenahme der geologischen Karte ergibt sich beim Bau eines Tunnels, wenn derselbe schiefwinkelig die Schichten schneidet und deshalb ihr scheinbares Einfallen bestimmt werden soll. In Höhe der Tunnelebene in Punkt C der Abb. 105 ist das wahre Streichen und Einfallen der Schichten wie ihre Einfallsrichtung gegeben. Man zieht also durch C die Streichrichtung AB und senkrecht dazu in Richtung K das Fallen. In C errichtet man ein Lot im Abstand von einer beliebig gewählten Höhendifferenz und klappt es in die Ebene von C,

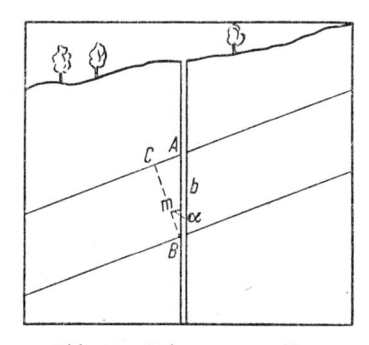

Abb. 104. Erläuterung s. Text. 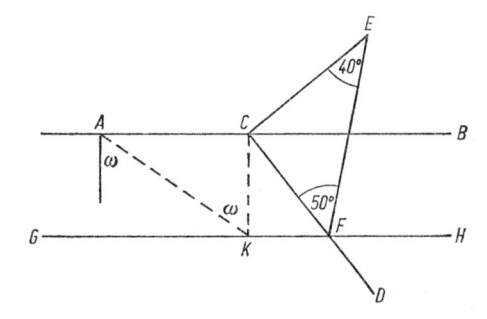   Abb. 105. Erläuterung s. Text.

so daß man den Punkt A erhält. An ihn trägt man in Richtung des Fallens den gegebenen Einfallswinkel ab, dessen freier Schenkel die Senkrechte von C in K schneidet. Durch K zieht man eine Parallele GH zu AB. Nunmehr trägt man in C die Streichrichtung der Tunnelstrecke CD an und errichtet in C senkrecht zu ihr ein Lot ebenfalls im Abstand AC. Dann verbindet man seinen Endpunkt E mit dem Schnittpunkt F von GH mit der Tunnelstrecke CD. Der Winkel CFE ist der gesuchte, scheinbare Einfallswinkel, dessen Konstruktion in anderer Weise auch schon auf S. 110 erwähnt worden ist.

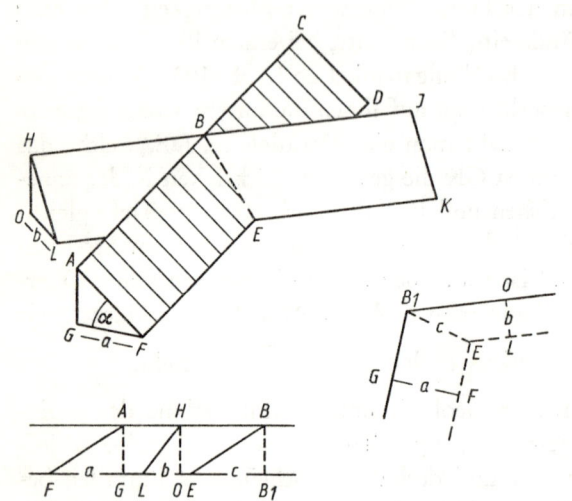

Abb. 106. Erläuterung s. Text.

In den vorausgegangenen Ausführungen sind schon häufiger Beispiele beschrieben worden, in denen eine Kreuzlinie (BE in Abb. 106) als Schnittkante von zwei sich kreuzenden Flächen auftrat. Wenn von ihnen das Streichen wie Einfallen gegeben ist, so kann man auch jenes der Kreuzlinie konstruktiv festlegen. Hierzu entwirft man die eine und im gegebenen Winkel zu ihr die andere Streichlinie der jeweiligen Fläche, die sich in B kreuzen (AB und BJ in Abb. 106). Dann vermittelt man aus dem rechtwinkligen Dreieck (AFG usw. in Abb. 106) die Horizontalprojektion des jeweiligen Einfallswinkels der Flächen d. h. a und b. Diese Abstände trägt man senkrecht zu den jeweils zugehörigen Streichlinien GB_1 u. B_1O ab und zieht durch diese Endpunkte F u. L. Parallelen zu ihnen. Sie schneiden sich in Punkt E in Abb. 106. Diesen Punkt verbindet man mit dem Kreuzungspunkt B_1 der Streichlinien der Flächen. Die Linie B_1E stellt die Streichrichtung der Kreuzungslinien dar. Ihr Einfallen ergibt sich, wenn man mit dem Abstand $B_1E = c$ und dem gewählten Höhenabstand BB_1 ein

4. Die geologische Karte 1 : 25 000 (GK 25) und ihre Ausdeutung

Dreieck entwirft (EBB₁ in Abb. 105), dessen Winkel, in diesem Fall BEB₁, der gesuchte Einfallswinkel der Kreuzlinie ist.

Die Kenntnis über ihr Verhalten ist für die Ausrichtung einer Verwerfung, bezogen auf eine Lagerstätte, sehr nützlich. Wenn die Abschiebung streichend d. h. parallel zum Flöz verläuft, dann verhält sich die Schnittkante zwischen ihnen (= Kreuzlinie) in gleicher Weise. In diesem Fall muß man die Lagerstätte nur ab- oder aufwärts der Verwerfung suchen. Ist letztere querschlägig oder spießwinkelig zum Streichen der Schicht ausgerichtet, so folgt man am besten ihrem Verlauf. Um festzustellen, welcher Richtung man zu folgen hat, konstruiert man die Kreuzlinie zwischen ihr und der Lagerstätte. Hierbei geht man von der Abb. 107 aus und ergänzt sie mit Hilfe des festgestellten Neigungsmaßstabes (a u. b in Abb. 107) durch weitere Streichlinien im Einfallen des Flözes und der Verwerfung, wie es in Abb. 107 geschehen ist, in der A der bekannte Ausstrichpunkt des Flözes, B jener der Verwerfung ist. Wenn das Flöz in einem höheren Niveau hinter dem Verwurf liegt, findet man es mit Hilfe einer horizontalen Strecke, die man entlang der Verwerfung etwa in Richtung des Einfallens der Kreuzlinie auffährt. Ist es hinter ihr abgesunken, verfährt man umgekehrt.

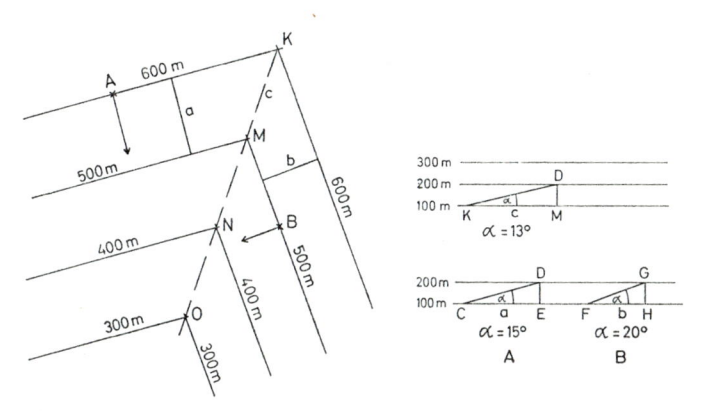

Abb. 107. Erläuterung s. Text.

In diesem Zusammenhang ist auch die Kenntnis über die Breite des Ausfalles eines Flözes etc. d. h. die Sprungweite einer Verwerfung von Bedeutung. Sie kann man, wie folgt, ermitteln, wenn Streichen, Einfallsrichtung und Einfallen des Bezugshorizontes und jene der Abschiebung einschließlich ihrer Sprunghöhe, deren Feststellung schon auf S. 100 f. beschrieben worden ist, gegeben sind. Im Punkt A der Abb. 108 sind seine Höhenlage und das Streichen wie Einfallen des Flözes usw. bekannt. Man zieht durch A das

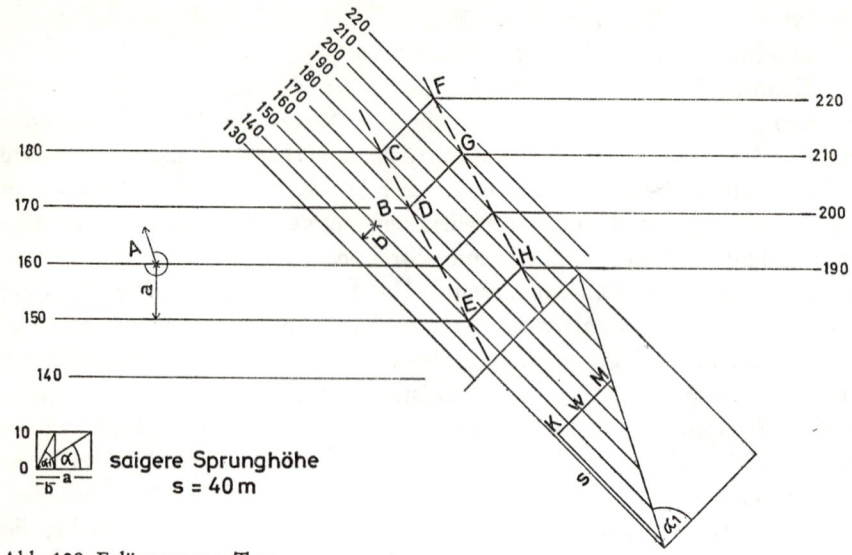

Abb. 108. Erläuterung s. Text.

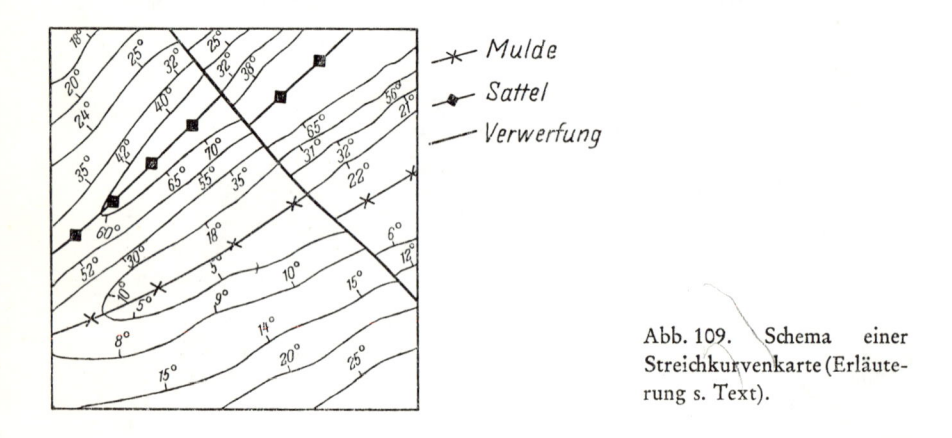

saigere Sprunghöhe
s = 40 m

Abb. 109. Schema einer Streichkurvenkarte (Erläuterung s. Text).

— Mulde
— Sattel
— Verwerfung

Streichen, senkrecht hierzu die Fallinie. Auf ihr trägt man die vorher im gewählten Höhenabstand ermittelte Horizontalprojektion des Einfallswinkels ab und zieht durch diese Punkte Parallelen zum Streichen. Von Punkt B aus, von dem die Werte wie oben für die Verwerfung angegeben sind, verfährt man in gleicher Weise und erhält somit die Streichlinien für diese Störungsfläche. Die Verbindungslinie der Punkte, in denen sich die Strukturlinien gleicher Höhe der Flöz- mit jenen der Verwerfungsfläche schneiden, stellt die Kreuzlinie zwischen beiden Flächen dar (Punkt C, D, E in Abb. 108). Von diesen Punkten aus zählt man in Richtung der Fall-

4. Die geologische Karte 1 : 25 000 (GK 25) und ihre Ausdeutung   121

linie der Abschiebung ihre bekannte, seigere Sprunghöhe ab. In der Abb. 109 bekommt man hierdurch die um 40 m höher gelegenen Schnittpunkte F, G, H mit den Strukturlinien der Störung. Die Verbindungslinie zwischen ihnen stellt die Schnittkante zwischen der Fläche der Verwerfung und jener des Flözes in der gehobenen Scholle dar. Die Strukturlinien dieser Flözfläche erhält man, indem man durch die zuvor genannten Schnittpunkte Parallelen zum bekannten Streichen im Punkt A zieht. Anschließend entwirft man ein Querprofil der Abschiebung, aus dem sich durch den Höhenabstand der beiden Kreuzlinien die seigere Sprunghöhe (s in Abb. 108) und durch ihren horizontalen Abstand die gesuchte Sprungweite (KM = w in Abb. 108) ergibt.

42.5. Herstellung von Spezialkarten

Mit Hilfe der geologischen Karte und/oder den bei einer Geländeaufnahme gemachten Daten ist es möglich, Spezialkarten zu entwerfen. Zu ihnen gehören vor allem tektonische Karten.
Wenn man die Möglichkeit hat, in einer geologischen Karte an dicht hintereinander liegenden Schichtgrenzen häufig genug die Streich- und Fallwerte von z. B. faltenförmig verbogenen Schichtflächen nach der auf S. 62–64 beschriebenen Methode zu erhalten, so kann man aus ihnen eine Streichkurvenkarte herstellen. Die Streichlinien werden miteinander verbunden. Die Abb. 109 zeigt durch eine Querstörung verworfene Mulde und einen Sattel, dessen Südostflanke steiler als seine Nordwestflanke einfällt und somit einer Vergenz = Neigung nach Südosten aufweist. Die Abb. 110 stellt einen fast seiger stehenden Sattel und eine Mulde dar.

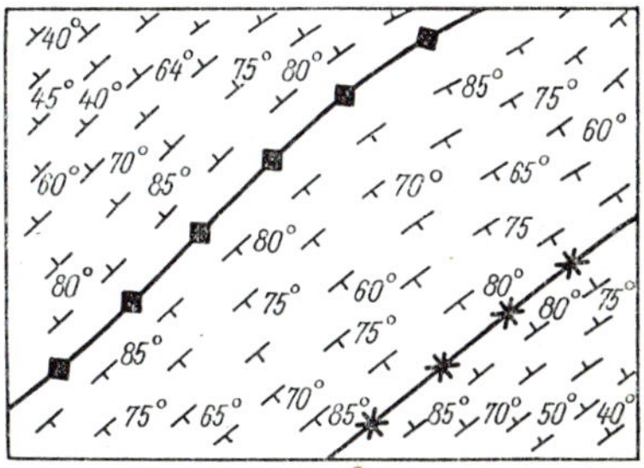

Abb. 110. Schema einer Streichkurvenkarte (Erläuterung s. Text).

Häufig genügt für den Entwurf von Strukturkarten die Darstellung der räumlichen Lagerung einer geologischen Fläche als Bezugshorizont. Hierzu kann man die nach S. 62 ermittelten Streich- und Fallwerte der Ausstrichgrenze einer Schicht verwenden. Man zeichnet anschließend in Fallrichtung die Parallelen zu der Streichrichtung in dem über Einfallswinkel und

Höhendifferenz ermittelten Abstand (s. S. 64). Sofern noch Bohrungen vorliegen, welche den betreffenden Horizont senkrecht durchteuft haben, kann man diese Tiefenlage zur Ergänzung der ermittelten Werte benutzen. Wenn diese Strukturlinien sich scharen oder kreuzen, so liegt an diesen Stellen meistens eine Störung vor (Abb. 111). In diesem Fall, wo sie gekrümmt sind, gibt die Tangente an die gekrümmte Linie das Streichen im betreffenden Berührungspunkt an (Abb. 111). Die Anwendung der zuvor beschriebenen Methode ist besonders dann zu empfehlen, wenn keine weiteren stratigraphischen Grenzen vorhanden sind, deren Abstand zum Bezugshorizont bekannt sind.

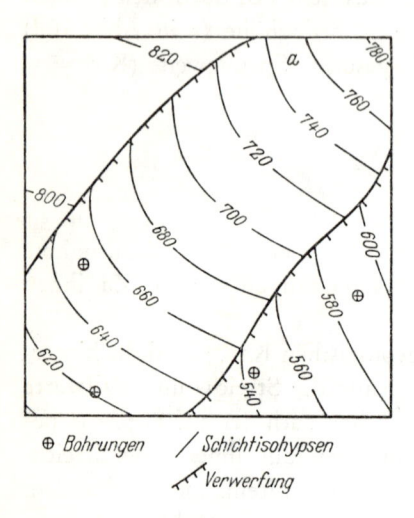

Abb. 111. Struktur-Isohypsenkarte (Erläuterung s. Text).

Vorausgesetzt, daß solche Grenzlinien vorhanden sind, so kann man bei der Festlegung von Strukturlinien einer Leitschichteneinheit auch, wie folgt, verfahren. Zuerst legt man die Höhenzahlen der Schnittpunkte der Ausstrichgrenze dieses Bezugshorizontes mit den Höhenlinien fest. Dann stellt man unter der Voraussetzung, daß die Schichten konkordant zueinander liegen, nach der auf S. 69 ff. dargestellten Methode die Mächtigkeit dieser Schicht bis zur Ausstrichgrenze der nächsttieferliegenden Einheit fest. Um weitere Höhenpunkte für die zu konstruierenden Strukturlinien zu erhalten, zählt man sie zu den Höhenzahlen hinzu, die man an den Schnittpunkten der tieferliegenden stratigraphischen Einheit mit den Höhenlinien erhält. In gleicher Weise, aber unter Subtraktion der Mächtigkeit, verfährt man mit der über dem Bezugshorizont nächsthöheren Schicht. Diese Methode kann man noch für weitere tiefer- wie höherliegende Schichteinheiten fortsetzen, um für das strukturell zu kennzeichnende Gebiet weiteres Zahlenmaterial zu bekommen. Wo sich die Mächtigkeit ändert, muß diese Veränderung entsprechend berücksichtigt werden. So weit die erhaltenen

4. Die geologische Karte 1 : 25 000 (GK 25) und ihre Ausdeutung

Höhenpunkte nicht auf den für die Strukturlinien gewählten Niveaus liegen, müssen die entsprechenden Höhenpunkte durch Interpolieren gewonnen werden. Zusätzlich können auch die Angaben von Bohrungen Verwendung finden. Häufig reichen dann die vorhandenen Höhenzahlen für den Entwurf der Strukturlinien aus. Das zuvor dargestellte Verfahren ist bei Fallbeträgen, die kleiner als 24° sind, verwendbar, da in diesen Fällen die Mächtigkeit der Schicht mit dem Vertikalabstand zwischen einem ihrer Hangend- und Liegendpunkte fast übereinstimmt (GWINNER, 1965).

Sofern ein stärkeres Einfallen d. h. über 25° gegeben ist, kann man nach GWINNER (1965) folgende Methode anwenden, um weitere Höhenzahlen als nur jene der Ausstrichgrenze des Bezugshorizontes zu erhalten. In diesem Fall kann man die darüber hinaus notwendigen Zahlen graphisch ermitteln, wobei die Ausstrichgrenze der Schichten und ihre Mächtigkeit gegeben sein müssen. Zu diesem Zweck wird eine Profillinie (AD in Abb. 112), möglichst in Fallrichtung der Schicht, von dem jeweiligen Schnittpunkt des Bezugshorizontes (A in Abb. 112) mit den Höhenlinien zu jedem der nächsttieferen oder höheren Ausstrichgrenze gelegt. Dann wird um den Punkt, über oder unter dem (B, C, D in Abb. 112) die Lage des Bezugshorizontes festgestellt werden soll, ein Kreisbogen mit dem Radius der Mächtigkeit (m) bzw. Mächtigkeiten der Schicht bzw. Schichten geschlagen d. h. m_1 bzw. m_1

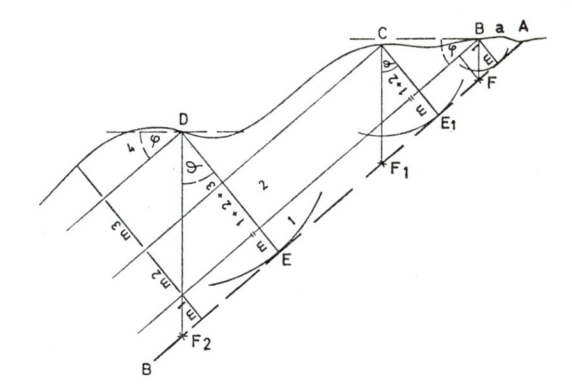

Abb. 112. Erläuterung s. Text.

$+ m_2$ oder $m_1 + m_2 + m_3$ usw. in Abb. 112 um B, C und D. Anschließend wird von dem Ausstrichpunkt des Bezugshorizontes eine Tangente an den Kreisbogen gelegt. Sie wird bis zum Schnittpunkt mit dem von dem Punkt der nächstfolgenden Ausstrichgrenze aus gefällten Lot verlängert. Hiermit erhält man die Höhe bzw. Tiefe (BF, CF_1 usw. in Abb. 112) des Vertikalabstandes, welche benötigt wird, um die Höhenlage des Bezugshorizontes zu bekommen. Auch in diesem Fall müssen weitere Höhepunkte interpoliert werden. Abschließend werden die Punkte gleicher Höhenlage miteinander verbunden und mit diesen Strukturlinien die Karte fertiggestellt. Das Verfahren wird vor allem dort angewendet, wo der Bezugshorizont nicht zutage streicht und somit auch nicht sein Einfallen, aber im allgemeinen die Fallrichtung der konkordant zu ihm liegenden Schichten bekannt ist.

Die wahre Mächtigkeit einer Schicht bzw. Schichtfolge, welche aus der geologischen Karte und/oder aus Bohrungen nach den auf S. 67, 117 dargestellten Methoden entnommen werden kann, kann zur Herstellung einer Isopachenkarte d. h. einer Karte mit Linien gleicher Mächtigkeit benutzt werden (Abb. 113,I). Sie gibt Auskunft über ihr räumliches Verhalten. Hierbei kann sie, sofern eine Verwerfung vorliegt, angeben, ob infolge einer höheren Mächtigkeit in der abgesunkenen als in der gehobenen Scholle eine synsedimentäre Bewegung dieser Störung stattgefunden hat. Sie kann eine wesentliche Bereicherung erfahren, wenn sie zusammen mit einer Fazieskarte (Abb. 113,II) gezeichnet wird, welche für das räumliche Verhalten der Zusammensetzung der gleichen Schicht einen Überblick vermittelt.

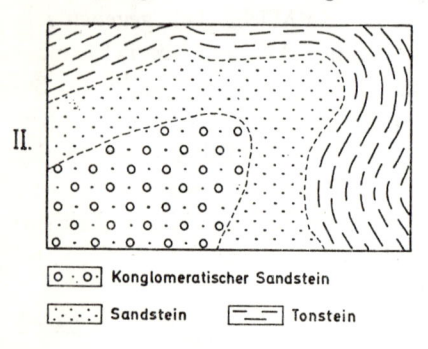

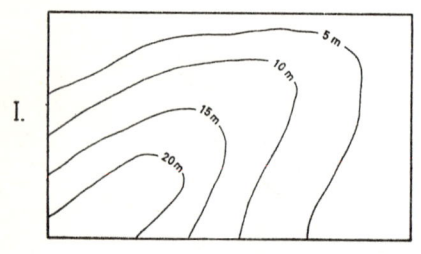

Abb. 113. I. Isopachen- II. Fazies-Karte (Erläuterung s. Text).

2.4.6 Beschreibung einiger geologischer Blattausschnitte (Abb. 114—119 s. Anhang S. 211)

1. Blatt „Ebermannstadt" (Abb. 114).

Morphologisch ist das Gebiet durch zwei Südost-Nordwest verlaufende Sohlentäler mit mittelsteilen Hängen und einem z. T. bewaldeten Hochplateau ausgezeichnet, dessen Erhebungen zwischen 475 m und 535 m ü. NN liegen. Die höchste Erhebung mit 542,8 ist der „Hoher Berg" bei Sattelmannsburg (Abb. 114).

Geologisch treten die Tone des Lias ξ und der Dogger α als Opalinus-Ton, der Dogger β als Doggersandstein und der Dogger γ bis ξ als Eisenoolithkalk und Ornatenton (alle in bräunlicher Farbe) auf. Darüber folgt in blauer Farbe der gesamte Malm mit dem Unteren Mergelkalk und Werkkalk das Malm α und β, z. T. auch vertreten in Schwammfazies (wαs + wβs), überlagert von Oberem Mergelkalk des Malm γ und von den Deltakalken δ wie der gleichalten Schwammfazies (wγs = δs). Darüber legt sich der Frankendolomit ωα, der vor allem im Gebiet um Sattelmannsburg vorhanden ist. Die Schwammfazies des Malm α + β wie jene des γ + δ können vornehmlich im Süden bis Südwesten die anderen kalkig-mergeligen Schichtglieder ersetzen, was z. T. auch durch den im Hangenden auftretenden Frankendolomit geschieht. Die Albhochfläche ist streckenweise mit pleistozänem Lehm bedeckt. Die Hänge an der Basis der Malmkalke tragen Hangschutt mit eingelagerten, rezenten Rutschgebieten (rot gestrichelt). Außerdem sind verstreut etwas ältere Kalktuffvorkommen und Dolomitblockfelder vorhanden (blaue, viereckige kleine Felder und blaue Kreuze) (Abb. 114). Die mesozoischen Schichten liegen fast horizontal. Südwestlich von Schweinthal liegt ein in sich gestörter Horst.

2. Blatt „Sibbesse" (Abb. 115)

Das Gelände steigt von ca. 180 m im Nordosten auf 339 m im Südwesten in den Vorbergen von Sibbesse d. h. im sog. Sibbesser Wald an, den einzeln Bäche nach Nordosten entwässern (Abb. 115).

Die ältesten geologischen Schichten sind bit · Schiefer, Kalke und Tone des Oberen Lias (jlo) wie die dunklen Tone mit Toneisensteinknollen des Unteren Braunen Jura (jbu). Darüber liegt die Kreide. Sie beginnt mit den dunklen Tonen mit Bohnerzen des Neokom (kru 1 α), gefolgt von dem hellen bis bräunlichen Hilssandstein (kru 2 β), dem dunklen Minimuston (kru 2 γ 1) wie dem harten, z. T. sandigen Flammenmergel (kru 2 γ 2) des Gault. Diese Folge wird zum Hangenden abgelöst von grauen Mergeln mit Kalkknollen ($kro_1α$) und Kalken ($kro_1β$) des Cenoman, an die sich mürbe, graue bis rote Mergel wie Kalke als Labiatus Pläner (kro 2 α), graue bis bröcklige oder auch festere Kalke als Lamarcki Pläner (kro 2 β) des Turon anschließen (Abb. 115).

Die Mesozoischen Schichten werden im Nordosten durch Flußaufschüttungen der Mittelterrasse (dg 2), gefolgt von stellenweise noch erhaltener Grundmoräne (dm), überdeckt vom Löß (d) der letzten Eiszeit, überlagert.

Hinsichtlich der mesozoischen Schichten besteht ein Ausfall der Schichten vom mittleren Dogger bis zum Beginn der Unteren Kreide. Diese große Lücke ist durch Abtragung als Folge der jungkimmerischen Bewegungen entstanden. Über dieses Abtragungsniveau transgrediert die marine Kreide mit Hauterive. Sie ist wiederum von tektonischen Bewegungen erfaßt worden, die im Kartenbild in einem NW-SE-Streichen der Schichten und ihrem generell nach Südwesten gerichteten Einfallen zum Ausdruck kommen. Eine zwischen dem Unteren Braunen Jura und der tiefsten Kreide vermuteten Störung gehört ebenfalls hierzu.

3. Blatt „Madfeld" (Abb. 116)

Morphologisch wird dieses Gebiet von einem Ost-West verlaufenden Tal mit nördlichen wie südlichen Zuflüssen durchzogen. Nach Süden steigen die Hänge zuerst flach, dann steiler zu einem z. T. bewaldeten Plateau mit Erdfällen und Dolinen an, welches zwischen 440 und 445 m liegt und von einem Trockental durchzogen wird. Nach Norden vollzieht sich ein schnellerer Anstieg bis zu den Höhen von 436,5 und 444,7 des bewaldeten Messen-Berges (Abb. 116).

Die stratigraphische Abfolge setzt mit den dunklen, bankigen Kalken des Schwelmer Kalkes (tm_2k_1) und jenen von heller Farbe des Esckesberger Kalkes (tm_2k^2) des Oberen Mitteldevon ein. Infolge einer Störung sind die folgenden Schichten des Oberdevon bis auf Reste des Kulmkieselkalkes (cdk) tektonisch unterdrückt. Das weitere Kulm ist durch die Kulmtonschiefer (cdt), das Oberkarbon durch die Grauwackenschiefer (ctg) wie die Arnsberger Schichten (cn 1) mit ihrer Wechselfolge aus Ton- und Grauwackenschiefer mit eingelagerten Grauwacken (cnt) vertreten. Mit einer großen Schichtlücke folgt hierüber in Bleiwäsche wie am Messenberg, vereinzelt auch noch „Im Höch", das Cenoman mit seinen glaukonitischen Sanden und Kiesen, überlagert von Mergeln und blaugrauen bis gelblichen Plänerkalken (Kro 1 β). Südöstlich Bleiwäsche ist das ältere Kulm stark verlehmt. Westlich dieses Ortes findet man, angrenzend an die Talalluvionen, noch einen größeren Flecken von Gehängelehm (L) mit Gesteinsschutt wie auch das südöstlich verlaufende Trockental mit feinen Abschlämmassen.

Desweiteren ist das Auftreten von metasomatischen Blei- und Barytvorkommen südlich von Bleiwäsche bemerkenswert. Außerdem finden sich auch Mineralgänge, namentlich von Calcit, z. B. westlich des Eiken-Berges.

Nach der Konstruktion der Streichlinie ergibt sich für die paläozoischen Sedimente ein NE-SW-Streichen. Im Nordwesten zeigt sich auch ein umlaufendes Streichen an. Wenn man hierzu querschlägig von „Im Höch" im Südosten nach Nordwesten folgt, so kommt man aus dem Mitteldevonischen Massenkalk über eine Störung in die Schichten des Kulm, also in jüngere stratigraphische Einheiten d. h. von einem Sattel in eine, in sich gefaltete Mulde im Nordwesten. Die nordwestliche Flanke des Sattels ist durch eine streichende Verwerfung gestört, an der u. a. das Oberdevon unterdrückt ist. Diese Störung ist aber ihrerseits von jüngeren, querschlägigen Abschiebungen bajonettartig nach Nordosten versetzt. Sie sind z. T. nach Ablagerung des Cenomans neu entstanden bzw. wieder aufgelebt, da sie am Messenberg diese Schichtabfolge noch verwerfen. Diese Kreide liegt mit einer großen Schichtlücke und transgressiv wie diskordant auf dem verfalteten Paläozoikum, da sie im allgemeinen ein W-E-Streichen erkennen läßt.

4. Blatt „Königstein" (Abb. 117)

Das Gebiet wird durch das Datten-Bach- und ein weiteres Tal bei Oberjosbach in Nordwest-Südostrichtung durchzogen. Das zwischenliegende Gelände besitzt im Südosten im Küppel mit 433 m und im Nordwesten im Gr. Linden-Kopf mit 498 m die höchsten, bewaldeten Erhebungen. Sie sind vor allem dem gegen Abtragung sehr resistenten Taunusquarzit zu verdanken. Demgegenüber besteht die zwischen ihnen um ca. 100 bis 150 m tiefer liegende Senke zwischen Oberjosbach und Ehlhalten aus den weit weniger widerstandsfähigen Schiefern des Gedinne (Abb. 117).

Mit den obigen Ausführungen sind schon einige Hinweise auf die hier vorhandene stratigraphische Abfolge gegeben. Sie beginnt mit den grüngrauen und rotvioletten Tonschiefern des Gedinne (tu 4), in die grüne Quarzite und Sandsteine eingelagert sind (tu π), und setzt sich über die gelben bis rötlichen Glimmersandsteine der Hermeskeilschichten (tuh) fort in die weißen bis hellgrauen Quarzite des Unteren Taunusquarzites (tuq^1). Diese Schichten gehören alle dem Unterdevon an, das von einem in Streichrichtung auftretenden Diabas durchsetzt wird. Südlich von Oberjosbach werden sie von den weißen bis gelben Sanden und Kiesen (bp) des Pliozäns, gefolgt von Tonen des gleichen Alters, überlagert. Im gleichen Gebiet und nördlich Oberjosbach kommt Löß, überlagert von Gehängeschutt hinzu. Die Alluvionen der Talgründe setzen sich aus Kiesen und Schottern wie sandigen Lehmen zusammen (Abb. 117).

Desweiteren ist zu bemerken, daß in diesem Gebiet einige Bergbaukonzessionen auf Eisen und Schiefer verliehen worden sind.

Aus der räumlichen Anordnung der Flächenfarben wie besonders aus der Konstruktion von Streichlinien ergibt sich, daß die Schichten NE-SW d. h. erzgebirgisch streichen. Ein hierzu entworfenes Querprofil zeigt, daß man von Südosten nach Nordwesten aus einem kleinen Spezialsattel in eine Mulde und dann in einen größeren Sattel zwischen Oberjosbach und Ehlhalten und schließlich in seine Nordwestflanke kommt. Hinzu kommen einige Querstörungen, die vor allem im Südosten ein Schollenmosaik erzeugt haben.

Die folgenden drei Kartenausschnitte sind aus Übungsgründen für eine Selbstbeurteilung bestimmt.

Abb. 114 bis 120 siehe Farbtafeln

Fragen, welche aus der vorangegangenen Darstellung beantwortet werden können:

1. Was ist eine geologische Karte?
2. Welche geologische Karten unter Berücksichtigung ihres Maßstabes wie Inhaltes gibt es?
3. Auf welche Weise werden die zutage tretenden Gesteine bzw. nach einem relativen Alter zusammengefassten Gesteinsverbände in der geologischen Karte 1 : 25 000 dargestellt?
4. Welche Eigenschaften einer geologischen Schicht kennzeichnet das Symbol?
5. Welche wichtigen Angaben enthält die Randausstattung einer geologischen Karte 1 : 25 000?
6. Was ist die Austrichgrenze einer geologischen Schicht?
7. Was ist die Austrichbreite einer geologischen Schicht?
8. Definiere das Streichen und Einfallen einer Schicht.
9. Wie verhält sich der Verlauf einer Austrichgrenze einer Schicht in Abhängigkeit von ihrer Lagerung und dem Relief des Geländes?
10. Auf welche Weise kann man in der geologischen Karte 1 : 25 000 das Streichen einer Schicht ermitteln und warum stimmt diese Feststellung mit der für das Streichen gegebenen Definition überein?
11. Wie kann man das Einfallen einer Schicht in der geologischen Karte 1 : 25 000 feststellen und unter welchen Voraussetzungen?
12. Welche Austrichgrenzen einer Schicht können nicht zur Ermittlung des Streichens und Einfallens benutzt werden und warum nicht?
13. Wie kann man das Streichen und Einfallen einer Schicht ermitteln, wenn die bestimmte Lage dreier Punkte auf einunddersselben Austrichgrenze von ihr gegeben sind?
14. Was ist die wahre und scheinbare Mächtigkeit einer Schicht?
15. Welche Beziehungen bestehen zwischen der Mächtigkeit einer Schicht und ihrer Austrichbreite unter Berücksichtigung des Relief?
16. Woran erkennt man eine Faltung in einer geologischen Karte?
17. Welche Merkmale weist ein Sattel bzw. eine Mulde in einer geologischen Karte auf?
18. Was ist ein scheinbar umlaufendes Streichen und woran ist es erkennbar?
19. Wie verhält sich die Austrichbreite der Schichten eines schiefen Sattels auf seinem flachen und steilstehenden Flügel in der Karte?

4. Die geologische Karte 1 : 25 000 (GK 25) und ihre Ausdeutung

20. Woran ist die Vergenz einer Faltung in der geologischen Karte 1 : 25 000 erkennbar?
21. Wie kommt eine Spezialfaltung eines Sattels oder einer Mulde in der geologischen Karte 1 : 25 000 zum Ausdruck?
22. Welche Beziehungen bestehen zwischen Austrichbreite und Mächtigkeit einer Schicht bezogen auf ihre Spezialfaltung?
23. In welcher Form spiegelt sich eine Isoklinalfaltung in der Karte wieder?
24. Wie tritt eine Flexur im geologischen Kartenbild auf?
25. Wie kann man in der geologischen Karte 1 : 25 000 eine Schichtlücke feststellen?
26. An welchen Merkmalen ist in der geologischen Karte eine Transgression erkennbar?
27. Wodurch ist in der geologischen Karte eine tektonische Diskordanz feststellbar?
28. An welchen Merkmalen in der geologischen Karte 1 : 25 000 ist eine Aufschiebung zu erkennen?
29. Woran ist ein tektonisches Fenster in einer geologischen Karte festzustellen?
30. In welchem Falle kann eine Horizontalverschiebung von einer Abschiebung in der geologischen Karte unterschieden werden?
31. Durch welche Kennzeichen ist eine Abschiebung charakterisiert?
32. An welchen Lagerungsverhältnissen ist ein Graben bzw. ein Horst erkennbar?
33. Wodurch ist die an einer Querstörung abgesunkene Scholle eines Sattels oder einer Mulde gekennzeichnet?
34. Was ist die seigere und flache Sprunghöhe wie die Sprungweite und welche Beziehungen bestehen zwischen ihnen?
35. Wie ermittelt man das Streichen, Einfallen und die seigere Sprunghöhe einer Verwerfung aus einer geologischen Karte 1 : 25 000.
36. Wie ermittelt man aus dem scheinbaren Einfallen der Schichten in einem geologischen Profil ihre wahre Neigung.

IV. Das Luftbild

Nicht immer steht dem Geologen eine topographische Karte in einem für die Kartierung geeigneten Maßstab zur Verfügung. Dann können ihm, vor allem in einem nicht oder schlecht erschlossenen Gelände, Luftbildaufnahmen des Geländes von großem Nutzen sein, besonders in den Fällen, wo diese Flächen kaum oder überhaupt keine Vegetation tragen. Außerdem besitzt jedes Luftbild als photographische Abbildung eines Teiles der Erdoberfläche einen hohen Informationsgehalt, durch den seine Bedeutung als Forschungsmittel belegt wird. Hinzu kommt, daß Luftbilder, die zu verschiedenen Zeiten von demselben Gebiet aufgenommen worden sind, die Möglichkeit bieten können, an der Erdoberfläche sich abspielende Prozesse quantitativ zu erfassen etc. Aus allen genannten Gründen muß sich deshalb der Geologe weniger mit den Methoden ihrer Herstellung als mit jenen ihrer Ausdeutung vertraut machen. Deshalb sollen sie in den folgenden Ausführungen kurz behandelt werden.

Die Luftbildauswertung

Die Senkrechtaufnahme ergibt ein Luftbild, das eine Perspektive des betreffenden Geländeausschnittes darstellt. Hierbei ist die optische Achse der Kamera senkrecht orientiert. Sie fällt also mit der von der jeweiligen Aufnahmeposition zur Erdoberfläche gefällten Lotrechten zusammen, welche die Ebene des Positivs im Bildmittelpunkt durchstößt. Er deckt sich in diesem Fall mit dem Bild- und Geländenadir (N^1 usw. Abb. 121). Diese Zusammenhänge sind aber meistens nicht gegeben, weil die optische Achse der Kamera beim Flug infolge äußerer Einflüsse, z. B. Wetter, von der Lotrechten abweicht und somit die Bildnadir und der Bildmittelpunkt nicht zusammenfallen. Sofern diese Kippung der Achse nicht mehr als 3° beträgt, kann dieser Effekt für die Bildauswertung vernachlässigt werden. Geht jedoch die hierdurch hervorgerufene projektive Verzerrung des Luftbildes darüber hinaus, so muß es entzerrt werden. In jedem Falle ist der Bildmittelpunkt für die geometrischen Beziehungen zwischen der Aufnahme und den einzelnen Objektpunkten im betreffenden Gelände sehr wichtig, zumal von ihm der reliefbedingte Versatz d. h. die zunehmende Verschiebung des

1. Die Luftbildauswertung

Toppes der Bildobjekte gegenüber ihrer Basis auf radialen Linien mit wachsender Entfernung von ihm ausgehen. Er ist also für die Auswertung eines Luftbildes von Bedeutung. Man erhält ihn als Schnittpunkt von zwei Geraden, die von zwei Rahmenmarken aus gezogen werden, die an den Luftbildrändern vorhanden sind. Jede Aufnahme eines Bildstreifens enthält infolge ihrer 60 % Überdeckung nicht nur seinen eigenen, sondern auch die übertragenen Bildmittelpunkte des vorhergehenden und des nachfolgenden Bildes (Abb. 121). Die Verbindungslinie zwischen ihnen entspricht dem

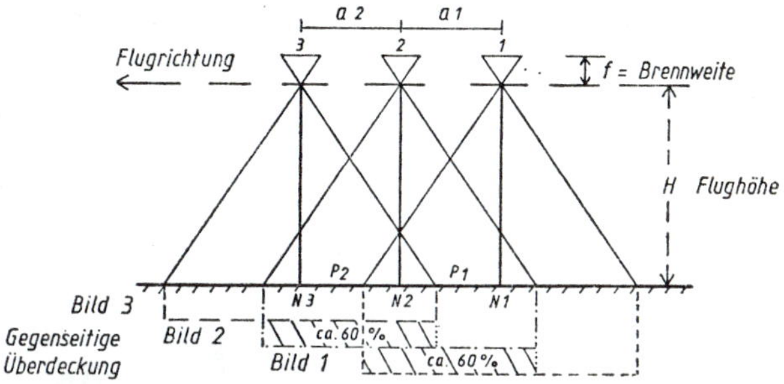

Abb. 121. Schema einer Luftbildaufnahme (mit Genehmigung entnommen aus Kronberger „Photogeologie", 1967).

Flugweg und ihre jeweilige lineare Entfernung den aufeinanderfolgenden Aufnahmepositionen, deren Abstand als Aufnahmebasis (a_1 und a_2 in Abb. 121) und deren entsprechende Entfernung im Luftbild als Photobasis (P_1 und P_2 in Abb. 122) bezeichnet wird. Letztere ist für die Ausrichtung eines Bildpaares bei seiner stereoskopischen Betrachtung von maßgeblicher Bedeutung.

Schon die zweidimensionale Betrachtung eines Luftbildes vermittelt nicht nur einen Überblick über den betreffenden Geländeausschnitt und seine geologischen Gegebenheiten, sondern dem geübten Auge auch gewisse Einzelheiten. Hierbei wird das Bild so orientiert, daß seine Schatten dem Beschauer zufallen, wodurch eine plastische Wirkung erzielt wird. Im umgekehrten Fall erhält man eine Reliefumkehr. Dieser sog. pseudoskopische Effekt wird auch bei stereoskopischer Betrachtungsweise durch einen Vertausch der jeweiligen Bildfolge erreicht.

Die Methode der stereoskopischen Betrachtungsweise d. h. des räumlichen Sehens bringt aber eine beachtliche Fülle von Informationen aus den Luftbildern. Sie läßt ihre detaillierte Auswertung zu. Sie beruht darauf, daß zwei Bilder von dem gleichen Objekt von zwei aufeinanderfolgenden Positionen aufgenommen = Stereopaar bei entsprechender Betrachtung zu einem Raum = Stereomodell verschmelzen. Dieser stereoskopische Effekt kann bei gewisser Übung schon mit dem bloßen Auge erreicht werden.

Hierzu bringt man das Stereopaar so zur Deckung, daß zwei korrespondierende Bildpunkte einen Abstand von ca. 5–6 cm aufweisen, d. h. man stellt sie in etwa auf die jeweilige Augenbasis ein. Nunmehr führt man gleichzeitig das linke Bild dem linken Auge, das rechte Bild dem rechten Auge bis auf Armlänge zu, wobei man in die Ferne blickt, d. h. die Augeneinstellung auf unendlich ausgerichtet ist. Zuvor getrennt wahrgenommene Bildpunkte werden sich hierbei aufeinander zu bewegen, um schließlich zur Deckung zu kommen. In diesem Augenblick tritt das räumliche Sehen ein. Diese Fähigkeit zur freien räumlichen Vorstellung bewährt sich, wenn man zwecks Orientierung Übersichtsbetrachtungen von Stereopaaren im Gelände durchführen muß. Diese Arbeit wird aber durch die Benutzung eines Taschenstereoskops wesentlich erleichtert, das heutzutage für den kartierenden Geologen häufig fast genau so wichtig wie der Kompaß ist.

Abb. 122. Das Spiegelstereoskop.

Für eine längere Bildbetrachtung zur qualitativen wie quantitativen Bildauswertung stehen verschiedene Instrumente = Stereoskope zur Verfügung, und zwar 1. das schon genannte Linsen- oder Taschenstereoskop, 2. das Brückenstereoskop und 3. das Spiegelstereoskop (Abb. 122). Bei dem Linsenstereoskop ist die Stereobasis = linearer Abstand zwischen zwei sich entsprechenden Bildpunkten bei ordnungsgemäßer Orientierung des Stereopaares sehr gering. Sie beträgt 6,5 cm, entspricht also dem mittleren Augenabstand. Infolgedessen kann man von einer Position des Gerätes aus nur einen Ausschnitt der Überdeckung eines Bildpaares auswerten. Zu einer gesamten Erfassung des Überdeckungsbereiches muß deshalb die Lage des Stereoskopes und jene der beiden Bilder mehrfach gewechselt werden.

1. Die Luftbildauswertung

Mit dem Brückenstereoskop als einer Variation des Linsenstereoskopes hat man außerdem die Möglichkeit, den Abstand der verstellbaren Lupen dem jeweiligen Augenabstand des Beobachters anzupassen und die Lupen auszuwechseln, um eine Betrachtung bei zwei- oder vierfacher Vergrößerung durchzuführen. Dem Nachteil beider Geräte, daß sie nur eine flächenmäßig beschränkte Bildauswertung zulassen, steht der Vorteil gegenüber, daß sie im Gelände leicht verwendbar und billig sind. Demgegenüber hat das Spiegelstereoskop (Abb. 122) den Vorzug, daß mit ihm der gesamte Überdeckungsbereich erfaßt und in seinen Einzelheiten genauer interpretiert werden kann. Jedoch ist das Gerät relativ teuer und im Gelände wegen seiner Empfindlichkeit und Größe nur mit Schwierigkeiten verwendbar. Es wird aber bevorzugt bei der Bildauswertung verwendet. Sie geschieht in folgender Weise.

Der Bildmittelpunkt eines jeden Bildes des Stereopaares wird mit Hilfe der an den Bildrändern vorhandenen Rahmenmarken ermittelt. Anschließend wird der linke Bildmittelpunkt in das rechte und der rechte Bildmittelpunkt in das linke Bild mit Hilfe markanter Erscheinungen im Luftbild übertragen, die sich jeweils in Nähe dieser Bildpunkte befinden. Der eigene wie übertragene Bildmittelpunkt in jedem Bild wird durch eine Gerade verbunden. Sie entspricht der Photobasis = Flugweg. Nunmehr richtet man alle beide Bilder nach dieser Basis aus, indem alle Bildmittelpunkte auf einer Geraden liegen müssen. Anschließend verschiebt man die Bilder unter Beibehaltung der festgelegten Orientierung so zueinander, daß zwei korrespondierende Bildpunkte in einem Abstand voneinander liegen, welcher der Stereobasis des benutzten Gerätes entspricht. Sie beträgt beim Taschenstereoskop 6,5 cm, beim Spiegelstereoskop 21 bzw. 26 cm. Nach erfolgter Ausrichtung der Luftbilder werden sie auf der Tischplatte befestigt und das Stereoskop wird so über ihnen aufgestellt, daß die Verbindungsgerade zwischen seinen Linsen mit der Photobasis zur Deckung kommt. In dieser Stellung wird man beim Durchblicken durch die Linsen des Stereoskopes den erfaßten Geländeabschnitt räumlich sehen. Sollte dies nicht der Fall sein, so wird man diesen Effekt durch geringes Verschieben des Stereoskopes erreichen.

Die Vielfältigkeit der Interpretation von Luftbildern kann hier nicht im einzelnen an einer größeren Anzahl von ihnen durchgeführt werden. Dieses Vorgehen würde den Rahmen dieses Buches sprengen. Deshalb sei auf die in dieser Beziehung wichtigsten Veröffentlichungen verwiesen. Hier sollen im folgenden nur kurz einige Erscheinungen, vor allem im Hinblick auf die geologische Ausdeutung des Luftbildes, erwähnt werden.

Es erlaubt bei der Wiedergabe von Einzelheiten, aber zugleich auch ihrer Zusammenhänge eine Gesamtschau, die für die Lösung vieler Fragen und Probleme auch hinsichtlich der Geologie des Gebietes sehr wertvoll ist.
So gewinnt man schnell einen Überblick über die Oberflächenformen in ihrer Abhängigkeit vom geologischen Aufbau. In diesem Zusammenhang sind der vielfältige Formenschatz eines Karstes, die Inselberge in einem Granitgebiet, die Kuppen und Kegel einer Vulkanlandschaft, die Dünengürtel einer ariden Zone usw. anzuführen. Hierzu gehört ebenfalls die Schichtstufenlandschaft als Folge eines relativ flachen Einfallens ihrer Schichten und deren Härteunterschiede. Sie kann auch bei einer Reliefumkehr inmitten des Ausräumungsgebietes einer Sattelstruktur eintreten.
Solche von der Verwitterung herauspräparierte Unterschiede bieten häufig die Möglichkeit, die Ausstrichbreite, Erstreckung und das Nebeneinander diesbezüglicher Gesteinszüge zu erkennen und zu verfolgen. Wo sie plötzlich abbrechen, durch neue von anderer Beschaffenheit ersetzt werden, umlaufen, sich wiederholen, geben sie zuweilen eindeutige, zumindest mögliche Hinweise auf einen durch tektonische Vorgänge erzeugten Formenschatz wie Sättel, Mulden, Verwerfungen usw. Hierbei ist jedoch darauf zu achten, daß Härtlinge im Gelände auch auf anderen Ursachen beruhen können wie z. B. Gesteins- und Erzgänge oder durch eine engständige Schieferung hervorgerufene Rippen. Die Feststellung der Gesteinsarten und der ihnen aufgeprägten Strukturen ist natürlich um so leichter, je vegetationsärmer das Gebiet ist. Hier spielt also das Luftbild eine hervorragende Rolle zur Erkundung der geologischen Verhältnisse. Dabei ist auch die Farbe der anstehenden Gesteine von Bedeutung, die sich in der unterschiedlichen Farbtönung innerhalb des Luftbildes widerspiegelt wie z. B. die Helligkeit von Kalksteinen, Flugsanden usw. Jedoch hängt sie auch vom Grad der Durchfeuchtung des Bodens ab, der deshalb allgemein heller in ariden, dunkler in humiden Zonen ist.
Infolge der Reliefübertreibung können die Einfallswinkel der Schichten nur bei flacher Lagerung noch annähernd geschätzt werden. Sind sie sehr steil, so kann sogar der Eindruck einer Schichtüberkippung entstehen.
Nicht minder bedeutungsvoll für die Feststellung der Gesteinsarten und ihrer Lagerungsverhältnisse ist der Umfang, die Verteilung und Art eines natürlichen Dränagesystems. In diesem Zusammenhang sei auf die vielfältigen Verhältnisse in einer Karstlandschaft mit ihren Trockentälern, Quelltöpfen usw. hingewiesen oder auf das enggescharte, dendritische Netz von Bächen und Flüssen im Bereich undurchlässiger, deshalb abflußfreudiger Gesteine wie Tonschiefer und Mergel, auf die Ausrichtung des Gewässernetzes nach Kluftsystemen und weiteren tektonischen Strukturen wie Ver-

1. Die Luftbildauswertung

werfungen usw. Zuweilen gibt über die damit in Verbindung stehende Wasserversorgung die Art und Dichte der Besiedlung eine Auskunft z. B. in einer Schichtstufenlandschaft mit ihren, an die jeweiligen Grundwasserstockwerke gebundenen Quellaustritten. Selbstverständlich hängt sie zugleich und häufig vorrangig vom Relief, den Möglichkeiten seiner verkehrsmäßigen Erschließung, vom Klima, von den vorhandenen Bodenschätzen, aber auch von der allgemeinen Beschaffenheit der Böden ab.

Der zuletzt genannte Faktor gibt sich im Luftbild in der Verteilung von land- und forstwirtschaftlich genutzten Flächen, dem Fehlen oder Vorhandensein wie Art und Beschaffenheit einer natürlichen Vegetationsdecke zu erkennen. Als Beispiel sei für unsere Breiten die schüttere Pflanzendecke auf Kalksteinuntergrund erwähnt. Sie weist nur dort einen etwas dichteren Bestand auf, wo sich in Senken, z. B. einer Karstlandschaft aus den schwerer verwitterbaren Komponenten des Kalksteins Rückstandsböden gebildet haben.

Dieser Formenschatz und die daraus zu ziehenden Folgerungen ließen sich noch um ein Vielfaches ergänzen, wie man aus der einschlägigen Literatur entnehmen kann. Sie beweist zugleich, daß zum Lesen und damit Ausdeuten einer Luftaufnahme Erfahrung und somit Übung gehört. Dies schließt keineswegs aus, daß die hierbei getroffenen Feststellungen hier und dort durch Geländebegehungen überprüft werden müssen. Diese Arbeit wird aber dadurch erleichtert, daß man sich in einem Luftbild über die vorhandenen Aufschlüsse und ihre Erreichbarkeit, zumal in einem unübersichtlichen, schlecht erschlossenen Gebiet schnell einen Überblick verschaffen kann.

Fragen, welche aus der vorangegangenen Darstellung beantwortet werden können:

1. Welche Unterschiede bestehen zwischen einem Luftbild und einer topographischen Karte?
2. Welche Bedeutung besitzt der Bildmittelpunkt eines Luftbildes?
3. Welche Voraussetzungen müssen für eine stereokopische Betrachtung von Luftbildern gegeben sein?
4. Welche wichtigen Merkmale in einem Luftbild benutzt man für seine geologische Interpretation?
5. Durch welche Ursachen wird die Reliefverschiebung im Luftbild hervorgerufen?

V. Die Erstellung einer geologischen Karte

Die geologische Kartierung ist eine der grundlegenden Arbeiten des Geologen, denn die aus ihr hervorgehende geologische Karte dient nicht nur als Grundlage für weitere wissenschaftliche Spezialuntersuchungen, sondern vor allem auch für die Bearbeitung der vielseitigen Aufgaben auf dem Gebiet der Angewandten Geologie. Die Erstellung einer solchen Karte ist mit einer umfangreichen Geländearbeit verbunden, die zuweilen unter schwierigen äußeren Bedingungen durchgeführt werden muß.
Hierfür genügen nicht allein Kenntnisse in der Geologie, sondern auch solche in der Paläontologie, Mineralogie und gewisse Grundlagen in der Geophysik, Bodenkunde und Geomorphologie. Auf sie kann im Rahmen dieses Buches nicht eingegangen werden. Dies ist auch nicht erforderlich, da hierfür ausgezeichnete Lehrbücher zur Verfügung stehen.
Hiervon abgesehen, müssen aber für die Durchführung einer Kartierung auch noch andere Vorbedingungen erfüllt sein. Zu ihnen gehört, daß man gelernt hat, sich im Gelände zu orientieren. In diesem Zusammenhang sei auf die Ausführungen in dem Kapitel verwiesen, das sich mit der Bedeutung der topographischen Karte für den Geologen befaßt. Da in diese topographische Unterlage bei der geologischen Feldaufnahme in erster Linie die Ausstrichgrenzen von Gesteinseinheiten und ihr Verlauf eingetragen wird, muß man befähigt sein, die Gesteine im Gelände nach ihren Merkmalen nicht nur im Aufschluß und frischen Zustand, sondern auch als Lesesteine, d. h. z. B. verstreut auf einem Acker und verwittert, richtig zu bestimmen. Eine gut geschulte Beobachtung ist hierfür eine wichtige Voraussetzung, die man im Gelände selbst am besten erlernen kann. Sie ist ebenfalls bei gleichzeitiger Fähigkeit, das Wesentliche vom Unwesentlichen zu trennen, für einen Vergleich der einzelnen vorhandenen Gesteinseinheiten von großer Bedeutung, um aus ihm ihre Entstehungsgeschichte und somit das jeweilige paläogeographische Bild ableiten zu können. Die hierfür gleichfalls notwendige Befähigung einer räumlichen Vorstellung ist vor allem auch für die richtige Erfassung der tektonischen Zusammenhänge und damit ihrer Einzelelemente in ihrer räumlichen Lage bedeutungsvoll. Sie kann durch das Anfertigen von Aufschlußskizzen, Profilen usw. im Gelände sehr gefördert werden. Deshalb ist dem Studierenden der Geologie, an den sich dieses Buch in erster Linie wendet, stets zu empfehlen, den Kontakt mit dem Gelände zu suchen, um für die umfangreiche Geländearbeit einer geologischen Kartierung gerüstet zu sein, die in den folgenden Kapiteln erläutert wird.

1. Die Feldausrüstung

Es bedarf keines besonderen Hinweises, daß die Kleidung dem jeweiligen Klima bzw. den Witterungsbedingungen angepaßt sein muß. Sie darf vor allem bei der Feldarbeit nicht hinderlich sein und somit auch die Begehung eines Geländes ermöglichen, das von dichtem Gestrüpp und Niederholz usw. bestanden, steil, felsig und von sumpfigen Stellen durchsetzt ist. Je nach den gegebenen Geländeverhältnissen empfiehlt sich die Benutzung entsprechenden Schuhwerkes, das auf jeden Fall strapazierfähig und möglichst wasserdicht sein muß. Diese Ausrüstung ist erforderlich, auch wenn man für eine Kartierung meist jene Jahreszeiten wählt, in denen die Schlechtwetterverhältnisse nicht so beschaffen sind, daß sie auf längere Zeit ein Arbeiten im Gelände nicht gestatten. Wenn man die geologische Aufnahme in entlegenen, z. B. in wenig erforschten Gebieten durchzuführen hat, muß man dafür Sorge tragen, daß man jeden Verlust der notwendigen Ausrüstung ohne Schwierigkeiten ersetzen kann. Die Vorsichtsmaßnahme betrifft vor allem die Ausrüstungsgegenstände, die für die Kartierung selbst unbedingt erforderlich sind.

1.1. Die topographische Karte

Hierzu gehört die topographische Unterlage. Sie sollte so beschaffen sein, daß sie möglichst weitgehend die Oberflächenformen des betreffenden Gebietes, sein Gewässernetz usw. wiedergibt. Der Maßstab muß der gestellten Aufgabe entsprechend gewählt werden. Er soll möglichst so groß sein, daß auch noch wichtige, geologische Einzelheiten eingetragen werden können. Ihre Bedeutung ergibt sich aber manchmal erst nach der Auskartierung einer größeren Fläche. Infolgedessen ist es empfehlenswert, zuerst möglichst viele Einzelheiten zu erfassen. Sollten sie bei einer späteren Übertragung aus einem größeren Maßstab z. B. in das Blatt 1 : 25 000 nicht mehr darstellbar sein, so kann man sie in den Erläuterungen zur Karte verwenden oder auch hier weglassen, wenn sich ihre Bedeutungslosigkeit herausgestellt hat. Auf jeden Fall ist es zeit- und geldsparend, wenn man die Aufzeichnungen so vollständig wie möglich durchführt, ohne aber ihre Übersichtlichkeit und Lesbarkeit in der Karte zu gefährden. Selbstverständlich benutzt man jeweils die neueste Auflage der topographischen Karten. Sofern sie nicht in dem gewünschten Maßstab vorhanden sind, muß man von ihnen eine entsprechende Kopie aus gut beschreibbarem Papier herstellen. Hiervon

1. Die Feldausrüstung

müssen für das aufzunehmende Gebiet mindestens zwei Vorlagen zur Verfügung stehen und zwar ein Feldblatt, in dem man die Beobachtungen usw. während der Begehung vermerkt, und ein Reinblatt, in dem man die Geländeergebnisse nach ihrer Auswertung übernimmt. Darüber hinaus empfiehlt sich der Besitz noch weiterer Exemplare für Eintragungen von tektonischen Merkmalen, von Aufschlüssen zur Korrektur der Morphologie usw. Diese topographischen Unterlagen müssen genau sein, denn hiervon hängt die Genauigkeit der geologischen Eintragungen und der aus ihnen vorzunehmenden Konstruktionen usw. beim Ausdeuten der geologischen Karte ab. Sie sind manchmal verbesserungsbedürftig und durch die Anlage von neuen Straßen etc. überholt. In diesen Fällen muß der Geologe in der Lage sein, mit Hilfe einfacher, auf S. 156 ff. beschriebener Methoden diese Fehler soweit wie möglich auszugleichen. Deshalb ist es manchmal sehr vorteilhaft, wenn man selbst in erschlossenen Gebieten zusätzlich kürzlich erst aufgenommene Luftbilder zur Verfügung hat, die in noch nicht vermessenem Gelände stets die topographische Unterlage bilden. Ihr Papier muß so beschaffen sein, daß es Eintragungen mit Farbstiften erlaubt.

Die obengenannten Karten etc. kann man für die Feldarbeit zwecks größerer Haltbarkeit auf eine feste Unterlage durch Benutzung von Fotoecken oder in gleicher Weise in sein Notizbuch heften, so daß sie jederzeit herausnehmbar sind. In dem erstgenannten Fall empfiehlt es sich, sie während der Feldarbeit in einer Kartentasche aufzubewahren. Diese Karte wird in einzelne Teile zerlegt, jedoch nur so weit, daß noch eine Orientierung im Gelände und eine gute Übersicht über die geologischen Eintragungen gewährleistet ist. Am besten wird sie in Planquadrate zerschnitten, die sich nach dem Gitternetz richten. Diese Einzelblätter sollten mit Zahlen oder Buchstaben versehen werden, die als Erkennungsmarken den jeweiligen Notizen im Feldbuch vorangestellt werden, um spätere Verwechslungen zu vermeiden.

1.2. Hammer

<u>Das charakteristische Instrument des Geologen ist der Hammer!</u> Vom gewöhnlichen Hammer unterscheidet er sich durch seine Härte, da er aus bestem Stahl gearbeitet sein muß. Auch seine Form ist je nach dem Verwendungszweck unterschiedlich. Eine Seite ist stumpf und im Querschnitt quadratisch bzw. rechteckig, die andere läuft meist in einer rechtwinklig zum Stiel verlaufenden Querschneide aus. Sie eignet sich gut zum Spalten des Gesteines. Sie kann auch spitz sein, dann dient sie zum Picken und leistet

gute Dienste beim Klettern an Steilhängen. Es gibt auch Hämmer, die beiderseits stumpf und entsprechend groß sind, um mit ihnen sehr harte, größere Gesteinsstücke zu zerschlagen, wie es zuweilen beim Sammeln von Gesteinsproben erforderlich ist. Sind sie von wesentlich geringerer Größe und besitzen sie eine sehr schmale und scharfe Querschneide, dann werden sie bevorzugt für das Zerspalten von Gesteinsmaterial bei der Suche nach Fossilien verwendet. Sofern sie an einem Holzstiel befestigt sind, muß er aus zähem Holz wie Eschenholz, wildem Birnbaum oder Hickoryholz bestehen, dessen Faserung stets in seiner Längsrichtung verlaufen soll. Hierdurch wird sein Aufspalten beim Schlagen verhindert. Er darf nicht zu kurz sein, um beim Hauen eine größere Schlagkraft zu entwickeln. Er wird durch eine Öffnung, die im Schwerpunkt des Hammers liegt, durchgezogen. Sofern er sich infolge Eintrocknens des Holzes lockert, genügt ein Eintauchen in Wasser, das eine Quellung des Holzes verursacht und ihn wieder befestigt. Es empfiehlt sich, auf dem Stiel einen Dezimetermaßstab zum Messen einzukerben oder einzubrennen. Die modernen Geologenhämmer in Ganzstahlausführung sind mit einem Gummi- oder mit einem elastischen und widerstandsfähigen Nylongriff versehen, wie sie die Firma Dr. F. Krantz, Bonn, liefert. In jedem Fall ist es sehr zweckmäßig, wenn man im Quartier jederzeit einen Ersatzhammer verfügbar hat, zumal wenn man in einem sehr entlegenen Gebiet die Arbeiten durchführen muß. Desweiteren ist es sehr vorteilhaft, Hämmer verschiedener Größe bei sich zu haben, zumindest außer dem üblichen Geologenhammer einen Hammer zum Spalten der Gesteine zwecks Aufsuchen von Fossilien. Hierzu wie zur allgemeinen Gewinnung von Gesteinsproben kann man auch zusätzlich einen Meißel verwenden, der aus Chrom-Silizium legiertem Sonderstahl hergestellt ist.

Abb. 123. Geologenkompaß „Covis"; hergestellt bei der Firma Breithaupt & Sohn, Kassel.

1. Die Feldausrüstung

1.3. Kompaß

Zur Ausrüstung des kartierenden Geologen gehört vor allem auch der geologische Kompaß. Er kann einem vielseitigen Verwendungszweck dienen, wenn er, wie z. B. in der Ausführung „Covis" der Firma Breithaupt, Kassel, vorliegt (Abb. 123). Nach ADLER (1967) ergeben sich für diesen Kompaß über siebzig geologische und geodätische Anwendungsmöglichkeiten. Sie lassen sich zusammenfassen 1. in Messungen der verschiedenen geologischen Gefüge, 2. in Orientierungsmessungen und 3. unter gleichzeitiger Verwendung zusätzlicher Geräte zur Anfertigung von lagerichtigen Geländeskizzen wie zum Nachtragen von Einzelheiten in vorhandene topographische Karten.

Der Geologenkompaß hat eine rechtwinklige Bodenplatte. Eine ihrer Längskanten ist als Ziehkante abgeschrägt. Sie ist mit einem Millimetermaßstab ausgestattet, um Richtungen auch unter Berücksichtigung der Entfernungen im Maßstab der topographischen Unterlagen nach erfolgter Orientierungsmessung unmittelbar eintragen zu können. Außerdem ist die Bodenplatte mit einer Dosenlibelle versehen, mit deren Hilfe kontrolliert wird, ob der Kompaß bei einer Messung waagerecht gehalten wird. Desweiteren besitzt sie zuweilen auf ihrer Unterseite ein Gewinde, um sie auf jedes eisenfreie Stativ aufschrauben zu können. Auf ihr ist als wichtigster Bestandteil des Kompasses das aus Leichtmetall gefertigte Kompaßgehäuse befestigt. Es enthält den Kompaßkreis. Er trägt auf seiner Oberfläche eine Einteilung in Gradintervalle von $1°$ (Altgrad) oder 1^g (Neugrad). Sie verläuft entgegen dem Uhrzeigerlauf von $10°$ zu $10°$ und somit bei einer Gradeinteilung von $360°$ (Altgrad) von $0°$ bis $350°$ und bei einer solchen von 400^g (Neugrad) von 0^g bis 390^g beziffert. Der Teilungsdurchmesser $0°-180°$ bzw. 0^g-200^g liegt immer parallel zur langen Anlegekante und zu der später noch zu erklärenden Visierlinie des Kompasses und damit zugleich in seinem N-S-Durchmesser. Dieser wie die E-W-Richtung, bei der Ost mit West aus noch zu erklärenden Gründen (s. S. 143) vertauscht ist, sind auf dem Kompaßboden eingetragen.

Auf ihm erhebt sich, zentrisch zur Teilung des Kompaßkreises angeordnet, eine Pinne. Ihr ist eine Magnetnadel in ihrem Schwerpunkt aufgelagert. Sie stellt sich stets in Richtung der Horizontalkomponente eines sie umgebenden magnetischen Feldes, unter dem Einfluß des Magnetfeldes der Erde, in Richtung „Magnetisch-Nord" ein, d. h. in die Richtung, nach der die Nordspitze der freischwingenden Nadel zeigt. Da auch eine Inklination dieses Magnetfeldes d. h. eine Neigung seiner Kraftlinien vorhanden ist, würde sich die nur in ihrem Schwerpunkt aufgelagerte Nadel auch vertikal

zu den Kraftlinien ausrichten. Um dies zu vermeiden, ist ihr z. T. rot markiertes Südende mit einem verschiebbaren Inklinations-Ausgleichsgewicht versehen. Hierdurch wird die Nadel waagerecht gehalten, so daß ihre beiden Enden bei waagerechter Lage des Kompasses in Höhe der Kreiseinteilung liegen. Durch eine am Gehäuserand befindliche Arretiervorrichtung wird sie bei Nichtgebrauch gegen das Deckelglas gedrückt und damit festgehalten. Durch einen Druck auf den Knopf der Arretiervorrichtung wird sie gelöst und pendelt sich auf Magnetisch-Nord d. h. bei Nullstellung des Kompaßkreises in seinen N-S-Durchmesser ein. In der Geologie, Geographie und Geodäsie sind jedoch überwiegend die auf „Geographisch-Nord" bezogenen Azimute oder die auf „Gitternord"- = „Karten-Nord" bezogenen Richtungswinkel gesucht. Deshalb muß um den Winkel zwischen „Magnetisch-Nord" und „Geographisch-Nord" d. h. um die Mißweisung bzw. Deklination (= δ) oder um den Winkel zwischen „Magnetisch-Nord" und „Gitter-Nord" d. h. um die Nadelabweichung eine Korrektur vorgenommen werden (s. S. 17). Mißweisung und/oder Nadelabweichung sind meist in der topographischen Karte für das entsprechende Gebiet eingetragen. Da diese Werte mit der Zeit veränderlich und räumlich verschieden sind, ist es meist empfehlenswert, sie unmittelbar im Arbeitsgebiet zu kontrollieren (s. S. 142). Hierzu muß das geographische Azimut bzw. der Richtungswinkel von einem im Aufnahmegebiet liegenden Punkt A zu einem von A aus sichtbaren Zielpunkt B bekannt sein. Diese Werte kann man mit Hilfe eines Winkelmessers oder eines Kompasses aus der betreffenden Karte entnehmen, wie auf S. 18 dargestellt.
Zur Einstellung auf Geographisch-Nord bzw. Gitter-Nord muß am Kompaß ein sog. Deklinationstrieb vorhanden sein. Diese Vorrichtung dient zur Drehung der Kompaßkreisscheibe zwecks Berücksichtigung der Nadelabweichung oder Deklination. Hierzu ist im Kompaßgehäuse, zugeordnet zu seinem Kompaßkreis, eine zweite Gradeinteilung mit jeweils 30° von Nord nach West und Ost vorhanden, um nach ihr die ermittelten Werte für Nadelabweichung oder Deklination durch Drehen der Kompaßscheibe einstellen zu können. Sofern also diese Vorrichtung am Kompaß vorhanden ist, stellt man sich nach der Ermittlung der Werte für das Azimut oder den Richtungswinkel aus der Karte etc. (s. S. 18) für A nach B in Punkt A im Gelände auf und visiert über eine am Kompaß angebrachte Visiereinrichtung (s. S. 144), bei ihrem Fehlen über die längere Anlegekante des Kompasses Punkt B an. Zugleich stellt man mit Hilfe des Deklinationstriebes den aus der Karte ermittelten Soll-Wert des Azimutes oder des Richtungswinkels so ein, daß sich die Nordspitze der gelösten und daher freischwingenden Magnetnadel mit den entsprechenden Graden auf der Kompaß-

1. Die Feldausrüstung

scheibe deckt. Nach dieser Korrektur kann man nunmehr alle Messungen, bezogen auf Gitter-Nord oder auf Geographisch-Nord, ausführen. Sie kann auch dadurch erfolgen, daß man die aus der Karte entnommenen Werte der Deklination oder der Nadelabweichung ohne Kontrolle im Gelände nur mit Hilfe des Deklinationstriebes nach der zweiten Gradeinteilung auf jener des Kompaßkreises einstellt. Da diese Werte mit westlich (—) und östlich (+) angegeben werden, d. h. im erstgenannten Fall die magnetische Deklination negativ (= Magnetisch-Nord weicht nach Westen von der Geographischen-Nordrichtung ab) (Abb. 124, s. S. 17) und im zweiten Fall positiv ist, muß man bei einer westlichen Mißweisung oder Nadelabweichung den Kompaßkreis in Richtung auf „E", bei einer östlichen in Richtung auf „W" drehen, um das gewünschte Soll-Azimut oder den Soll-Richtungswinkel zu erhalten. West- und Ost-Richtung sind hierbei nicht wie beim Einmessen der Streichrichtung von Schichten als vertauscht zu betrachten. Man kann die Korrektur auch rechnerisch durchführen, indem man zu den am Kompaßkreis abgelesenen Werten jene der Deklination hinzuzählt oder abzieht. Zugleich zeigen die beiden Abbildungen 125 A u. B, daß beim Messen der Streichrichtung einer Schicht im Falle A die Magnetnadel von der N-S-Richtung des Kompaß nach Osten, im Falle B nach Westen abweicht. Tatsächlich streicht aber im erstgenannten Fall die Schicht nach Nordwesten, im letzteren Fall nach Nordosten. Um Verwechslungen zu vermeiden, ist deshalb die Bezeichnung Ost mit West auf dem Kompaßboden vertauscht. Eine durchgeführte Korrektur der Streichrichtung ist hinter dem jeweiligen Meßwert mit „cor." anzugeben.

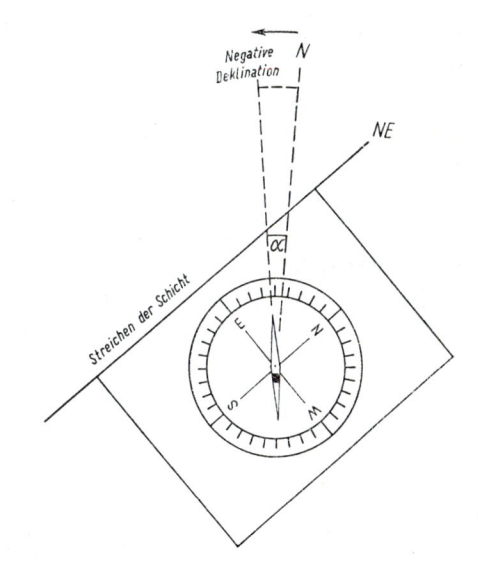

Abb. 124. Negative Deklination, bezogen auf Geographisch-Nord (N).

Auf dem Gehäuseboden ist ein Pendelneigungsmesser (Klinometer) angebracht. Er besteht aus einem um die Pinne, auf der die Magnetnadel ruht, drehbaren Pendels und einer zur Pinne zentrischen Gradeinteilung. In der Mitte dieser Gradeinteilung liegt der Nullpunkt. Von hieraus steigt sie beiderseits von 0° bis 90° an, entsprechend der 0° = horizontalen und 90° = vertikalen Endlage einer Fläche. Er ist je nach 10° beziffert (Abb. 126).

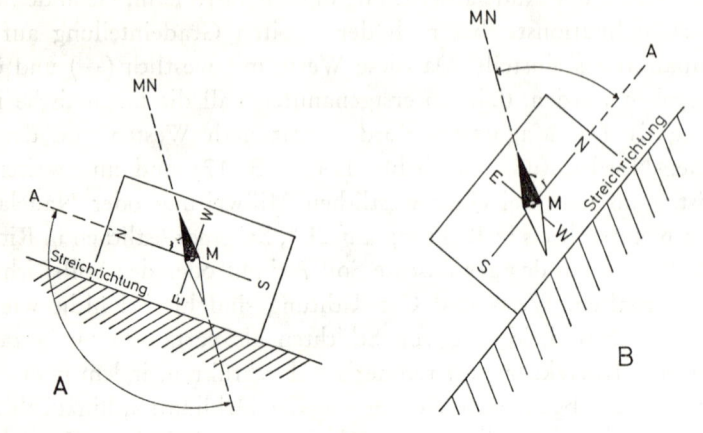

Abb. 125. Aufsicht auf die Stellung eines Kompaß beim Einmessen der Streichrichtung einer Schicht, A. nach Nordwesten, B. nach Nordosten (Erläuterung im Text).

Hinsichtlich der weiteren Ausstattung des Kompasses ist zu bemerken, daß der Kompaßdeckel, der ebenfalls beim Verschließen des Kompasses die Magnetnadel arretiert, entweder vom Gehäuse getrennt oder mit ihm durch ein Scharnier verbunden ist. Im letzteren Fall ist häufig in ihm ein Visier- und Ablesespiegel mit einem Visierstrich und einem Visierkorn eingelegt (Abb. 123). Auf seiner gegenüberliegenden Seite befindet sich, befestigt am Kompaßgehäuse, ein Klappdiopter mit einem Spalt im unteren und einer Lochkimme im oberen Teil. Diese gesamte Einrichtung dient zum Anvisieren von Punktzielen im Gelände wie zur Anfertigung von Skizzen bei Benutzung des Kompasses als Diopterlineal (s. S. 157). Dieser

Abb. 126. Kompaß mit Neigungsmesser (Breithaupt & Sohn, Kassel).

1. Die Feldausrüstung

oben geschilderten Ausführung des „COVIS" Kompasses entspricht mit einigen Änderungen jene des Universal-Brunton-Kompasses. Außer ihnen gibt es noch einfache Geologenkompasse, denen vor allem die Visiereinrichtung und der Deklinationstrieb fehlen (Abb. 126).

Bemerkenswert ist noch der von CLAR entwickelte Gefügekompaß (Abb. 127). Er leistet, wie schon sein Name besagt, vorzügliche Dienste bei der Einmessung des tektonischen Gefüges. Er gestattet nicht nur die räumliche Festlegung von flächenhaften und linearen Gefügeelementen durch direkte Messungen, sondern alle Messungen sind auch unter ungünstigen Bedingungen beschleunigt durchführbar im Gegensatz zu jenen mit den gewöhnlichen Kompassen. Er besteht aus einem Gehäuse mit zuklappbarem Deckel. Das Gehäuse enthält in einem kreisförmigen, durch ein Glas abgeschlossenen Durchbruch Kompaßkreis, die arretierbare Magnetnadel und den Dämpfungstopf, welcher dafür sorgt, daß die Schwingungen der Magnetnadel sehr schnell abklingen. Hinzu kommt ein Deklinationstrieb und eine Dosenlibelle, die so angebracht ist, daß sie bei einer Messung auch von unten gesehen werden kann. Außerdem ist unter der Libellenfassung ein aufklapp- und drehbarer Spiegel angebracht, mit dem die Libelle von unten her durchleuchtet und von der Seite beobachtet werden kann. Dämpfungstopf wie Magnetnadel tragende Pinne sind auf der Bodenplatte aufgeschraubt. Sie ist durchsichtig, so daß die jeweilige Stellung der Magnetnadel und der transparente Kompaßkreis nicht nur von oben, sondern auch von unten eingesehen werden können. Diese Vorrichtung erlaubt auch Messungen, die über dem Kopf durchgeführt werden müssen. Desweiteren ist dieser Kompaß auf der „Südseite" seines Gehäuses mit einem als Meßplatte

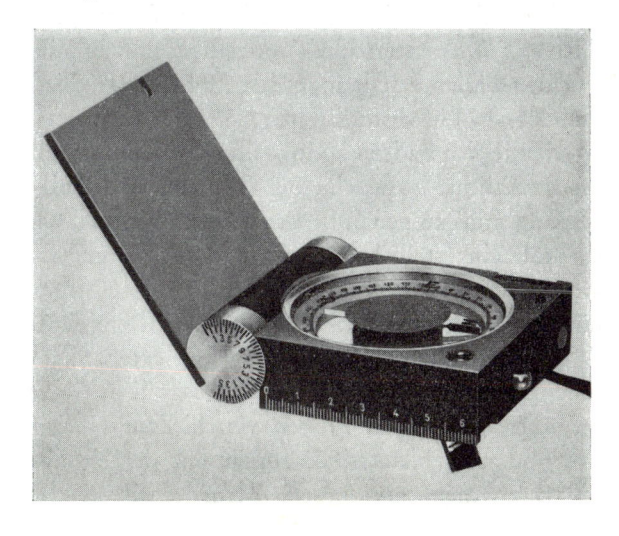

Abb. 127. Gefügekompaß von Clar (Breithaupt & Sohn, Kassel).

dienenden Deckel versehen. Er ist um eine liegende Achse drehbar. Auf einem ihrer Achsenzapfen befindet sich ein in Quadranten aufgeteilter Vertikalkreis. Er ist in Intervalle von 5° (Altgrad) bzw. 5ᵍ (Neugrad) geteilt, wobei die Zehngradteilstriche beziffert sind. Jeder Teilstrich hat eine Breite, die an der Teilungskante einem Winkel von 2° entspricht. Sie beträgt für den Zwischenraum von zwei Teilstrichen 3°, für den Indexstrich, der am Gehäuse befestigt ist und mit dem die Ablesungen erfolgen, 2°. Durch die zuletzt genannte Übereinstimmung ist es möglich, je nach der Stellung einer der Kanten des Teilstriches zu jener des Index die Einzelgrade zwischen den Teilstrichen zu ermitteln. Mit Hilfe dieser Einrichtung kann der Fallwinkel der Schichten sehr genau eingemessen werden. Da der Kompaß über einen Deklinationstrieb verfügt, können die Messungen nach Geographisch-Nord ermittelt werden. Außerdem besitzt er ebenfalls eine einfache Visiervorrichtung für horizontales Richtungsvisieren.

1.4. Weitere Ausrüstungsgegenstände

Abgesehen von einem Horizontglas, mit dem man seinen augenblicklichen Standpunkt mit der gleichen Höhenlage entfernter Punkte identifizieren kann und dem auf S. 160 erwähnten Handgefällmesser ist das Mitsichführen eines Aneroides, zumal beim Arbeiten im stärkeren Relief, sehr empfehlenswert. Für die barometrische Höhenmessung, welche die einfachste und billigste, aber auch gegenüber einer trigonometrischen Höhenmessung wie dem Nivellement ungenau ist, bestehen zwei Möglichkeiten. Entweder geht man von einem trigonometrisch oder durch ein Nivellement festgelegten Punkt aus (= Messung relativer Höhenunterschiede) oder bestimmt unmittelbar die Meereshöhe. In beiden Fällen erhält man den Höhenunterschied zweier Stationen aus der gemessenen Luftdruckdifferenz. Da der Luftdruck während der Begehung im Gelände sich ändern kann, sollte der Zeitabstand zwischen den Messungen stets möglichst kurz sein. Bei Gewitter sind Ablesungen zu unterlassen. Außerdem muß an genau bestimmten Höhenpunkten immer wieder die Barometerskala eingestellt bzw. der Stand des Barometers von neuem mit der gegebenen Höhenlage verglichen werden.

Zur Grundausrüstung gehört ebenfalls eine Einschlaglupe mit 10- bis 30-facher Vergrößerung und eine stabförmige Lupe mit eingelegter Skala zum Messen von Korngrößen. Hierfür kann man noch zusätzlich kleine Holz- oder Pappleisten benutzen, auf denen Proben verschiedener Korngrößenintervalle aufgebracht und festgekittet sind, um sie mit der jeweiligen Probe aus der Natur vergleichen zu können. Erforderlich ist des

1. Die Feldausrüstung

weiteren ein Taschenmesser, dessen Klinge zur Prüfung von Eisenmineralien magnetisch gemacht ist. Zweckmäßig ist es auch, eine Porzellan- als Strichtafel bei sich zu führen, um gewisse Eisenerze wie Hämatit und Magnetit an ihrem roten bzw. schwarzen, bituminöse Schiefer an ihrem dunkelbraunen Strich usw. erkennen zu können. Zu dieser Ausrüstung sollte auf jeden Fall ein Fotoapparat gehören, zumal Aufnahmen von Aufschlüssen die von ihnen gemachte Skizze wertvoll ergänzen können. Hierbei sollte für die Aufnahme stets genau der Standort, z. B. die Richtung der Aufschlußwand, die Brennweite und Tag wie Stunde der Aufnahme im mitgeführten Notizbuch vermerkt werden.

Kompaß und Aneroid kann man in einer Lederschlaufe oder Ledertasche, die an einem Gürtel befestigt sind, unterbringen, so daß sie stets griffbereit sind. Sie können auch in einer entsprechend großen Kartiertasche aufbewahrt werden, die außerdem die topographische Unterlage, das Feldbuch, die Salzsäureflasche, einen zusammenklappbaren Zentimetermaßstab, Winkelmesser, Radiergummi, Lineal, Blei- und Farbstifte enthält. Ganz abgesehen davon, daß man den Hammer beim Kartieren stets in der Hand hat, ist es zu vermeiden, ihn wie andere eisenführende Gegenstände mit dem Kompaß zusammenzulegen. Während des Anmarsches im Gelände kann er auch in dem möglichst wasserdichten Rucksack aufbewahrt werden, in dem gleichzeitig einige der oben genannten Gebrauchsgegenstände, jedoch möglichst nicht Kompaß und Aneroid, dagegen Verpackungsmaterial und die später gesammelten Proben mitgeführt werden können. Die Größe der letzteren ist vom Verwendungszweck abhängig. Als Handstück sollten sie 12 cm lang, 9 cm breit und 3 cm dick sein und in dieser Form schon im Gelände zugeschlagen werden. Wichtig ist ihre genaue Etikettierung, besonders auch dann, wenn sie orientiert, d. h. Liegendes vom Hangenden unterschieden, entnommen worden sind.

Die Tropf- bzw. Spritz-Flasche mit verdünnter Salzsäure (1 : 3), die zum Nachweis des Karbonatgehaltes etc. der Gesteine dient, sollte aus Sicherheitsgründen gut verpackt, möglichst in einer Hartgummibüchse aufbewahrt werden. Nach gewisser Übung ist der Karbonatgehalt schätzbar. Starkes Aufbrausen beim Betupfen des Gesteins weist auf mehr als 10 %, mäßiges Aufbrausen auf etwa 5 %. Schwache oder überhaupt keine Reaktion bedeutet nicht, daß kein Kalk, sondern Dolomit vorliegt, da ein stark silifizierter Kalkstein gleiche Eigenschaft aufweisen kann. Sofern mit dieser Salzsäurebehandlung das Bindemittel der Sedimente erfaßt werden soll, ist darauf zu achten, daß man den Test nicht in Nachbarschaft einer mit Kalkspat gefüllten Kluft ausführt. Desweiteren ist es möglich, Dolomit von Calcit durch Anfärben der Probe mit Alizarinrot-S usw. nach einer

Vorbehandlung mit verdünnter Salzsäure zu unterscheiden (s. MÜLLER 1964). Durch Anätzen der Oberfläche einer Kalksteinprobe mit verdünnter HCL kann man auch die Komponenten wie Ooide, Onkoide, Pellets ect., die einen Kalkstein zusammensetzen können, z. T. erkennen. Jedoch die meisten der letztgenannten Untersuchungen sind am besten im Laboratorium durchzuführen. Diese Ergebnisse, soweit sie im Gelände gewonnen worden sind, müssen ebenfalls in das Notizbuch eingetragen werden.

Die Größe des mit festem Umschlag versehenen Feldbuches muß so gewählt werden, daß man es bequem in die Rock- bzw. Kartiertasche stecken, aber auch auf seinen Seiten Skizzen und Profile entwerfen kann. Für die Anfertigung dieser Zeichnungen eignet sich am besten ein glattes, kariertes Papier und ein mittelharter Bleistift. Das Notizbuch sollte durch breite Gummibänder zusammengehalten werden, um u. a. auch bestimmte Einlagen nicht zu verlieren.

Als Etikettenpapier zur Kennzeichnung der Proben etc. benutzt man am besten numerierte Blocks, wobei die jeweiligen Nummern auf einer Hauptseite und auf den ihr beigefügten, zwei Abrißzetteln stehen, die man den Proben beifügt. Es ist sehr zweckmäßig, wenn auf der Hauptseite die Kennworte für die erforderlichen Notizen wie z. B. Gesteinsbeschaffenheit, stratigraphischer Horizont, Fundort, Datum usw. vorgedruckt sind, weil in diesem Fall keine der erforderlichen Angaben vergessen wird.

Verpackungsmaterial für Gesteinsproben, Fossilien etc. muß jeder kartierende Geologe bei sich führen. Für Gesteinsproben verwendet man am besten Pack- und Zeitungspapier, wobei sie noch zusätzlich in Leinen- oder Plastikbeuteln aufbewahrt werden können. Letztere sind auch am besten zur Aufbewahrung von Bodenproben geeignet. Für feinere Objekte, wie z. B. einzelne Fossilien etc., benutzt man Seidenpapier und verpackt sie außerdem in Schachteln, Büchsen usw.

Wenn man die topographische Unterlage durch Skizzen oder zusätzliche Vermessungen ergänzen muß, genügt zuweilen nicht allein der Kompaß mit Visiereinrichtung, der Aneroid, das Bandmaß usw., sondern man benötigt außerdem eine Kippregel, Handgefällmesser (s. S. 159 ff.) etc. In diesen Fällen muß also die zuvor genannte Grundausrüstung um diese Geräte ergänzt werden. Eine Ergänzung richtet sich auch je nach dem Zweck der geologischen Kartierung. So benötigt man bei hydrogeologischen Untersuchungen die Brunnenpfeife, das Brunnenglas etc., bei solchen bodenkundlicher Art z. B. den Klappspaten, vor allem den Erdbohrer usw. Die zuletzt genannten Geräte leisten auch bei einer geologischen Kartierung, die nicht Spezialzwecken dient, hervorragende Dienste, zumal wenn in dem betreffenden Gelände jüngere Deckschichten weit verbreitet sind. Sie sollten deshalb im Quartier des Geologen zur Verfügung stehen, wie z. B. ein Pürckhauer als Handbohrgerät mit Schlegel zur Durchführung von Bohrungen bis zu 1 m Tiefe.

Die bisher erwähnte Ausrüstung des kartierenden Geologen muß selbstverständlich bei einer Kartierung in noch wenig oder unerforschten Gebieten des Auslandes entsprechend dem Klima etc. eine vielfache Ergänzung erfahren, auf die hier im einzelnen nicht eingegangen werden kann.

Die bisherigen Ausführungen beweisen, daß es unbedingt erforderlich ist, vor Beginn der Feldarbeit anhand von topographischen Unterlagen, der Literatur und von Befragungen sich über die Verhältnisse im Arbeitsgebiet zu informieren. Hierzu gehören vor allem auch Erkundungen über schon durchgeführte geologische, bodenkundliche, geophysikalische etc. Untersuchungen, über vorhandene Bohrungen und, sofern möglich, über in Betrieb befindliche oder stillgelegte Gruben, Informationen, die auch zu Beginn der Geländearbeit zumindest noch teilweise eingeholt werden können.

2. Die Ausdeutung der topographischen Unterlage

Für die geologische Aufnahme muß je nach der gestellten Aufgabe eine entsprechende topographische Karte zur Verfügung stehen. Sofern sie nicht vorliegt, verwendet man eine das betreffende Gebiet umfassende Luftbildreihe. Das Luftbild wird auch zunehmend in einem schon vermessenen Gelände angewandt, zumal wenn die topographische Aufnahme nicht dem neuesten Stand des Wegenetzes usw. entspricht.

Vor Inangriffnahme der geologischen Kartierung muß man sich mit dem Inhalt der topographischen Unterlage vertraut machen. Diese Aufgabe besteht u. a. in einer Erkundung des morphologischen Formenschatzes, der Aufschlußverhältnisse, in einer Orientierung über die Begehbarkeit des Geländes unter Beachtung markanter Geländepunkte etc.

Die Morphologie, d. h. die Oberflächenformen eines Geländes hängt z. T. weitgehend von der geologischen Beschaffenheit des Untergrundes ab. Somit lassen häufig die vorhandenen Formen schon gewisse Rückschlüsse auf die Geologie des betreffenden Gebietes zu. Deshalb muß der kartierende Geologe mit den Grundzügen einer Morphologie bzw. Geomorphologie vertraut sein. Es ist im Rahmen dieses Buches nicht möglich, auf die große Vielfalt dieser Formen und ihre Abhängigkeit vom geologischen Untergrund wie seiner Geschichte einzugehen. In dieser Beziehung muß auf die einschlägige Literatur verwiesen werden. Jedoch soll im folgenden an einigen Beispielen gezeigt werden, welche Bedeutung die Ausdeutung der Morphologie einer topographischen Karte als Vorarbeit für die geologische Erkundung besitzt. Es gibt Landschaften, die von einem bestimmten Formenschatz als Ergebnis ihrer Entwicklungsgeschichte beherrscht werden. Hierzu zählt z. B. die auf Kalk entstandene Karstlandschaft mit ihren Trockentälern, ihren Karstrinnen, Dolinen, schütteren Pflanzendecke und Siedlungsarmut. Diese Eigenschaften heben sich in der Karte besonders dann scharf ab, wenn dieses Gelände in einem gemäßigten Klima innerhalb eines petrographisch völlig andersartig zusammengesetzten Gebietes liegt wie z. B. die Kalkvorkommen von Brilon im Sauerland des Rheinischen Schiefergebirges. Desweiteren muß die Vulkanlandschaft mit einzelnen oder in Gruppen angeordneten Vulkankegeln, herausgewitterten Schlotfüllungen, den Kratern und Lavaströmen wie ovalen bis kreisrunden Maaren genannt werden wie z. B. die Vulkaneifel. Dieser Formenschatz tritt besonders deutlich hervor, wenn es sich noch um eine junge Vulkanlandschaft handelt. Markant heben sich auch die Grundzüge einer Glaziallandschaft im Flachland mit ihren Endmoränenzügen, den Drumlins, Eskers und Kames wie den verschiedenen Seen und Terrassen ab, ein Bild, wie es in vielfältiger Form die Norddeutsche Tiefebene bietet. Eine Schichtstufenlandschaft kann in einer topographischen Karte sehr scharf hervortreten, wie Beispiele aus Süddeutschland lehren. Sie entsteht vor allem im Verlauf einer Abtragung z. B. Zertalung einer flach geneigten bis flach gewölbten Schichttafel, die aus einer Wechsellagerung von weichen (z. B. Mergel) und harten (z. B. Kalk) Gesteinen besteht. Die Abtragung erfaßt zuerst die Mergel und unterschneidet in der Folge die Kalke, die nachbrechen und somit eine an diese Schichtfolge gebundene Steilkante = Schichtstufe bilden. Ihre Dachfläche entspricht keineswegs immer der hangendsten Fläche dieses Schichtkomplexes, sondern sie kann am Stufenrand = Trauf z. B. in der mittleren Partie der Kalkfolge

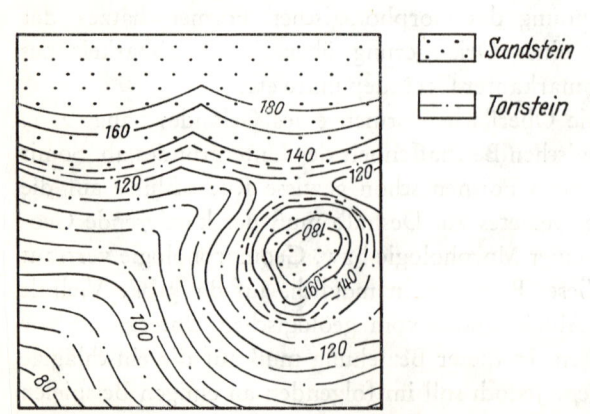

Abb. 128. Zeugenberg vor einer Schichtstufe.

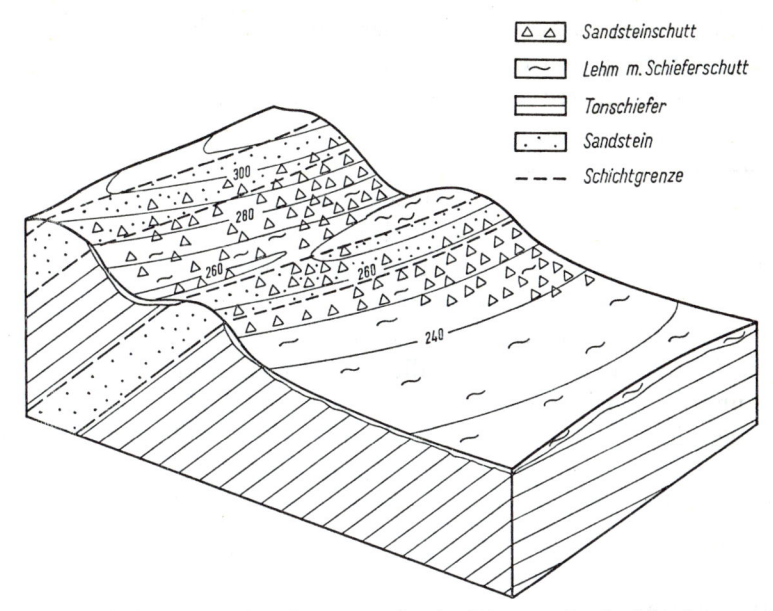

2. Die Ausdeutung der topographischen Unterlage 151

Abb. 129. Morphologische Rücken, hervorgerufen durch härtere Sandsteinbänke.

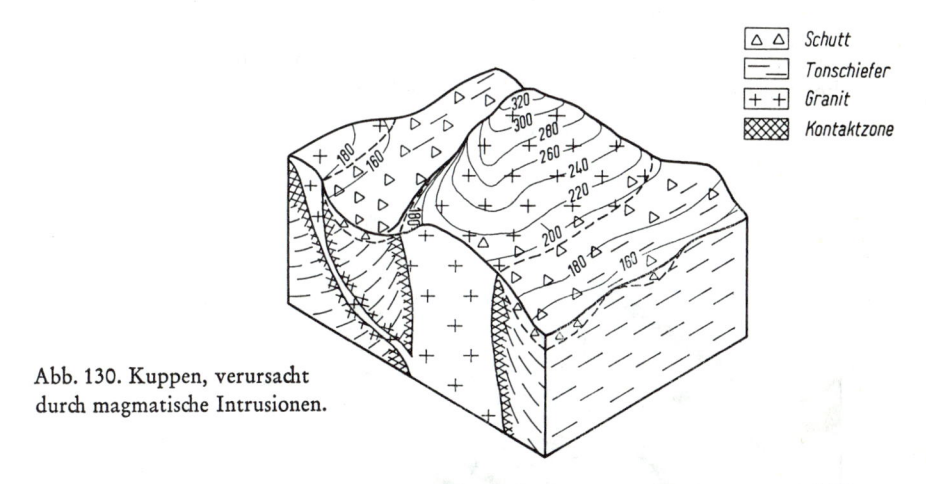

Abb. 130. Kuppen, verursacht durch magmatische Intrusionen.

einsetzen und rückwärts als Kappungsfläche jeweils jüngere Schichten schneiden. Mit diesen Schichtstufen entstehen häufig Zeugenberge (Abb. 128), die ihnen vorgelagert sind und in der Karte sich sehr markant abheben können.

Mit dem zuletzt genannten Landschaftsbeispiel ist die Bedeutung der unterschiedlichen Härte der Gesteine für die Bildung eines Formenschatzes unter dem Einfluß der Abtragung angesprochen. Sie kommt in der vielfältigsten

Weise zum Ausdruck. So kann in einer topographischen Karte durch das plötzliche Einsetzen von enggescharten Höhenlinien d. h. von Steilhängen und Steilkanten Rücken und Rippen eines härteren Gesteins (Sandstein Abb. 129, Eruptivgestein Abb. 130) sichtbar werden. In ihrem Verlauf kann sich das Streichen der betreffenden Schichten widerspiegeln. Wo diese Formen schroff abbrechen und offenbar versetzt an einer anderen Stelle wieder einsetzen, kann dieser Wechsel ein Hinweis auf eine Störung sein. Solche herauspräparierten und morphologisch hervortretenden Härtlinge z. B. in einer Buntsandsteinlandschaft, die in einer zum Streichen der Schichten quer verlaufenden Richtung angeordnet sind, geben u. U. einen Hinweis auf eine Störungszone, auf welcher die Lösungen zur Einkieselung des Sandsteines und damit seiner Verhärtung aufgedrungen sind wie z. B. im Buntsandsteingebiet der Pfalz. Formen dieser Art wie auch verkieselte, tektonische Breccien, Quarzgänge wie z. B. jene des Böhmischen Pfahles sind weitere Beispiele einer durch geologische Vorgänge beeinflußten Morphologie.
Solche Gesteins-Rippen etc. sind aber nicht immer ein Beweis für ein härteres Gestein, denn auch Tonschiefer können als Folge einer mechanischen Verfestigung durch Metamorphose lokale Rippen bilden. Außerdem ist auch das Klima für die Herauspräparierung von diesen Formen bedeutungsvoll. So kann ein Kalksteinzug im semiariden bis ariden Klima als Härtling hervortreten, im humiden Klima durch Auflösung des Kalkes durchaus zur Entstehung von Senken führen.

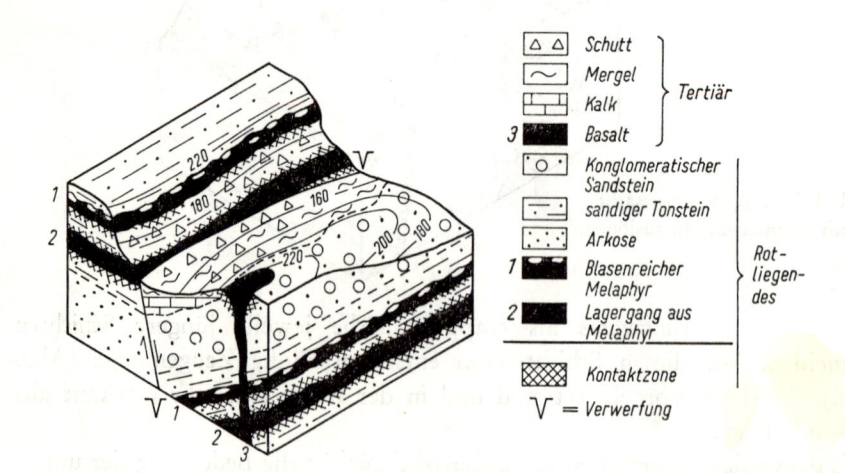

Abb. 131. Magmatische Gesteine, z. T. als Lagergänge und Schlotausfüllungen, beeinflussen zusammen mit einer Verwerfung die Morphologie.

2. Die Ausdeutung der topographischen Unterlage

Magmatische Gesteine, besonders in Form von Gängen usw., heben sich häufig morphologisch von ihrer Umgebung ab (Abb. 130). Dies ist vor allem dann der Fall, wenn sie besondere Ausbildungsformen darstellen wie z. B. Ringdykes, Kraterwälle aus Lava usw. Dies trifft ebenfalls auf einzelne, in sich geschlossene Formen zu wie z. B. Schlotfüllungen, Quellkuppen, Vulkankegel (Abb. 131). Letztere stellen schon morphologische Spezialformen dar wie auch die schon genannten Maare usw. Besondere Formen sind auch die sargdeckelartigen Berge in einer Buntsandsteinlandschaft. Diese Beispiele lassen sich um ein Vielfaches vermehren. Sie sollen hier nur als Anregung für eine genaue Betrachtung der Morphologie in einer topographischen Unterlage dienen.

Auch aus Form, Verlauf und Anordnung der Täler lassen sich gewisse Rückschlüsse auf den geologischen Untergrund ziehen. Die wiederholten Erweiterungen oder Einengungen im Verlauf eines Tales stehen häufig in engstem Zusammenhang mit einem Wechsel zwischen weichen und harten Gesteinen. Hierbei kann der Fall eintreten, daß ein Tal oberhalb eines Bergrückens ihm zuerst parallel verläuft und dann plötzlich ihn durchbricht. Diese Durchbruchstelle kann mit einer Störung zusammenhängen (Abb. 132), denn nicht selten folgen Täler, Senken usw. Verwerfungen

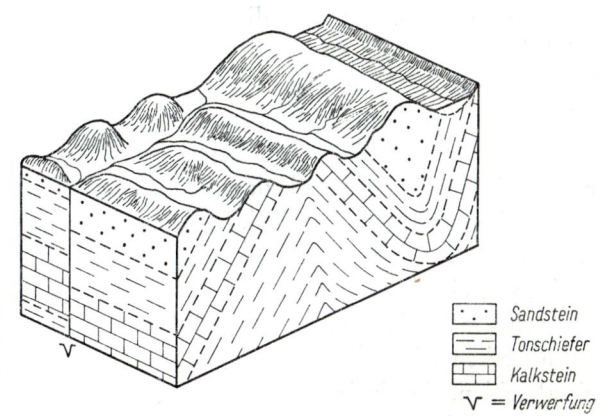

Abb. 132. Durchbruch eines Tales entlang einer Verwerfung und wiederholte Reliefumkehr.

··· Sandstein
=−= Tonschiefer
⊞ Kalkstein
∇ = Verwerfung

oder sie lehnen sich einem Kluftsystem an, zumal wenn sie in größerer Häufigkeit, in einer bestimmten Richtung angeordnet, auftreten. Das Vorhandensein von Seen im Verlauf eines Tales ist meist durch Aufschüttungen z. B. von Moränen, durch Übertiefungen z. B. im Schutz von Rundhöckern oder tektonisch hervorgerufen, sofern sie nicht künstlich angelegt worden sind. Gegenüber dem Boden des Haupttales höher liegende Mündungen von Seitentälern, sog. Hängetäler, können durch glaziale Übertiefung des

Haupttales oder durch eine Verwerfung hervorgerufen worden sein. Meist gehen die Seitentäler über einen Aufschüttungskegel in das Hauptttal über, der besonders bei einer stärkeren Reliefenergie zur Ausbildung kommt. Er wie die zuvor genannten Formen treten meist deutlich im Kartenbild hervor. Dies betrifft ebenfalls Bergsturzgebiete, Hangrutschungen größeren Ausmaßes, Gehängeschuttkegel und ausgeprägte Fels- wie Aufschüttungsterrassen, die teilweise durch besondere Signaturen in der Karte sichtbar gemacht worden sind. Schon die bisher genannten Beispiele beweisen, daß man bei einem eingehenden Studium einer topographischen Unterlage gewisse Hinweise auf den geologischen Aufbau der Landschaft erhält.

Desweiteren ist es vor einer Geländebegehung wichtig, sich anhand der topographischen Karte über die vorliegenden Aufschlüsse zu orientieren. Hierzu dienen die Signaturen für Steinbruchsanlagen (Abb. 3). Zuweilen häufen sie sich in einem bestimmten, morphologisch sich auch heraushebenden Geländeabschnitt. Ihre unregelmäßige Anordnung kann darauf hinweisen, daß ein magmatischer Tiefenkörper (= Intrusion) abgebaut wird. Andererseits finden sie sich zuweilen wiederholt in Streichrichtung eines oder mehrerer hintereinander folgenden Bergrücken. In diesem Fall kann ein Gang- oder ein Sedimentgestein, z. B. Quarzit, einer Gewinnung unterliegen. Ebenfalls sind in der Karte Signaturen für Ton- und Sandgruben eingetragen (Abb. 3 u. 17), die sehr oft in Senken liegen und auf gewisse Mächtigkeiten von Deckschichten hinweisen. In ihrer Nachbarschaft vorhandene Teiche, Seen und Abraumhalden als Folge eines umgegangenen Abbaues treten deutlich hervor. Die Kennzeichen für in Betrieb befindliche Bergwerke (Abb. 3 u. 17) sind wichtige Hinweise auf Aufschlüsse, in beschränktem Umfang auch dann, wenn diese Bergwerke durch das hierfür verwandte Zeichen als stillgelegt ausgewiesen sind (Abb. 3 u. 17), denn, wenn auch die Anlage untertage nicht befahrbar ist, so können dennoch die Halden gewisse Auskunft über die in der Tiefe vorhandenen Gesteine geben. Desweiteren ist das Augenmerk auf vorhandene Tunnel entlang von Eisenbahnstrecken wie auf letztere selbst zu richten, sobald sie sich in einen Hang einschneiden, da sie in diesem Falle, sofern sie nicht künstlich verkleidet sind, meist einen wertvollen Einblick in das anstehende Gestein gewähren. Hierzu gehören auch die Anschnitte entlang von Straßen usw., soweit sie aus der topographischen Unterlage zu entnehmen sind, und meist durch Schraffen kenntlich gemachte Gesteinsrippen an Steilhängen von Bergrücken und Tälern.

Zugleich mit dieser Übersicht über die Aufschlußverhältnisse verbindet man eine Orientierung über die verkehrsmäßige Aufgeschlossenheit und über die Begehbarkeit des zu kartierenden Geländes. Sie zusammen mit dem

2. Die Ausdeutung der topographischen Unterlage

Überblick über die Morphologie des Gebietes gibt die Möglichkeit, sich die notwendigen Kenntnisse über markante Punkte in dem aufzunehmenden Geländeabschnitt zu verschaffen, die für die spätere Orientierung im Gelände selbst von großer Bedeutung sein können.

Hinzu kommen noch weitere, in die Karte eingetragene Kennzeichen. Unter ihnen sind vor allem jene für den Austritt von Quellen zu nennen. Sie können gehäuft in einer bestimmten Richtung angeordnet sein. Ihr Verlauf fällt häufig mit jenem einer Störung zusammen (Abb. 66). Treten sie an einem flachgeböschten Hang unterhalb einer Steilstufe, eines Rückens usw. auf, so dürfte es sich in der Mehrzahl der Fälle um Schicht- oder Schuttquellen handeln (Abb. 133, 134), die also die Grenze zwischen einer hangenden durchlässigen, z. B. Sandstein, und einer liegenden, weniger durchlässigen bis undurchlässigen Schicht, z. B. Tonstein, kennzeichnen.

Aus allen bisher genannten Gründen, die hier nur kurz angeschnitten bzw. durch einige Beispiele belegt werden konnten, ist es unbedingt erforderlich,

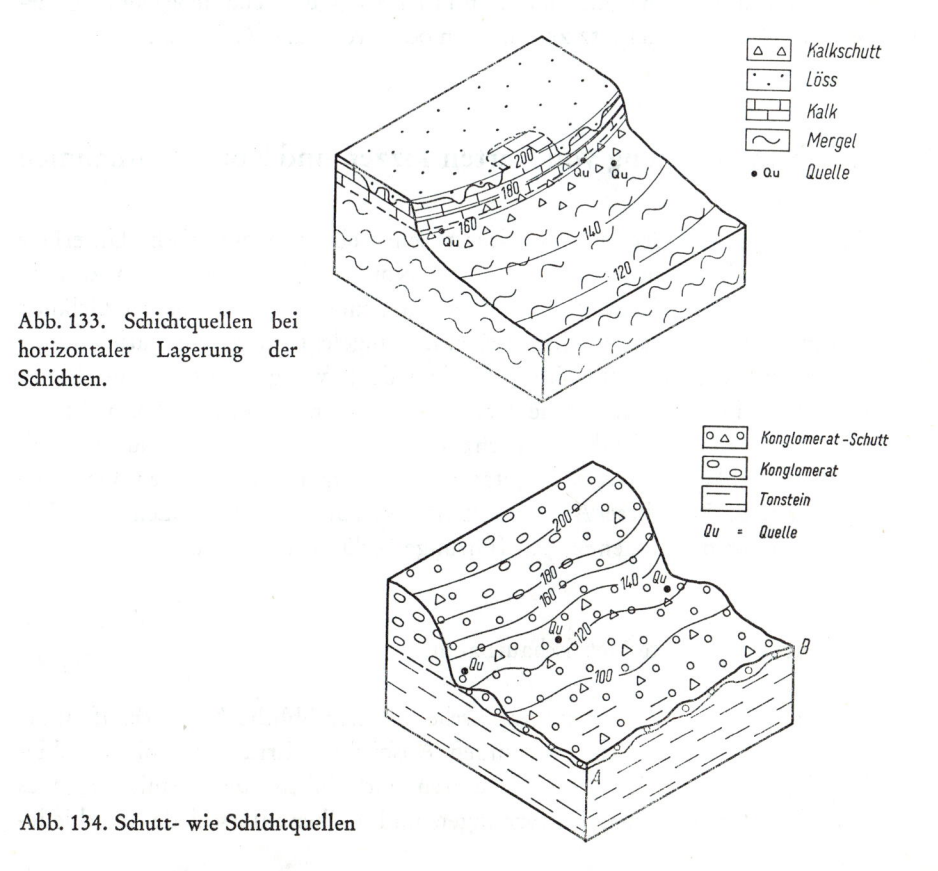

Abb. 133. Schichtquellen bei horizontaler Lagerung der Schichten.

Abb. 134. Schutt- wie Schichtquellen

eine topographische Karte ausdeuten zu können. Dies gilt in gleicher Weise für das Luftbild (s. S. 133). Seine Interpretierung ist vor einer Kartierung ebenfalls eine unerläßliche Voraussetzung. Die Luftbildauswertung vermittelt zuweilen noch mehr Informationen über die geologische Situation des betreffenden Gebietes als eine Karte. Sie verschafft dem Beobachter vor allem einen regionalen Überblick. Sie geht also den umgekehrten Weg wie die geologische Feldaufnahme und zwar vom Regionalen in die Einzelheiten. Über die Ausdeutung des Reliefs werden die regionalen lithologischen wie strukturellen Einheiten erfaßt. Vor allem in vegetationsfreien bzw. vegetationsarmen Gebieten kommen sie im Luftbild viel stärker und unmittelbarer zum Ausdruck als in einer topographischen Karte. Dies betrifft vor allem auch die tektonischen Strukturen wie z. B. umlaufende Sättel und Mulden. Sofern sie eine Reliefumkehr aufweisen, tritt diese Erscheinung im Luftbild noch viel deutlicher als in der Karte hervor. Infolgedessen kann in semi- bis vollariden Gebieten eine photogeologische Karte schon manchmal ohne oder nur mit Hilfe weniger Geländebegehungen erstellt werden im Gegensatz zu humiden oder tropischen Gebieten.

3. Selbstanfertigung von Kartenskizzen und Routenaufnahmen

Manchmal ist der Geologe verpflichtet, selbst eine topographische Unterlage zu erstellen bzw. zu verbessern. Diese Notwendigkeit ergibt sich z. B. in einem topographisch nicht überall genau genug aufgenommenen Gelände oder in älteren Karten, wo inzwischen neu angelegte Wege etc. nachgetragen werden müssen. Sie stellt sich außerdem dort, wo geologische Aufschlüsse sehr genau in die vorhandene Karte eingetragen werden und Objekte in einem größeren Maßstab als vorhanden dargestellt werden müssen z. B. Steinbruchsanlagen zwecks Begutachtung des hier vorhandenen Gesteinsvorkommens. Für diese Arbeiten stehen verschiedene Methoden zur Verfügung, die in den folgenden Ausführungen erläutert werden.

3.1. Die vereinfachte Meßtischaufnahme

Die für die Herstellung topographischer Blätter übliche Meßtischaufnahme erfordert neben einer entsprechenden Ausbildung Erfahrung mit verschiedenen, z. T. teuren Vermessungsgeräten und Zubehörteilen, mit denen es möglich ist, Richtungen, Entfernungen und Höhenunterschiede verschiede-

3. Selbstanfertigung von Kartenskizzen und Routenaufnahmen

ner Geländepunkte zu bestimmen. Hierbei stützt man sich auf ein vorhandenes Triangulationsnetz (Triangel = Dreieck, also gewonnen durch Dreiecksmessungen) mit seinen Meßfixpunkten als Ausgangsbasis für die Messungen.

Diese Methode erfordert auch meist zusätzliches Hilfspersonal. Sie wird deshalb in der Regel von einem Geologen nicht benutzt. Er kann sich aber ihrer in einer vereinfachten Form bedienen. Sie entspricht in den meisten Fällen den Erfordernissen, zumal häufig die Aufnahme kleinerer Geländeabschnitte durchzuführen ist.

Man geht entweder von einer, schon in einer Karte gegebenen Basisstrecke mit genau festgelegten Endpunkten aus oder stellt sie sich selbst her. Hierbei ist darauf zu achten, daß von ihr aus das aufzunehmende Gelände möglichst gut einzusehen ist, daß sie nicht allzu lang und möglichst eben und in ihrer Lage wie Entfernung genau vermessen werden kann, da sie auch als Maßstab für die weitere Kartenskizze dient. Für die Messungen selbst benötigt man einen kleinen, auf einem eisenfreien Stativ befestigten Zeichentisch. Er muß dreh- wie kippbar und mit einem Lot versehen sein, um ihn horizontieren zu können. Mit einem auf die Platte aufgelegten Zeichenpapier wird er in waagerechter Stellung genau über dem einen Endpunkt der Basisstrecke aufgestellt, der auf dem Papier fixiert wird. Dann dreht man die Meßtischplatte so, daß die auf dem Papier eingetragene Richtung der Basisstrecke mit jener in der Natur übereinstimmt. Ihre Länge, die vorher mit einem Bandmaß vermessen ist, wird in der Zeichnung dem gewünschten Maßstab der gesamten Skizze entsprechend festgelegt. Anschließend visiert man von diesem Standort aus verschiedene, für den Entwurf der Skizze wichtige, möglichst gut einsehbare Punkte im Gelände an. Hierzu bedient man sich eines Kompasses (Bussole) mit Visiereinrichtung z. B. des von der Firma Breithaupt in Kassel gelieferten Geologenkompasses mit Spiegel und Diopter Nr. 331 „COVIS" (Abb. 123).

Bevor man mit diesen Messungen beginnt, ist darauf zu achten, daß sie sich nicht auf „Magnetisch-Nord", sondern auf „Geographisch-Nord" oder „Karten- bzw. Gitter-Nord" beziehen müssen. Nach Berücksichtigung der Mißweisung oder Nadelabweichung durch eine entsprechende Verstellung des Kompaßkreises (s. S. 142) können alle Kompaßmessungen, bezogen z. B. auf „Geographisch-Nord", ausgeführt werden.

Hierzu wird der Kompaß mit dem senkrecht aufgestellten Klappdiopter und dem etwa 135° geöffneten Deckel mit Spiegel und Visierkorn auf die Meßtischplatte aufgelegt. Während man ihn in Richtung auf den festzulegenden Geländepunkt dreht, blickt man von oben in den Spiegel und visiert über den Visierstrich durch den Spalt des Klappdiopters das aufzunehmende Ziel an. Bei geneigten Visuren muß man entweder den Deckel oder das Klappdiopter etwas anheben. Nachdem der Punkt anvisiert ist, zieht man den zugehörigen Richtungsstrahl entlang der Zieh- = Längskante der Zulegeplatte des Kompasses. Sie ist mit einem Maßstab versehen. Sein Nullpunkt muß beim Drehen der Bussole auf den anzupeilenden Punkt hin stets dem eingetragenen Fixpunkt des Standortes anliegen, von dem aus die Messungen vorgenommen werden.

Anschließend werden sie in gleicher Weise für eine größere Anzahl von Geländepunkten durchgeführt. Um die auf dem Papier eingetragenen Richtungen nicht untereinander zu verwechseln, können sie mit Zahlen oder Buchstaben usw. versehen werden.

Bevor man von diesem Standort, der Station 1, zum anderen Endpunkt der Basisstrecke = Station 2 überwechselt, muß noch auf der Zeichnung die Nordrichtung vermerkt werden. Sie dient zugleich als Markierung zur Einordnung des Meßtisches an der Station 2, die sich in derselben Weise, wie zuvor geschildert, vollzieht. Dies betrifft auch die Anvisierung derselben Geländepunkte, die von der Station 1 aus vermessen wurden wie jener, die neu hinzukommen. Die jeweiligen Richtungen werden von der auf der Zeichenebene fixierten Station 2 aus nach den ihnen zugehörigen Zielpunkten ausgezogen. Wo diese Linien sich mit jenen der Station 1 schneiden, stellen diese Schnittpunkte die Lage der anvisierten Geländepunkte auf dem Papier dar. So erhält man eine größere Anzahl von Schnittpunkten als Ausgangsbasis für die weitere Entwicklung der Geländeskizze. Von zwei von ihnen aus können zugleich schon zuvor festgelegte Punkte durch nochmaliges Anvisieren in ihrer Lage kontrolliert (die Methode des sog. Vorwärtseinschneidens) oder der jeweilige Standort selbst kann mit Hilfe von ihnen überprüft werden (Rückwärtseinschneiden). Die Lage zwischenliegender Punkte kann durch Schätzung, z. B. mit Hilfe des sog. „Daumensprunges" usw., festgelegt werden.

Soweit und sofern erforderlich wird die Höhe aller Zielpunkte mit einem Höhenmesser (Anaeroid) ermittelt (s. S. 146). Außerdem besteht die Möglichkeit, den Höhenunterschied zu der festgelegten Höhe der Endpunkte der Basisstrecke mit Hilfe von Geländeobjekten bekannter Höhe zu schätzen. Er ist auch durch ein stufenweises Anvisieren des betreffenden Hanges über einen Kompaß mit Visiereinrichtung feststellbar, der auf einem Stock bestimmter Länge befestigt ist. Schließlich kann er noch nach der Tangensfunktion $h = b \cdot \operatorname{tg} \alpha$ errechnet werden, sofern die Möglichkeit gegeben ist, den Neigungswinkel α mit Hilfe eines Klinometers und die Entfernung (b) vom Basis- bis zum Geländepunkt zu ermitteln. Indem man diesen Winkel α nicht in Graden, sondern durch den Höhenunterschied

3. Selbstanfertigung von Kartenskizzen und Routenaufnahmen

pro 100 m Horizontaldistanz d. h. in Prozenten ausdrückt, ist seine Berechnung sehr einfach, z. B. wenn b = 200 m, α = 20 %/o ist, so ist h = $\dfrac{200 \cdot 20}{100}$ also der Punkt 40 m höher als der Basispunkt.
Zur Ermittlung der Höhendifferenz zwischen dem Beobachtungsstandort und einem Geländepunkt wie zur Bestimmung ihrer horizontalen Entfernung kann man sich auch des von der Firma Breithaupt in Kassel angefertigten Gefällsmessers mit der Bezeichnung „NECLI" bedienen. Er weist eine vielfache Verwendungsmöglichkeit auf, auf die hier nicht näher eingegangen werden kann. Auf jeden Fall ist er ein wichtiges Instrument bei der Erstellung einer topographischen Unterlage. Nach ihrer Fertigstellung mit Hilfe der zuvor beschriebenen Methoden kann sie durch Einzeichnen von Wegen, Bächen usw. zu einer Geländeskizze erweitert werden.

3.2. Die Routenaufnahme

Sie stellt ebenfalls eine meist ausreichende, linienhaft durchgeführte Geländeaufnahme dar. Die hierbei angewendeten Methoden richten sich nach der Güte der vorhandenen, topographischen Unterlagen wie nach dem verfügbaren Instrumentarium.
Liegt eine gute Karte mit Angaben der Mißweisung oder Nadelabweichung und mit genau markierten Fixpunkten für die jeweiligen Routenaufnahmen vor, die nur z. B. geologische Aufschlüsse genauer in die Topographie einbinden oder die Karte ergänzen sollen, so kann man im Besitz eines Marschkompasses mit Visiereinrichtung oder des schon erwähnten Geologen-Kompasses „COVIS" wie eines Höhenmessers folgende Verfahren für die Aufnahme anwenden.
Man geht von einem markanten Punkt im Gelände z. B. Straßenkreuzungen oder dem Zusammenfluß zweier Bäche usw. aus und kehrt, wenn möglich, zur Kontrolle der Meßstrecke wieder zu ihm zurück. Von ihm aus wird bei Beginn der Aufnahme, z. B. mit dem Geologen-Kompaß, ein in Marschrichtung deutlich sichtbarer Punkt anvisiert und zwar nach der gleichen Methode, die schon zuvor bei der Meßtischaufnahme geschildert worden ist (s. S. 157). Hierbei hält man die Bussole in Brusthöhe. Kann wegen Sichtbehinderung diese Stellung nicht benutzt werden, so besteht die Möglichkeit, mit senkrecht aufgestelltem Diopter, aber um ca. 45° geöffneten Deckel in Augenhöhe den Geländepunkt durch den Spalt des Diopters und den Durchbruch im Deckel anzupeilen. Infolge des anderen Verlaufes der Visierlinie muß in diesem Fall der Kompaßkreis am Süd-, d. h. an dem mit

einem Gewicht versehenen Ende der Magnetnadel abgelesen werden. Die gemessene Richtung wird im Feldbuch entweder am jeweiligen Aufnahmepunkt der hier skizzenhaft entworfenen Weglinie links von ihr, rechts von ihr das Datum und die Uhrzeit der Messung eingetragen oder diese Angaben werden auf der Seite des Routenbuches fortlaufend von unten nach oben vermerkt. Von der ersten Station bis zum anvisierten Geländepunkt wird die Meterzahl durch Bandmaß oder meist durch Schritte ermittelt, wobei man auf die Neigung des Geländes achten muß. Sie verkürzt das eigene Schrittmaß, das man zuvor festgestellt hat. Es beträgt im allgemeinen pro Schritt im ebenen Gelände 0,70–0,80 m. Um noch Zeit für weitere Beobachtungen zu haben, empfiehlt es sich, 2 bis 4 Schritte zusammenzufassen. Man kann zur Ermittlung der Entfernung einen Schrittmesser oder den Handgefällmesser verwenden. Die erhaltenen Werte werden in derselben Art wie die zuvor erwähnten Angaben in das Feldbuch eingetragen. So wird auf diese Weise Punkt für Punkt und Strecke für Strecke auf der vorgesehenen Route vermessen. Unterwegs wird außerdem, je nach den gegebenen Verhältnissen, durch Anvisieren mit dem Kompaß die Neigung des Geländes und mit Hilfe des Anaeroides die Höhe der jeweils angepeilten Punkte gemessen, was auch mit Hilfe des Handgefällmessers geschehen kann. Hierbei ist darauf zu achten, daß der Höhenmesser an Punkten mit bekannter Höhe im Abstand von zwei Stunden kontrolliert wird. Eine weitere Möglichkeit zur Feststellung der Höhe bestimmer Punkte ist durch die Horizontbestimmung mit Hilfe des Kompasses gegeben, indem man vom Ausgangspunkt der Aufnahmestrecke einen in bekannter Augenhöhe liegenden Punkt anvisiert und von ihm aus die nächstfolgenden, so daß man bei ständiger Kontrolle der mitgeführten Kartenunterlagen ein grobes Nivellement erhält. Von ihnen aus kann ein dritter, außerhalb der Wegstrecke liegender Punkt zwecks ihrer Kontrolle und der Überprüfung der bisher aufgenommenen Route durch das sog. Vorwärts- bzw. Rückwärtseinschneiden (s. S. 158) festgelegt werden. Darüber hinaus werden bemerkenswerte Geländeerscheinungen wie z. B. der Verlauf von Bächen und Wegen, das Auftreten von Felsrippen und weitere Aufschlüsse usw. an der entsprechenden Stelle im Aufnahmebuch vermerkt. Sie bilden eine wertvolle Ergänzung bei der späteren Ausführung der auf der Routenaufnahme beruhenden Kartenskizze. Sie ist leicht durchzuführen. Nach Eintragung von „Geographisch- oder Gitter-Nord", unter Beachtung der Korrektur von „Magnetisch-Nord", wird auf dem Zeichenpapier die Strecke von ihrem Ausgangspunkt aus unter Berücksichtigung der jeweiligen Richtungsänderungen in einem gewünschten Maßstab aufgetragen und auf diese Weise die Kartenskizze fertiggestellt.

3. Selbstanfertigung von Kartenskizzen und Routenaufnahmen

Liegt eine unzureichende topographische Unterlage, aber noch mit gewissen Bezugslinien wie z. B. Straßen und einsehbaren, markierten Punkten vor und steht eine wie z. B. von der Firma Breithaupt angefertigte topographische Aufnahmeausrüstung zur Verfügung, die aus dem Geologen-Kompaß „COVIS", dem Kartiertisch mit eisenfreiem Stativ, auf dem der Kompaß aufschraub- und drehbar ist, aus einem Lot zum Horizontieren des Tisches, einem Handgefällmesser mit Geometerstab und Lattenrichter zu seinem vertikalen Ausrichten, zusätzlich aus Höhenmesser und Bandmaß besteht, dann kann die Aufnahme wie folgt vorgenommen werden.

Nach Festlegung der Mißweisung (s. S. 142) wird der Ausgangspunkt der Routenaufnahme durch Bestimmung der Höhe mit dem Anaeroid und seiner Lage durch die Methode des Rückwärtseinschneidens (s. S. 158) genau festgestellt. Von ihm und jedem nächsten Punkt der vorgesehenen Route wird die Richtung der einzelnen Meßstrecken durch Anvisieren ihrer jeweiligen Endpunkte mit dem auf ein Stativ aufgesetzten und ausgeloteten Kompaß ausgeführt. Die Entfernung wird durch Schritte, Bandmaß oder mit dem Handgefällmesser gemessen, der zugleich wie das Anaeroid auch für Höhenmessungen benutzt werden kann. Die jeweilige Strecke wird auf dem Kartiertisch, dessen Zentrierung und waagerechte Ausrichtung über jedem Standort mit Hilfe des Lotes zu beachten ist, unter Benutzung des drehbaren Kompasses aufgetragen. Diese Aufnahme genügt den Anforderungen, zumal ihre Ergebnisse durch die Angaben in der verfügbaren topographischen Unterlage jederzeit kontrolliert wie ergänzt werden können.

Stehen jedoch keine festen Bezugslinien wie Straßen etc. zur Verfügung und können keine Festpunkte anvisiert werden, kann die Vermessung der Route, wie folgt, ausgeführt werden. Nach Festlegung der Mißweisung und des Ausgangspunktes der Vermessung (s. oben) wird der Geometerstab im horizontalen Abstand von 10 m als Zielpunkt für das Anvisieren der Richtung mit dem Geologenkompaß aufgestellt und das Ergebnis der Messung entlang der Zulegekante des Kompasses auf dem ausgerichteten Kartierbrett aufgetragen. Von jedem Standort aus werden ebenfalls, sofern erforderlich, die Höhenunterschiede zwischen den einzelnen Zielpunkten mit Hilfe des Handgefällmessers ermittelt und an der jeweiligen Meßstrecke vermerkt. Treten zu starke Höhenunterschiede im Gelände auf, so kann man die Visierhöhe, den Meßabstand oder die Länge der Meßlatte entsprechend variieren lassen bzw. muß man unter Fortführung des Kompaßzuges zu einer schrägen Entfernungsmessung übergehen, aus der mit Hilfe des Handgefällmessers, der weiterhin zur Höhenmessung dient, der horizontale Abstand zwischen Stand- und Meßpunkt ermittelt werden kann.

Routenaufnahmen nach der zuerst wie zuletzt geschilderten Methode an verschiedenen Strecken innerhalb eines begrenzten Geländeabschnittes durchgeführt, ermöglichen abschließend aus ihnen eine Kartenunterlage zu erstellen.

4. Die Durchführung der Kartierung

4.1. Allgemeine Orientierung

Die Arbeit im Gelände beginnt mit einer Übersichtsbegehung, in die man die dem Arbeitsgebiet anliegenden Abschnitte mit einschließt, um einen umfassenderen Überblick zu gewinnen. In Ergänzung der zuvor durchgeführten Studien der topographischen Unterlage überprüft man sie bei dieser Begehung. Hierbei gilt das Augenmerk dem Formenschatz und seiner Abhängigkeit vom geologischen Aufbau wie von den Lagerungsverhältnissen, wie es auf S. 149 ff. beschrieben worden ist. Es ist darauf zu achten, daß man die natürlichen von den künstlich geschaffenen Formen unterscheidet. Zu den letzteren gehören z. B. in einem landwirtschaftlich genutzten Gebiet angelegte Obst- und Weinberg-Terrassen, die inzwischen wieder aufgegeben worden sind. Desweiteren rechnen dazu z. T. einplanierte Halden von Bergwerken, Steinbrüchen, Abraummassen aus Sand- und Tongruben, die im Gelände schon meist an der unruhigen Kleinmorphologie erkennbar sind. Zuweilen ist eine Befragung der Bevölkerung wie der zuständigen Behördenstellen nach Art und Umfang, Stillegung usw. des jeweiligen Betriebes sehr aufschlußreich.

Während der Geländebegehung muß man auf markante Punkte wie Triangulationspunkte, Bergspitzen, Kirchtürme, Wegkreuzungen usw. zwecks späterer Orientierung achten. Wichtig ist dabei die Feststellung, ob die topographischen Unterlagen mit den vorliegenden Verhältnissen übereinstimmen. Ist dies nicht der Fall, so müssen, soweit erforderlich, durch eigene Vermessungen die notwendigen Korrekturen vorgenommen (s. S. 156 ff.) oder anstatt der topographischen Unterlage ein Luftbild benutzt werden. Von der Genauigkeit der Karte hängt die Güte und damit die Möglichkeit einer Verwendung der geologischen Aufnahmen ab. Deshalb muß auf eine exakte topographische Unterlage der allergrößte Wert gelegt werden. Aus diesem Grund ist es auch notwendig, ihre Richtigkeit fortlaufend im Gelände während der Kartierung zu überprüfen. Außerdem muß man stets in der Lage sein, mit Hilfe der Karte seinen augenblicklichen Standort zu fixieren, denn anderenfalls ist jede geologische Eintragung wertlos. In einem unübersicht-

4. Die Durchführung der Kartierung

lichen, z. B. waldreichen Gelände ohne einsehbare Markierungspunkte ist es zuweilen zur Fixierung seines Standortes erforderlich, von ihm aus an bekannte Markierungen zurückzukehren. In diesen wie in vielen anderen Fällen ist es notwendig, die Richtung zu erkennen, in der man bis zum nächsten Markierungspunkt gehen muß, um seinen Standort zu ermitteln. Zur allgemeinen Orientierung kann man mit Hilfe des Kompasses seine Karte unter Berücksichtigung der Deklination (s. S. 17) nach Geographisch-Nord ausrichten. Hierdurch verschafft man sich einen Überblick in bezug auf seinen Standort. Man erreicht ihn auch durch einen Vergleich des Sonnenstandes mit der Uhrzeit bzw. der Ausrichtung des kleinen Uhrzeigers nach dem Sonnenstand und der hierdurch ermöglichten Ermittlung der N-S-Richtung. Die Marschrichtung selbst, die man zur Erreichung des oben genannten Markierungspunktes innehalten muß, entnimmt man aus der Karte (s. S. 18 ff.) und stellt sie unter Berücksichtigung der Deklination mit der Nordspitze der Magnetnadel auf den Kompaßkreis ein und folgt ihr durch das Gelände, wobei darauf zu achten ist, daß die Stellung der Magnetnadel nicht durch eine örtliche Anomalie eine Veränderung erfährt. Ist der gewünschte Punkt vom Standort aus einzusehen, so kann man ihn nach der auf S. 159 beschriebenen Methode anvisieren und durch eine Visur nach einem zweiten Punkt die Lage des Standortes gleichzeitig kontrollieren (Rückwärtseinschneiden s. S. 158). Zur Ermittlung der Entfernung zwischen Standort und markiertem Geländepunkt kann man einen Schrittzähler benutzen oder sie mit Hilfe seines eigenen Schrittmaßes feststellen (s. S. 160). Sofern der markierte Punkt einzusehen ist und zwischen ihm und dem Beobachtungsort ein relativ ebenes Gelände liegt, kann auch die Entfernung geschätzt werden. Da solche Schätzungen häufiger notwendig sind, übt man sich mit Schätzungen an bekannten Entfernungen. Dies betrifft auch die Feststellungen von Höhenunterschieden. Diese Messungen sind selbstverständlich genauer mit der Visiereinrichtung am Kompaß (s. S. 144), dem Neigungshandmesser, dem Horizontalglas usw. auszuführen. Sie spielen eine wesentliche Rolle bei der Aufnahme von Aufschlüssen (s. S. 167 ff.).
Letztere können als Bohrungen, Bergwerke, Steinbrüche, Sandgruben usw., in Form von Steilhängen, als Einschnitte von Bächen, Flüssen, Eisenbahnstrecken, Tunnels, Straßen- und Wegeinschnitten usw. vorliegen. Auf sie ist schon während der Übersichtsbegehungen zu achten. Je nach Größe und Beschaffenheit geben sie einen Einblick in die Zusammensetzung der Schichtabfolge, in ihre Lagerungsverhältnisse usw.
Da die geologische Kartierung darin besteht, in einem bestimmten Gebiet den Verlauf der Ausstrichgrenze von petrographisch und/oder fossilmäßig zusammengehörenden Gesteinseinheiten und damit zugleich ihre Ausstrich-

breite festzustellen, ist es sehr wichtig, einen möglichst einwandfreien Einblick in diese Einheiten zu erhalten. Deshalb ist es notwendig, die Aufschlüsse je nach ihrer Beschaffenheit und damit ihrem Aussagewert genauer aufzunehmen, wobei man sowohl jene über- als auch untertage berücksichtigen muß. Diese Aufnahme würde also nach der Übersichtsbegehung der zweite Arbeitsgang sein.

4.2. Das Messen von Einfallen und Streichen

Bevor die Aufnahme von Aufschlüssen dargestellt wird, muß zuvor noch das Messen des Einfallens und Streichens von Flächen und Linearen mit dem Kompaß beschrieben werden (s. auch Abb. 125).
Zur Ermittlung der räumlichen Lage einer Fläche stellt man zuerst ihr Einfallen als ihre steilste Neigung fest. Hierzu setzt man den Kompaß mit der langen Kante seiner Zulegplatte, die parallel zu seiner N-S-Richtung verläuft, senkrecht auf die einzumessende Schichtfläche so auf (Abb. 135

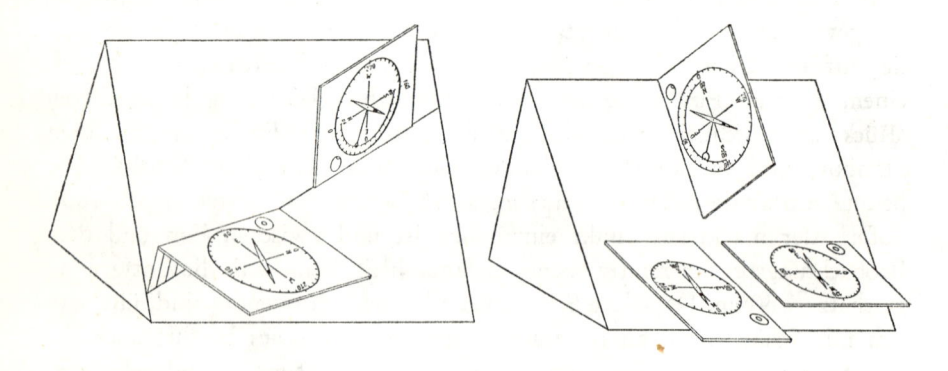

Abb. 135. Erläuterung s. Text.

Stellung des oberen Kompasses), daß sie mit dem größten Gefälle der Fläche zusammenfällt. Diese Fläche muß möglichst eben sein, andernfalls legt man ihr das Feldbuch auf, auf dessen Deckel man die Messungen durchführt. An dem Pendelneigungsmesser (= Klinometer) liest man den Betrag der Neigung ab. Bei einem gegebenen Streichwert kann ihre Richtung nach zwei Seiten einfallen. Deshalb muß sie ebenfalls festgestellt werden. Sie ergibt sich aus der jeweiligen Standortsbestimmung mit Hilfe des Kompaß oder aus der Feststellung der Streichrichtung. Das Einfallen einer Schicht, senkrecht zu ihrem Streichen gemessen, umfaßt also ihren Neigungswinkel und ihre Fallrichtung.

4. Die Durchführung der Kartierung

Sofern man das Einfallen ermittelt hat, muß man das zu ihm im rechten Winkel verlaufende Streichen bestimmen. Um es einzumessen, wird der vollständig geöffnete Kompaß mit einer der beiden langen Anlegekanten d. h. parallel N-S der Bodenplatte an die Fläche gelegt (Abb. 135 unten rechts u. Abb. 125). Hierbei ist mit Hilfe der Dosenlibelle darauf zu achten, daß er waagerecht gehalten wird. Nach Lösung der Magnetnadel und Abklingen der Nadelschwingungen liest man an der Stellung der Magnetnadel auf dem Kompaßkreis die Richtung der Anlegekante und damit das Streichen der Fläche ab. Unter Berücksichtigung des Vertauschens von E und W entspricht eine Streichrichtung z. B. von 40° einer solchen von 220° und eine von 130° jener von 310°. Man kann also die Streichrichtung auf dem Halbkreis von 0–180° ablesen, wie es üblich ist. In beiden Fällen benötigt man nicht die Angabe der Himmelsrichtung. Sie wird aber, wie schon erwähnt, beim Einfallen angegeben. Die Fallrichtung ist nach der Definition des Einfallens um 90° verschieden von dem Streichen. Wenn ein Streichen von 50°, nach der oben gegebenen Erläuterung also nach NE vorliegt, so kann die Fallrichtung, da sie gegenüber dem Streichen nach zwei Richtungen möglich ist, 90° + 50° = 140° betragen d. h. nach SE weisen oder 140° + 180° = 320° ausmachen und nach NW zeigen. In diesem Fall würde also bei Wahl von 140° oder 320° die Angabe der Fallrichtung hinter dem Einfallswinkel entfallen. Die übliche Schreibweise zur Angabe des Streichens und Fallens ist aber z. B. 50°/20° SE oder als Zeichen in der Karte ⋏ 20°.

Mit Hilfe des Clar-Kompasses kann der Fallwinkel wie die Fallrichtung einer Schicht ebenfalls eingemessen werden. Diese Messung erfolgt dadurch, daß man den Deckel auf der Südseite des waagerecht gehaltenen Kompasses so weit aufklappt, daß er sich vollständig der zu messenden Fläche auflegt, wobei je nach Lage der Fläche verschiedene Stellungen möglich sind. Damit dreht sich zugleich der Achsenzapfen mit seinem Vertikalkreis. Er gibt nach ausgeführter Drehung mit Hilfe des Indexstriches den Einfallswinkel an. Gleichzeitig löst man die Magnetnadel, die nach der Einspielung auf Magnetisch-Nord am Kompaßkreis die Richtung des Einfallswinkels angibt. Beim Ablesen dieses Wertes ist darauf zu achten, daß wenn der Indexstrich des Vertikalkreises im rotgefärbten Vertikalkreissektor steht, der Kompaßkreis am roten Ende der Nadel, bei Stellung des Indexstriches im schwarzgefärbten Sektor am schwarzen Ende der Magnetnadel abgelesen werden muß. Mithin kann man in einem Arbeitsgang das Einfallen einer Schicht wie seine Richtung feststellen. Ihr Streichen erhält man, indem man wahlweise 90° zu dem gefundenen Wert hinzufügt oder abzieht bzw. wenn man mit dieser Messung wie bei einem gewöhnlichen Kompaß verfährt. Das Streichen einer Fläche, die mit 25° zur Horizontalen geneigt ist und in Richtung 60° (NE) einfällt, geschrieben 25°/60°, würde mithin ein Streichen von 60° + 90° = 150° aufweisen. Infolge der großen Beweglichkeit des Deckels sind obige Messungen an Flächen in den verschiedensten Stellungen und infolge der Durchsichtigkeit des Gehäuses auch über dem Kopf des Beobachters möglich.

Anstelle des wahren Einfallens der Schichten kann manchmal im Aufschluß nur sein scheinbarer Wert gemessen werden. Zuweilen kann noch, häufig aber nicht mehr als Streichen bestimmt werden. Auf Seite 105 ist schon ausführlicher erwähnt worden, wie man aus dem scheinbaren Einfallswert usw. die wahre Neigung ermitteln kann. Diese Beispiele sollen hier noch durch ein weiteres ergänzt werden, welches besonders bei der Aufnahme im Gelände auftreten kann, wenn es nur möglich ist, das scheinbare Einfallen von einem Punkt aus in zwei Richtungen festzustellen.

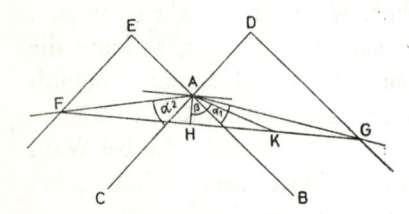

Abb. 136. Erläuterung s. Text.

Die gemessenen Werte trägt man von A in Abb. 136 als Richtung des jeweiligen Einfallens nach B und C ab und ebenfalls den Einfallswinkel a_1 und a_2. Man errichtet dann in A zwei gleichgroße Senkrechte AE und AD als den Abstand zu einer, tiefer als A gedacht liegenden Horizontalebene und klappt sie in die Ebene von A ein. Von D und E fällt man Lote, welche die freien Schenkel von a_1 und a_2 in G und F treffen. Die Verbindungslinie G–F ist das wahre Streichen der Schicht. Auf sie fällt man von A ein Lot und trägt von H aus in Richtung G den Abstand AD ab. Man erhält den Punkt K. HAK ist der gesuchte Einfallswinkel.

Die Feststellung des Streichens und Einfallsen eines Lineares z. B. als Sattelachse und als Striemung oder Schnittkante zwischen Schicht und Schieferung auf der Schichtfläche kann ebenfalls mit dem Kompaß durchgeführt werden. Hierzu legt man die nach Norden weisende Ecke einer der langen Anlegekanten des Kompaß an das Linear und bringt über ihm, nach seinem Verlauf ausgerichtet, den Kompaß in waagerechte Stellung, um an der Magnetnadel das Streichen abzulesen (Abb. 135 a unten links). Zwecks Ermittlung des Einfallens setzt man die lange Anlegekante in Richtung der Neigung des Linears auf ihm auf (Abb. 135 a oben rechts).

4. Die Durchführung der Kartierung

Sofern man diese Messung mit einem Clar-Kompaß ausführt, legt man die lange Anlegekante des aufgeklappten Deckels des Kompaßgehäuses an das Linear an und bringt ihn durch Drehen um die Anlegekante in waagerechte Stellung, um Richtung wie Einfallswinkel zu messen.

Abschließend sei noch darauf hingewiesen, daß die gemessenen Werte mit Hilfe des Schmidtschen Netzes gesammelt und weiter ausgewertet werden können. (S. z. B. Clausthaler Tektonische Hefte, H. 4, 1961.)

4.3. Die Aufnahme der Aufschlüsse

Zuerst werden jene Aufschlüsse berücksichtigt, die einen guten Einblick in den geologischen Aufbau und seine zeitliche Abfolge innerhalb des Gebietes gewährleisten. Die verbleibenden Aufschlüsse wird man in die späteren Feldbegehungen einbeziehen oder je nach den gegebenen Verhältnissen auch schon auf dem Weg von Aufschluß zu Aufschluß zwecks Zeitersparnis aufsuchen.

In Abhängigkeit von der Größe des Aufschlußes und von der Bedeutung seiner geologischen Einzelheiten wird man Teilskizzen oder eine gesamte Skizze von ihm entwerfen. Sie kann in einer Aufnahme der jeweiligen Sohle und der Aufschlußwand oder nur in jener der letzteren bestehen. Dies hängt davon ab, ob in der Sohle aufgrund der Lagerungsverhältnisse noch Gesteine sichtbar sind, die z. B. nicht mehr an der Steinbruchswand anstehen. Sofern keine Vermessungsunterlagen über Größe etc. des Bruches vorliegen, die für die Aufschlüsse untertage fast stets gegeben sind, ist man zuerst gezwungen, sie mit den auf S. 156 beschriebenen Methoden zu erstellen. Man wird also die Ausdehnung der Sohle und/oder nur Länge wie Höhe der Steinbruchswand vermessen. Hierbei wird man sich insbesondere hinsichtlich der Höhe häufig auf Schätzungen verlassen müssen, für die man schnell und leicht vermeßbare Gegenstände in Nähe der Wand z. B. Bäume, Leitungsmaste etc. als Vergleichsmaßstab heranziehen kann. Deshalb ist es wichtig, wie schon wiederholt betont, sich im Schätzen zu üben. Sofern nicht besondere Einzelheiten zu einer anderen Entscheidung zwingen, wird man bestrebt sein, durch Zusammensetzen von einzelnen Abschnitten oder geschlossen ein Querprofil durch den Aufschluß für die folgende Aufnahme zu vermessen. Anderenfalls muß man sich allein auf die vorhandene Aufschlußwand beschränken. Hierbei ist darauf zu achten, in welchem Winkel sie das Streichen der Schichten schneidet, denn dementsprechend ändern sich Einfallen und Mächtigkeit der Schichten (s. S. 104). Nach Entwurf der mit dem benutzten Maßstab ausgezeichneten Skizze versieht man den Grundriß und/oder das Profil mit der Angabe über die Streichrichtung des Aufschlusses. Diese Zeichnungen können auf losen Blättern, am besten im Feldbuch selbst ausgeführt werden.

Nach Feststellung der Umrisse eines Aufschlusses trägt man in diese Skizze die beobachteten Einzelheiten ein. Inwieweit sie berücksichtigt werden müssen, richtet sich nach ihrer Bedeutung für die gestellte Aufgabe. So wird man in einem Aufschluß, der nur oder überwiegend aus magmatischen Gesteinen besteht, abgesehen von einer Gesteinsbestimmung, sofern makroskopisch möglich, die interessanten, texturellen Merkmale erfassen. Zu ihnen gehören z. B. als Beweis für eine Fließbewegung der Gesteinsschmelze Schlieren, räumlich der ehemaligen Bewegung zugeordnete Mineralien (besonders Einsprenglinge) und Einschlüsse wie die Versetzung von, mit anderem Gesteinsmaterial gefüllten Spalten. Desweiteren müssen in diesem Zusammenhang die vorhandenen Spalten- und Kluftsysteme aufgenommen werden, wobei zu unterscheiden ist, ob sie während der Abkühlung entstanden oder durch eine spätere Tektonik und Verwitterung aufgeprägt worden sind. Abgesehen von den zuletzt genannten können die bisher angeführten Merkmale als Beweis einer eigenen Aktivität des Magmas angesehen werden. Sie müssen unter Benutzung entsprechender Symbole für die einzelnen texturellen Erscheinungen mit ihren Streich- und Fallwerten in die Skizze und darüber hinaus in das Feldbuch eingetragen werden, sofern sie für die Klärung bestimmter Fragen in dem aufzunehmenden Gebiet von Bedeutung sind. Ob eine Intrusion als Plutonit oder als Gang vorliegt, ergibt sich z. T. aus der Gesteinsbeschaffenheit wie z. B. bei einem Granit, aus den oben genannten Texturen wie aus den Lagerungs- und Kontaktverhältnissen zum Nebengestein, soweit sie aufgeschlossen sind. Anderenfalls müssen sie später durch eine flächenhafte Auskartierung des betreffenden Gesteinskomplexes ermittelt werden. Da er nur teilweise an die Tagesoberfläche austritt und der Rest von ihm durch hangende Sedimentschollen so verhüllt sein kann, daß der Eindruck entsteht, es handelt sich um einzelne, durch Sedimentzwischenlagen getrennte Gänge, so ist zur Klärung dieser Verhältnisse zuweilen eine geophysikalische Untersuchung notwendig. Sie kann in vielfacher Hinsicht eine geologische Kartierung unterstützen.

Schichtung, wiedergegeben durch Sediment- und Tuffhorizonte zwischen Eruptivgesteinsplatten, kann für eine Effusiv (= ausgeflossen)-natur der letztgenannten d. h. für Lavaströme sprechen. Um diese Frage zu entscheiden, ist aber die Feststellung noch zusätzlicher Merkmale erforderlich. Hierzu gehört die Klärung der Lagerungs- und Kontaktverhältnisse zum Nebengestein (Abb. 130, 131), die Beschaffenheit der Ober- wie Unterfläche

4. Die Durchführung der Kartierung

des Eruptivgesteinskörpers, das Vorhandensein von Blasenräumen, ausgefüllt auch als Mandeln bezeichnet, die Absonderungsformen bei der Abkühlung z. B. bei der sog. Kissen- oder Pillow-Lava. Diese Abkühlungserscheinungen beanspruchen ein besonderes Interesse, wenn sie in Form von Säulen (z. B. häufig beim Basalt) vorliegen. Sie stehen meist senkrecht zu der jeweiligen Abkühlungsfläche und können somit auch Krater- und Schlotausfüllungen widerspiegeln. Beachtung verdienen auch Zersatzzonen mit oder ohne sekundäre Erscheinungen wie z. B. Erzmineralien. Selbstverständlich müssen ebenfalls tektonische Störungen usw. vermerkt und eingemessen werden. Die Art der Verwitterung des Gesteins gibt manchmal Hinweise auf ein latent vorhandenes Kluftsystem, auf nachträglich silifizierte Zonen usw. Zugleich bietet sie über die Farbe, Art des Zerfalles usw. dieses Gesteines Merkmale an, die bei der Ansprache von meist verwitterten Lesesteinen von Bedeutung sein können. Für eventuell notwendige Dünnschliffuntersuchungen muß man jedoch stets frische Gesteinsproben verwenden. Auf ihre sorgfältige Etikettierung bei gleichzeitiger Eintragung der Fundumstände, des Fundortes usw. (s. S. 148) in das Feldbuch und gute Verpackung muß geachtet werden.

Wenn in einem Aufschluß nur oder vorwiegend Sedimente anstehen (Abb. 137, 138), so stellt man zuerst anhand ihrer Zusammensetzung, der räumlichen Anordnung der Komponenten, der Korngröße, der Kornform wie der Farbe die Sedimentart bzw. bei einer Wechselfolge aus verschiedenen Gesteinen die Sedimentarten fest. Der Bestimmung des überwiegenden Gemengteiles und seiner Beschaffenheit ist hierbei besondere Beachtung zu schenken, da er außer einer Auskunft über die Geschichte des Materials auch für die Bezeichnung des Sedimentes von Bedeutung ist, z. B. Quarz-Sandstein. In diesem Fall ist der Quarz die vorherrschende Komponente und Sandstein die Korngröße, die noch in fein, mittel und grob aufgeteilt werden kann (s. Füchtbauer, 1970). Darüber hinaus ist manchmal auch noch die zweithäufigste Komponente wichtig z. B. der Feldspat. Er würde der oben genannten Bezeichnung durch das Adjektiv „feldspatführend", somit „feldspatführender Quarzsandstein" eine weitere Kennzeichnung verleihen. Sie läßt sich nach seinem grob einschätzbaren Anteil an der Gesamtzusammensetzung des Sedimentes durch schwach, mittel oder stark noch genauer einengen. Die Korngröße kann nach verschiedenen Methoden festgestellt werden (Müller 1964, Füchtbauer 1970). Die gröberen Bestandteile können im Gelände mit Hilfe von Schublehre, Lineal oder Millimeterpapier ausgemessen, feinere Korngrößen durch die Mikrolupe mit Spezialskala (Müller 1964, S. 14) bestimmt oder mit Streupräparaten bestimmter Korngrößenintervalle, die auf schmalen Holzleistchen aufgebracht worden sind, verglichen werden. Für die Korngrößeneinteilung und ihre jeweilige Bezeichnung gibt es eine Fülle von Vorschlägen, auf die hier nicht weiter eingegangen werden kann, sondern es muß auch in dieser Beziehung auf die einschlägige Literatur verwiesen werden. Dies betrifft auch die Kornform wie plattig, stengelig usw., die im wesentlichen nach den Verhältnissen von größter Länge (L oder a), dazu senkrecht größter Breite (l oder b) und dem längsten Durchmesser (E oder c) z. B. entsprechend der Formel von CAILLEUX $\frac{L + 1}{2E}$ ermittelt wird. Nach dem gleichen Autor (1945, 1952) wird die Rundung nach der Formel $\frac{2r}{L}$ bestimmt, wobei L die größte Länge des Gerölles und r der kleinste Krümmungsradius der am wenigsten zugerundeten Stelle ist. Zumindest am einfachsten und damit am zweckmäßigsten kann sie im Gelände visuell mit Hilfe der Rundungsgrad-Tabelle nach RUSSEL-TAYLOR-PETTIJOHN in der Klassifikation angular, subangular, angerundet, gerundet, gut gerundet festgestellt werden. Zur Kennzeichnung des Gesteins gehört auch häufig die Farbe, wobei zwischen seiner primären und durch die Verwitterung entstandenen Färbung unterschieden werden muß. Sie steht nicht selten mit dem Bindematerial in Verbindung, das ob tonig, eisenschüssig, kalkig, dolomitisch, kieselig usw. bei der Kartierung in etwa erkannt werden kann. Es gehört ebenfalls zur Ansprache des Gesteins.

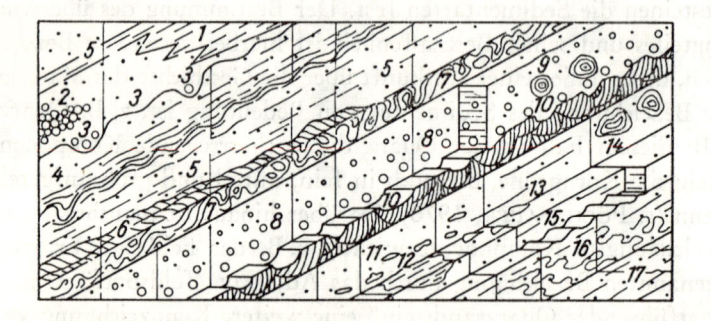

Abb. 137. Sedimentaufschluß mit 1. Faziesgrenze zwischen Ton- und Sandstein, 2. Sandstein mit Konglomeratlinse, 3. Erosionsdiskordanz, 4. subaquatischen Rutschungen in sandigen Tonsteinen, 5. Schichtflächen zwischen Ton- und Sandstein wie im tonigen Sandstein, 6. Schrägschichtung in Sandstein, 7. eine Bank mit Slumping-Strukturen, 8. Konglomeratischer Sandstein mit abgestufter Schichtung, 9. Liesegangsche Ringe, 10. Sandsteinbank mit Schrägschichtungskörpern und einer Erosionsdiskordanz, 11. aufgearbeitete Tonflatschen im Sandstein, 12. Tonlinse im Sandstein, 13. eine Schichtfläche mit Fossilien, 14. Ausfällungshorizonten und Bildung von Konkretionen, 15. Wellenrippeln auf Schichtflächen, 16. subaquatische Rutschungen.

4. Die Durchführung der Kartierung

Bei dieser Schichtaufnahme ist Spezialsedimenten wie z. B. Kohlen, bituminösen Schiefern, Tuffen usw. besondere Aufmerksamkeit zu widmen, da sie nicht nur über interessante Entstehungsbedingungen Auskunft geben, sondern auch als lokale oder regionale Leithorizonte zur weiteren Verfolgung der anstehenden Schichtserie im Gelände von großer Bedeutung sein können. In dieser Hinsicht sind besonders Tuffe wichtig, da sie nicht nur durch ihre, meist kurze Entstehungszeit bei weiter Verbreitung einen wichtigen Horizont für die Schichtkorrelierung darstellen, sondern unter Umständen auch eine absolute Altersbestimmung zulassen. Diese Möglichkeiten sind vor allem dort von Bedeutung, wo Fossilien für eine relative Altersbestimmung fehlen, wie es häufig bei kontinentalen Sedimenten der Fall sein kann.

Abb. 138. Aufschluß in einem Sattel mit 1. fächerartiger Schieferung in Tonschiefern, 2. Längsklüften, 3. Pressungsklüften im Sattelscharnier, 4. Zerrspalten im Sattelscharnier, 5. Querklüften, 6. subaquatischen Rutschungen, 7. Schrägschichtung, 8. Sandsteinbank mit einzelnen Schrägschüttungskörpern, 9. Abschiebung.

Ebenfalls muß bei der Aufnahme eines Aufschlusses genauer der vertikale Sedimentwechsel hinsichtlich der vorhandenen Schichtungsmerkmale beobachtet werden, zumal wenn er sich an einer Stelle abrupt vollzieht z. B. Überlagerung von Tonsteinen durch ein Konglomerat oder sich durch einen zyklischen abcba bzw. rhythmischen abc abc Aufbau auszeichnet und somit eine Leitfolge darstellen kann. Von leitender Bedeutung sind aber vor allem die fossilführenden Horizonte, zumal wenn sie noch eine Auskunft über das relative Alter der Schichten geben können. Deshalb ist nach ihnen in allen Gesteinen, die entsprechend ihrer Entstehung und Beschaffenheit als höffig zu bezeichnen sind, zu suchen. Ihre sorgfältige Ausbeutung kann während oder nach der Aufnahme des Aufschlusses erfolgen. Dagegen empfiehlt es sich, ihre Bestimmung zu Hause und, wenn möglich, unter Heranziehung eines Spezialisten durchzuführen. Für die Feststellung von Mikrofossilien müssen entsprechend geeignete Sedimentproben zum Aufschlämmen entnommen werden.

Die Makrofossilhorizonte wie vor allem der vertikale Materialwechsel usw. geben einen Hinweis auf die Schichtung und damit auf Schichtflächen. Sie müssen zugleich mit der Bestimmung der im Aufschluß vorhandenen Sedimentarten ermittelt werden, denn sie sind für die Entstehungsgeschichte der Schichten, zur Erfassung ihrer Mächtigkeiten wie ihrer tektonischen Lagerungsverhältnisse von ausschlaggebender Bedeutung. Deshalb ist auch besonders auf den Formenschatz zu achten, der eine Dach- wie Sohlfläche einer Schicht auszeichnen kann (Abb. 137, 138). Gleichzeitig kann er Auskunft über eine inverse Lagerung der Schichten geben. Zuweilen ist die Feststellung der Schichtfläche außerordentlich schwierig und ihre Verwechslung mit Flächen anderen Ursprunges möglich, wofür im folgenden einige Beispiele genannt werden sollen. So ist es in einem Aufschluß, der nur aus einem fast homogenen und stark zerklüfteten Quarzit besteht, zuweilen unmöglich, eine Schichtfläche zu erkennen. Desweiteren kann sie auch in einem Tonschiefer sehr leicht mit einer Scherfläche verwechselt werden, die mit Quarzlagen, durchsetzt von Schieferfetzen, belegt ist und ein Grauwackenbänkchen vortäuscht. Eine solche Täuschung kann auch dadurch entstehen, daß durch Einknickung der Schieferung (Abb. 139) Flächen entstehen, die bei entsprechender Beleuchtung sich von ihrer Umgebung ab-

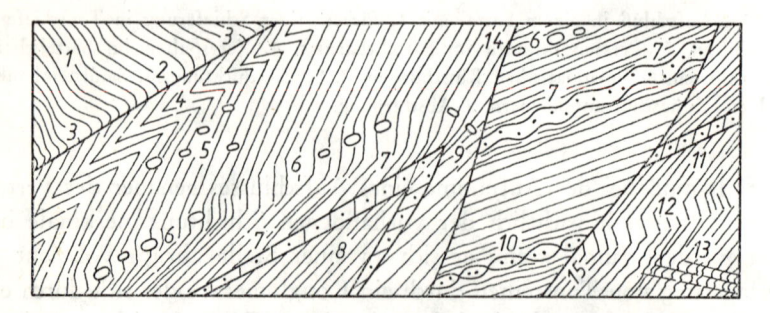

Abb. 139. Verschiedenartige Schieferigkeit 1. leicht gewellt, 2. geschleppt an 3. einer Aufschiebung, in derem Liegenden 4. spezialgefältete Schieferung auftritt, wobei bei 5. Toneisensteingeoden eine Schichtung andeuten könnten, die durch eine Toneisensteinbank bei 6 mit abgeknickter Schieferung gegeben ist, vor allem bezogen auf 7 als eine kompetente, gefaltete Sandsteinbank mit zum Lot hin abgelenkten Schieferflächen gegenüber 8. und 9. 10. boudinageartige Verformung einer Sandsteinbank. 11. Schieferflächen, die bei 12 in eine Knickschieferung übergehen, und bei 13 von einer zweiten Schieferung betroffen worden sind. 14. und 15. Störungen.

4. Die Durchführung der Kartierung

heben und dadurch eine Schichtung vermuten lassen. Diese Verwechslung kann ebenfalls bei der Benutzung von Konkretionen z. B. Toneisensteingeoden eintreten, wenn man nicht genauer festgestellt hat, ob sie syn- oder postsedimentärer Entstehung sind (Abb. 139). In diesem Fall muß noch zusätzlich darauf geachtet werden, daß bei einer dichten Aufeinanderfolge dieser Konkretionen infolge ihrer Versetzung an Scher = Schieferungsflächen ehemals nicht zusammengehörende Horizonte miteinander korreliert werden und somit eine falsche Lage der Schichtung im Raum festgelegt wird. Dieser Fehler kann auch bei millimeterdünnen, dicht aufeinanderfolgenden Sandbändern in Tonschiefern geschehen, wenn sie durch eine Schieferung linsenförmig ausgezogen und versetzt worden sind. Im allgemeinen geben aber diese Sandbänder einen echten und häufig den einzigen sicheren Hinweis auf eine Schichtung (Abb. 139) in tonigen Sedimenten. Vor allem in diesen feinkörnigen Sedimenten muß man also manchmal sehr mühselig und mit großer Vorsicht nach ihr und damit nach den Schichtflächen suchen.

Sind sie erkannt, so ist es auch unschwer, das interne Gefüge der einzelnen Schichten wie z. B. die Schrägschichtung (Abb. 137 u. 138), abgestufte Schichtung, subaquatische Rutschungen (Abb. 137) usw. auszuhalten, das für die Entstehungsgeschichte des Sedimentes von Bedeutung ist und deshalb gleichfalls beachtet werden muß.

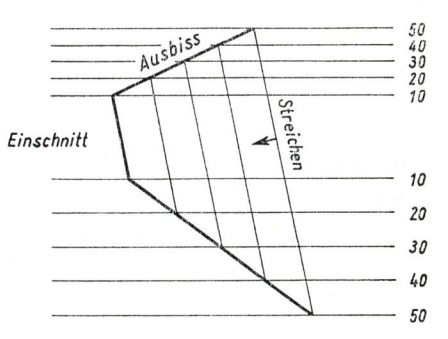

Abb. 140. Anschnitt einer Schicht in einem Wegeinschnitt (Erläuterung s. Text).

Nunmehr können auch die Lagerungsverhältnisse der Schichten ermittelt werden (s. auch S. 56 ff.). Sofern die Schichtflächen nicht mehr horizontal liegen, wird ihre Lage im Raum durch das Einmessen ihres Streichens und Einfallens mit Hilfe des Kompaß nach den auf Seite 164 beschriebenen Methoden festgestellt. Für das Streichen gibt es in Mitteleuropa bestimmte, vorherrschende Richtungen (s. Abb. 18 u. S. 56). Für das Einfallen benutzt man Fallwerte mit der Bezeichnung $0°$ = söhlig, $1–25°$ (Alt-) bzw. 20^g (Neu-Grad) = flach, $26–35°$ bzw. $30–40^g$ = halbsteil, $35–55°$ bzw. $40–60^g$ = mittelsteil, $55–89°$ bzw. $60–99^g$ = steil und $90°$ bzw. 100^g = seiger.

An unzulänglichen Stellen im Aufschluß werden die Schichtflächen mit Hilfe des Feldbuches, in Augenhöhe gehalten, anvisiert und auf seinem geneigten Deckel die entsprechenden Messungen für Streichen und Fallen ausgeführt. Sie können verständlicherweise nicht dieselbe Genauigkeit beanspruchen wie jene, die auf den Schichtflächen selbst vorgenommen worden sind. Wenn sich zwei Aufschlüsse z. B. Straßeneinschnitte gegenüber liegen, können sie durch eine gedachte Verbindung in gleicher Höhenlage von ein und derselben tektonischen Leitbank kontrolliert werden wie es Abb. 140 zeigt. Diese geneigten Schichtflächen können eine Schollenkippung oder in einem gefalteten Gebiet auch die Flanke eines nicht vollständig aufgeschlossenen Sattels bzw. einer Mulde anzeigen, was in diesem Fall erst nach weiteren Beobachtungen im Gelände entschieden werden kann. Zuweilen deuten sich aber schon in ihrem Verlauf Umbiegungen zu einer Mulde oder einem Sattel an. Sofern sie nahe der Oberfläche auftreten, muß darauf geachtet werden, daß sie nicht durch Hakenschlagen hervorgerufen worden sind. Es entsteht durch Bewegungen der Bodendecke hangabwärts, besonders auch in Auswirkung eines Frostschubes = Bodenfließen (Solifluktion und führt zu einer Verbiegung der Schichtköpfe (= zutage austretender Teil einer geneigten Schicht) und somit zu einer Verfälschung der Lagerungsverhältnisse der Schichten. Deshalb muß man stets darum bemüht sein, am unmittelbar Anstehenden seine Messungen auszuführen, die grundsätzlich mehrmals wiederholt und aus ihnen das Mittel gezogen werden sollte. Auch in diesem Fall sind Fehldeutungen, zumal bei schlechten Aufschlußverhältnissen, nicht auszuschließen. Hierfür ein Beispiel. So ist zuweilen eine Sandstein- oder Quarzitbank auf dem Schenkel eines Sattels lokal flexurartig verbogen. Diese Situation zu erkennen, ist sehr wichtig, weil man bei einer solchen S-förmigen Verbiegung durch ein Einmessen des Einfallens nur in ihrem hangenden oder liegenden Abschnitt, je nach den Aufschlußverhältnissen, zu einer unzulässigen Verallgemeinerung des Schichteinfallens kommen kann.

Liegt zusätzlich eine echte, erste Schieferung vor, die nach demselben Prinzip wie die Schichtfläche eingemessen wird, so weist sie meistens auf eine Verfaltung der Schichten hin (Abb. 139). Im Normalfall, von dem es jedoch einige Ausnahmen gibt, liegt sie parallel der Achsenfläche von Sattel und Mulde (= Falte) (Abb. 138, 139). Infolgedessen lassen sich aus ihren Winkelbeziehungen zu den Schichtflächen bei einer schiefen Falte unter Berücksichtigung der Richtung des Einfallens und besonders einer Fächerung der Schieferung im Sattel und einer Meilerung in der Mulde gewisse Rückschlüsse ziehen. Fällt die Schieferung auf einer Sattelflanke flacher als die Schichten ein, so kommt man in Richtung des Schichteinfallens in eine Mulde mit

4. Die Durchführung der Kartierung

jüngeren Schichten im Kern, entgegengesetzt in den Sattel mit älteren Schichten im Kern. Fällt sie steiler als die Schichten ein, ergeben sich die gleichen Verhältnisse. Ist also z. B. nur ein Schenkel eines Sattels im Aufschluß sichtbar, so können aus dem Verhalten von Schieferung zur Schicht weitere Rückschlüsse auf den querschlägigen Verlauf der Faltung gezogen werden. Infolge von häufig anders gelagerten Verhältnissen ist die Faltung jedoch am eindeutigsten feststellbar, wenn sie sich in den Verkrümmungen der Schichtfläche und damit der Schicht innerhalb des Aufschlusses widerspiegelt (Abb. 138, 139). Sind in einem größeren Aufschluß, z. B. in einem Straßeneinschnitt, mehrere Falten aufgeschlossen, so ist es anhand von einem oder mehreren Fossilhorizonten oder einer petrographischen Leitbank bzw. Leitfolge sehr wichtig, festzustellen, ob der Faltenspiegel = gedachte Verbindungslinie zwischen den Scharnieren ein und derselben Bank in den Sätteln ± horizontal liegt oder auf- bzw. absteigt (Abb. 46). Gleichzeitig ist auch ihre Amplitude von Bedeutung. Ist sie flachwellig, so daß sie fast immer in der gleichen Schichteinheit verbleibt, so besitzt diese Schichtfolge, sofern sie nahe der Tagesoberfläche aufgeschlossen ist, bei flacher Morphologie eine große Ausstrichbreite. Ist die Faltung engständig mit einem wechselnden Tief- oder Hochgang ihrer Mulden bzw. Sättel, so ist bei gleicher Morphologie der Ausstrich der Schichten wie ihre Altersfolge im Querprofil sehr wechselnd. Sind die Sättel wie Mulden schief bis überkippt und zeigen damit eine Vergenz an, so ist die Ausstrichbreite der jeweiligen Schichten auf dem tektonisch hangenden und flachen Schenkel stets größer als auf dem liegenden (Abb. 41) und meist steilen Flügel, wobei die Morphologie wiederum abändernd eingreift (s. S. 72 ff.). Auf dem überkippten Flügel liegt stets eine inverse Lagerung der Schichten vor (Abb. 42). Ihre Feststellung bietet keine Schwierigkeiten, sofern die Umbiegungsstelle des Sattels noch zu beobachten ist (Abb. 138). Ist dies nicht mehr möglich, so kann sie mit Hilfe verschiedener Erscheinungsformen erkannt werden wie z. B. durch die Stellung der Schieferung zur Schichtung (s. S. 174), durch bogige Schrägschichtung, durch Trockenleisten, load casts und andere Schichtflächenerscheinungen (Abb. 137, 138). Fehlen diese Hinweise und auch Fossilien für eine relative Altersbestimmung der aufgeschlossenen Schichten und sind letztere bei einer eintönigen petrographischen Zusammensetzung zusammen mit der Schieferung in gleicher Richtung und in gleichem Winkel z. B. entlang eines Straßenaufschlusses geneigt, wie es z. B. bei einer Isoklinalfaltung zutreffen kann, dann ist es sehr schwierig, z. T. unmöglich, die inverse Lagerung zu erkennen. Wenn man noch zusätzlich z. B. streichende Störungen nicht fixieren kann oder sie übersehen hat, was bei der eintönigen Zusammensetzung der Schichtfolge der Fall sein kann, dann

können diese Verhältnisse dazu führen, daß man einer solchen Schichteinheit eine weitaus größere Mächtigkeit zumißt, als sie in Wirklichkeit besitzt. Deshalb ist in solchen Fällen eine sehr gründliche Beobachtung aller Erscheinungen innerhalb einer Schichtfolge besonders erforderlich.
Beim Einmessen der Streichrichtung von Schichtflächen an den Sattel- und Muldenflanken kann man zuweilen feststellen, daß sie bei einer entsprechenden Verlängerung in der durch den Kompaß angegebenen Streichrichtung aufeinander zulaufen und sich schließlich schneiden würden. Hierdurch deutet sich ein umlaufendes Streichen und somit ein Abtauchen eines Sattels oder ein Auftauchen einer Mulde an (Abb. 40, 41). Wenn die Umbiegung einer Sattel- oder Muldenachse, zumal bei kompetenten Schichten (Abb. 138) d. h. bei einer Biegefalte, aufgeschlossen ist, so kann diese Achse als lineares Element mit ihrer Fallrichtung wie ihrem Fallwinkel unmittelbar in ihrer räumlichen Lage eingemessen werden, wie es für ein Linear in der Abb. 135 a aufgezeigt ist. Ihre Einmessung kann auch mit Hilfe der Schnittkante zwischen Schichtung und Schieferung geschehen. Hierbei ist nur darauf zu achten, daß diese Schnittkante durch andere Ursachen in ihrer Richtung abgelenkt sein kann. Sie können hier im einzelnen nicht erörtert werden. Es sei deshalb auf die einschlägigen Lehrbücher der Tektonik verwiesen. Je nach dem Grad des Abtauchens der Achse und der Beschaffenheit der Geländemorphologie wird die noch im Aufschluß vorhandene Schichtfolge in einer gewissen streichenden Entfernung von ihm noch zutage treten oder schon durch jüngere Schichten ersetzt sein. So ist eine Schichtfolge im Kern eines W-E streichenden Sattels, der am Fuß eines Talhanges 100 m tiefer als eine Hochfläche aufgeschlossen ist (a in Abb. 141) und dessen Achse mit 15° abtaucht, nicht mehr in einem Aufschluß (b) vorhanden, der 35 m tiefer in einem Tal liegt, das in 250 m Entfernung von dem oben genannten Aufschluß den Sattel quert (Abb. 141). Es ist also stets von Vorteil, wenn man sich während einer Kartierung eine Vorstellung von dem räumlichen Verhalten der einzelnen, tektonischen Einheiten macht. Sie kann sehr behilflich sein bei der richtigen, stratigraphischen Einstufung von zutage tretenden Schichten.
In den Aufschlüssen können Schichtlücken und Transgressionsflächen (s. S. 77) mit oder ohne Winkeldiskordanz vorhanden sein. Sie wie jede Art von Störung müssen im Feldbuch vermerkt werden.
Die Bewegungsflächen der Störungen selbst müssen durch Einmessen von ihrem Streichen und Fallen in ihrer jeweiligen Raumlage festgelegt werden. Die betrifft auch die an sie gebundenen Einzelerscheinungen. Zu ihnen gehören u. a. der Harnisch d. h. eine mit Rutschstreifen versehene und meist blank polierte Fläche (Abb. 63). Seine Gleitstriemung gibt die eindeutige

4. Die Durchführung der Kartierung

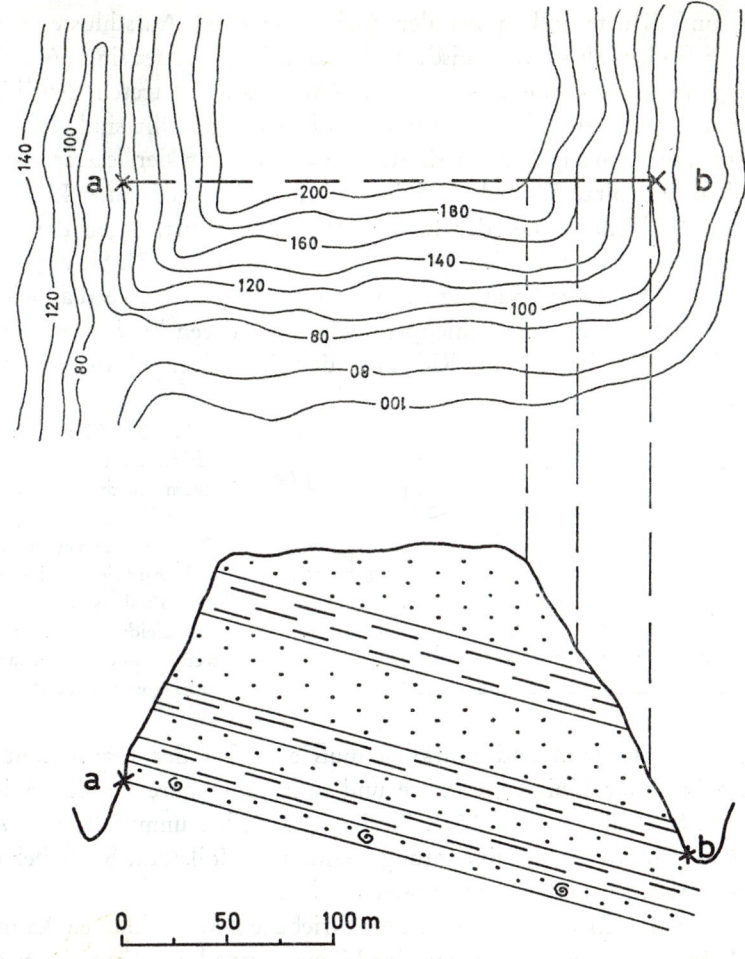

Abb. 141. Längsprofil von einem von a nach b abtauchenden Sattel (Erläuterung s. Text).

Richtung der Bewegung an, wenn noch das sie erzeugende Objekt z. B. ein Quarzkorn am Ende der Bewegungsspur erhalten geblieben ist. Dies trifft aber selten zu. Andernfalls zeigt sie nur die Art der Verschiebung an, d. h. ob sie senkrecht, schräg oder horizontal erfolgt ist (Abb. 63). Der Harnisch weist manchmal Abrißkanten auf (Abb. 63), welche durch die Gleitbewegung entstanden sind. Aus ihnen ist mit gewissem Vorbehalt die Richtung der Verschiebung zu entnehmen, indem sie im Sinne der Neigung der Abrißkanten erfolgte. Weitere Erscheinungen und Elemente an den, vor allem querschlägig streichenden Störungen sind schon ausführlich auf S. 88 ff. beschrieben und erläutert worden.

Spalten und Klüfte sollten bei der Aufnahme eines Aufschlusses soweit Beachtung finden, als sie tektonischen Störungen zugeordnet sind (Abb. 75). Hierzu gehören u. a. die Fiederspalten (Abb. 63). Sie treten deutlich in Erscheinung, wenn sie mit Quarz oder Kalkspat ausgefüllt sind. In Nachbarschaft einer Störung können sie den Bewegungssinn der letzteren angeben, indem der spitze Winkel, gebildet zwischen einer gedachten Linie parallel zur Verschiebung und der Einzelspalte bzw. Kluft, gegen die Bewegungsrichtung der betreffenden Scholle gerichtet ist (Abb. 63). Sie sind somit für die Feststellung der Richtung der Bewegung ebenso verwertbar wie die beiderseits von Störungen geschleppten Schichten, deren konkaver Teil der faltenartigen Umbiegung in Richtung der jeweiligen Bewegung zeigt (Abb. 63 D).

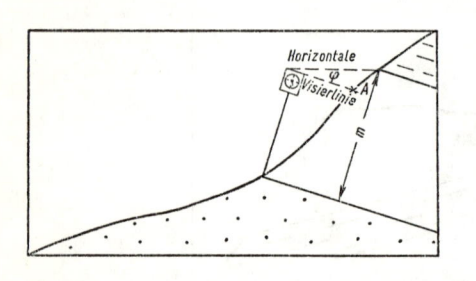

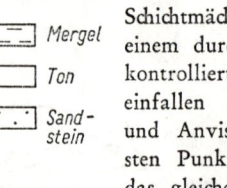

Abb. 142. Einmessen der Schichtmächtigkeit (m) mit einem durch den Kompass kontrollierten, im Schichteinfallen geneigten Stock und Anvisieren des nächsten Punktes A, wo man das gleiche Verfahren anwendet und die bekannten Stocklängen addiert.

So wie beim Streichen und Einfallen muß auch bei der Mächtigkeit der Schichten in erster Linie ihre wahre und nicht scheinbare Größe ermittelt werden (s. S. 69 ff. u. Abb. 104). Sie kann zuweilen unmittelbar in Aufschluß mit Hilfe einer Meßeinrichtung (Bandmaß, Zollstock, Stock bekannter Länge (Abb. 142) usw.) eingemessen werden.

Abgesehen von den auf Seite 67 ff. beschriebenen Möglichkeiten kann sie ebenfalls festgestellt werden, wenn der Höhenabstand zwischen einem oberen und unteren Ausstrichpunkt einer Schicht (h in Abb. 143), ihr Einfallen (φ in Abb. 143) und jenes (α in Abb. 143) der Böschung gegeben sind. Dann ist

$$\sin \alpha = \frac{h}{AB}$$
$$AB = h : \sin \alpha$$
$$\sin (\varphi + \alpha) = \frac{m}{AB}$$
$$m = \sin (\varphi + \alpha) \cdot \frac{h}{\sin \alpha}$$

Sofern es sich um die Mächtigkeit der verschobenen Schichten bei Verwerfungen handelt, kann aus ihr, dem Einfallswinkel der Schichten und

4. Die Durchführung der Kartierung

jenem der Fläche der Verwerfung ihre Sprungweite, ihre flache, besonders aber als wichtigste Größe ihre seigere Sprunghöhe berechnet werden, wie aus den Erläuterungen auf S. 101 ff. und den Abb. 85 zu entnehmen ist.
Liegt der Aufschluß in einem Gebiet, das sich ausschließlich aus Metamorphiten zusammensetzt, so stellen sich dem kartierenden Geologen neben denselben, schon oben beschriebenen, aber meist jetzt noch schwieriger zu lösenden Aufgaben nunmehr noch andere Probleme. So gehören schon große Erfahrungen dazu, abgesehen von den Grundtypen, die einzelnen Gesteinsarten der Metamorphite im Gelände zu unterscheiden und genauer anzusprechen. Man ist deshalb sehr häufig gezwungen, Gesteinsproben, z. T. orientiert zu entnehmen, um sie im Laboratorium mikroskopisch zu untersuchen. Ebenfalls ist es zuweilen sehr schwierig, die primären Schichtflächen zu fixieren. Ihre Feststellung ist aber die Voraussetzung zum Erkennen der Tektonik. Ihr kommt in einem solchen Gelände eine besondere Bedeutung zu. Sie ist aber erst dann geklärt, wenn man die stratigraphische Abfolge erkannt hat. Diese Erkenntnis kann mangels von Fossilien usw. auf erhebliche Schwierigkeiten stoßen. So ist es auch häufig unmöglich, mit Hilfe anorganischer Merkmale wie Schrägschichtung und den verschiedenen Schichtflächenerscheinungen eine inverse Lagerung zu ermitteln, da diese Merkmale durch die eingetretene Metamorphose ausgelöscht werden können. Auch die Beziehungen zwischen Schieferung und Schichtung sind zuweilen überhaupt nicht oder nur unter größten Schwierigkeiten erfaßbar. Infolgedessen ist es besonders in einem solchen Gelände erforderlich, vor der Inangriffnahme der geologischen Kartierung sich einen größeren Überblick über die benachbarten Gebiete zwecks der Möglichkeiten von petrographischen Korrelationen zu verschaffen.

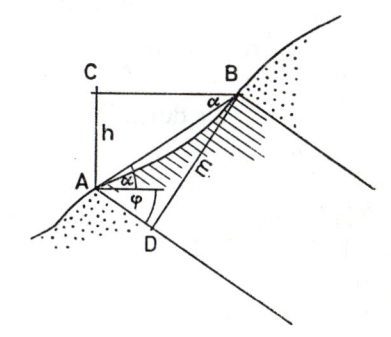

Abb. 143. Erläuterung s. Text.

Die Angaben über die petrographische Beschaffenheit der Schichten in den einzelnen Aufschlüssen, ihre Mächtigkeiten und Lagerungsverhältnisse trägt man unter Verwendung der hierfür üblichen Signaturen bzw. Symbolen usw. in die Profil- bzw. Aufschlußskizze ein (Abb. 17). Hierbei ist darauf zu achten, daß diese Kennzeichen richtig ausgewählt und so dem Schichtverlauf angepaßt werden, daß sie mit ihm keine Diskordanzen bilden (s.

S. 107). Diese Eintragungen führt man nur so weit durch, daß die Übersichtlichkeit der Skizze gewährleistet ist. Das ist deshalb erforderlich, weil die getroffenen Feststellungen gleichzeitig mit den weiteren Beobachtungen unter einem entsprechenden Hinweis auf die Zeichnung im Feldbuch notiert werden.

Die Skizze sollte so weit wie möglich sauber und deutlich, die Notizen kurz, aber korrekt sein. Beide sollten zumindest zuerst nicht in Tusche bzw. Tinte vorgenommen werden, um noch eventuell notwendige Korrekturen vornehmen zu können. Je exakter der Aufschluß aufgenommen worden ist, um so wertvoller sind die hierbei gewonnenen Erkenntnisse für die weitere Kartierung der zwischen den Aufschlüssen liegenden Geländeflächen.

4.4. Die Geländebegehung

Wenn man sich durch die Aufnahme der jeweils wichtigsten Aufschlüsse einen Überblick über die stratigraphische d. h. die relative zeitliche Abfolge der Schichten und über ihre tektonischen Lagerungsverhältnisse verschafft hat, beginnt die eigentliche Kartierung. Sie besteht in der Erfassung und Verfolgung der Ausstrichgrenzen von petrographisch und/oder fossilmäßig zusammengehörenden Schichteinheiten (s. S. 58 ff.).

Die Kartierung hat somit petrographisch gekennzeichnete Grenzen festzulegen, die früher z. T. feingestrichelt, derzeit als geschlossene, feine Linien in die Karte eingetragen werden. Mit Beginn der Kartierung wird also zuerst, so weit wie möglich, eine Gesteinsschicht oder eine Gesteinsabfolge ausgewählt, die durch ihre Kennzeichen und/oder morphologisch am leichtesten im Gelände zu verfolgen ist. Man folgt ihr im Streichen und geht dabei in gewissen Abständen querschlägig in die hangenden wie liegenden Nachbarschichten hinein. Hierbei achtet man darauf, ob man in diesem Abschnitt auf eine weitere charakteristische Schicht oder Schichtenfolge trifft, welche dann wiederum als Ausgangsbasis für die weitere Begehung dienen kann.

Sofern noch Aufschlüsse, u. a. manchmal auch Bacheinschnitte, vorhanden sind, wird man sie bevorzugt aufsuchen, um zu prüfen, ob noch anstehendes Gestein, zuweilen eine Grenze zwischen zwei Gesteinseinheiten gut aufgeschlossen ist. Stets ist gleichzeitig zu beachten, wo sich ein Wechsel z. B. in der Geröllführung eines Baches bemerkbar macht. Wenn man ein vorher festgestelltes, charakteristisches Gestein talauf nicht mehr in seinen Schottern

4. Die Durchführung der Kartierung

antrifft, hat man die Grenze dieser Schicht, aus der es abgetragen wurde, überschritten. Es muß jedoch darauf geachtet werden, daß es nicht durch einen Nebenbach angeliefert worden ist. Er ist in jedem Fall in die Begehung einzuschließen, vor allem in dem Fall, wenn er die Schichtfolge quer zu ihrem Streichen schneidet. Bei der Ermittlung der Streich- und Fallwerte an den Hängen eines Bachrisses muß stets überprüft werden, ob die hier anstehenden Gesteine nicht infolge von Hangrutschungen ihre frühere Lage verändert haben. Es ist deshalb immer Messungen der Vorzug zu geben, die an den im Bachbett selbst freigespülten Schichten durchgeführt werden können. Die Abtragung an den Hängen kann auch Material anliefern, das jüngeren, z. B. pleistozänen Deckschichten entnommen worden ist. Es muß also von jenem getrennt werden, welches der Bach über eine Erosion aus den älteren anstehenden Schichten entnimmt, denn in erster Linie will man das Bachprofil aus dem vorhandenen Geröllspektrum im Bachbett ermitteln. Hierbei darf nicht übersehen werden, daß die Geröllzusammensetzung in Abhängigkeit von der chemischen wie physikalischen Angreifbarkeit der Komponenten durch Art und Länge des Transportes eine wesentliche Auslese erfahren haben kann. Die Materialführung eines Baches kann auch Auskunft über eine mögliche Erzführung der angeschnittenen Schichten geben. Deshalb wird häufig entlang von Bächen eine Erzprospektion durchgeführt. Ebenfalls wird man Eisenbahn-, Straßen- wie Wegean- und -einschnitte zur Erfassung des eventuell noch anstehenden Gesteines aufsuchen. Wenn hier nur lose Gesteinsbrocken umherliegen, ist Vorsicht geboten, da sie aus dem beim Bau dieser Verkehrswege verwendeten Material stammen können. Dies gilt in gleicher Weise bei befestigten Forstwegen und bei der Aufnahme von Gräben, die häufiger die Verkehrswege begleiten. Besonders nach Regenfällen sind die in ihnen anstehenden Gesteine freigewaschen, so daß man sie sehr gut beobachten kann. Wie in jedem Aufschluß, so ist auch hier beim Einmessen von Streichen und Einfallen der Schichten Vorsicht geboten, da ihre Lagerungsverhältnisse durch Hakenschlagen beeinflußt sein können. Diese Annahme ist um so eher berechtigt, wenn die hier erhaltenen Streich- wie Fallwerte von den bisher gemessenen erheblich abweichen. Eine Verbiegung der Schichtköpfe durch Fuhrwerke etc. ist auch dort in Rechnung zu stellen, wo Schichten in Feldwegen zutage treten. Deshalb sollte man hier, so weit wie möglich, Messungen vermeiden bzw. ihre Ergebnisse mit der notwendigen Einschränkung verwenden. Selbstverständlich muß auch bei einer Begehung jeder weitere Aufschluß wie Baugruben, Kabelgräben usw. beachtet werden.

In den zwischen allen Aufschlüssen liegenden Flächen kann das anstehende Gestein im Untergrund nur mit Hilfe der Morphologie, teils der Bodenfarbe, vor allem aber durch die Lesesteinkartierung ermittelt werden, sofern es nicht durch Deckschichten von allzu großer Mächtigkeit verhüllt wird.

Lesesteine sind Gesteinsbrocken, die dem Acker-, Wiesen- und Waldboden beigemengt sind. Sie sind meistens mehr oder weniger verwittert. Deshalb ist es wichtig, daß man sich zuvor in den vorhandenen Aufschlüssen orientiert, wie z. B. das entsprechende frische Gestein durch die Verwitterung zerfällt, welche Farbe es hierbei annimmt usw. Desweiteren muß beachtet werden, daß durch die Verwitterung schon eine Auslese des Anstehenden stattgefunden haben kann, indem z. B. bei einer Wechselfolge aus Quarzit und Tonschiefern im Untergrund der Quarzit auf der Ackeroberfläche überwiegen kann. Aus diesem Grunde ist es sehr wichtig, nicht nur auf die größeren, sondern vor allem auch auf die kleineren Gesteinsbruchstücke sein Augenmerk zu richten, im vorliegenden Fall also auf die Tonschieferfetzen und Tonschieferblättchen. Hierbei muß das in jüngeren Deckschichten, z. B. in pleistozänen Ablagerungen, vorhandene Material vom Anstehenden unterschieden und das an Ort und Stelle vom Menschen aufgebrachte Material ausgeschieden werden. Letzteres kann mit einer Stalldüngung, durch Auffüllung von Gruben, durch Einplanieren von Halden usw. auf den Acker gekommen sein. Des weiteren muß berücksichtigt werden, daß Lesesteine beim Pflügen des Ackers verschleppt werden können (Abb. 144). Die

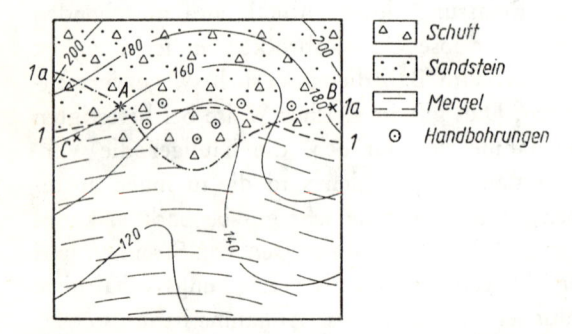

Abb. 144. 1—1 aufgrund von Handbohrungen richtig erfaßte, 1 a—1 a, aufgrund des angefallenen Schuttes nicht richtig beurteilte Austrichgrenze einer steil gegen den Hang einfallenden Schicht. A, B u. C Aufschlußpunkte ohne meßbares Gefüge.

Festlegung der Ausstrichgrenze einer Schicht muß dieser Tatsache Rechnung tragen. Sie wird unter Beachtung der Morphologie dort gezogen, wo man hangaufwärts die letzten charakteristischen Gesteinsbrocken der durchschrittenen Schicht bzw. Schichtfolge, hangabwärts die ersten von der noch nicht erfaßten Schicht findet. Diese Lesesteine müssen für die Fixierung einer Grenze schon in größerer Zahl vorhanden sein. Dies ist ebenfalls im ebenen Gelände erforderlich, wo die Grenzziehung dort erfolgt, wo nach Durchschreiten des schon beobachteten Materials neues einsetzt. Die Lesesteine

4. Die Durchführung der Kartierung

treten nicht sehr deutlich in einem frisch umgepflügten Boden hervor, ausgenommen der Fall, daß er so geringmächtig ist, daß das anstehende Gestein mit aufgepflügt wurde. Sie sind jedoch gut sichtbar, wenn sie durch Regen aus dem Boden ausgewaschen sind. Ihre Beobachtung und Auswertung ist natürlich nur zu einer Jahreszeit möglich, in der die Bodenfrucht bzw. der Grasbewuchs usw. nicht alles bedeckt. Infolgedessen ist die beste Jahreszeit zum geologischen Kartieren in unseren Breiten das Frühjahr und der Herbst, während in anderen klimatischen Gebieten die Regenzeit oder ein früh einsetzender Schneefall das Ende der Geländebegehung bestimmt.

Desweiteren ist die Tätigkeit der im Boden lebenden Tiere wie z. B. der Maulwürfe, Mäuse usw. für den kartierenden Geologen von Bedeutung, indem sie bei der Anlage ihrer Wohnbauten das Bodenmaterial an die Tagesoberfläche befördern. Es bietet zuweilen die einzige Möglichkeit, das durch eine dichte Gras- oder Waldhumusdecke verhüllte Gestein des Untergrundes zu bestimmen. Im Wald finden sich Lesesteine häufig in Nachbarschaft der Baumstämme und im Wurzelwerk von umgestürzten Bäumen und in Rodungen. In dichten Waldgebieten wie z. B. im Urwald ist manchmal nur eine Aufschlußkartierung mit Hilfe des Luftbildes und mit nachträglichen Kontrollbegehungen möglich. Sie ist ebenfalls z. B. in nordischen Ländern dort empfehlenswert, wo zusätzlich im Waldgelände eine dichte Moränendecke vorliegt. In diesem Fall muß nur darauf achtgegeben werden, daß man z. B. nicht einen größeren, vom Eis transportierten Gesteinsblock als Anstehendes ansieht. Diese Beispiele, die sich je nach den verschiedenen Kultur- und Naturlandschaften um eine noch weitaus größere Anzahl vermehren ließen, beweisen, daß jede Möglichkeit zur Bestimmung der Beschaffenheit des Untergrundes genutzt, aber auch sorgfältig überprüft werden muß.

Diese Sorgfalt ist besonders bei der Unterscheidung von Material aus dem im Untergrund anstehenden Gestein und den pleistozänen wie jüngeren Deckschichten angebracht. Letztere müssen bei der Kartierung gesondert ausgehalten werden. Die Verbreitung dieser Deckschichten und damit ihre Erfassung wird schon weitgehend durch die in dem betreffenden Gebiet gegebene Morphologie bestimmt. So werden die Täler und Senken meist von Alluvionen ausgefüllt. In ihrem Gebiet sind bestimmte Aufschüttungsformen wie Schuttfächer an einmündenden Seitentälern und Hängen usw. durch besondere Signaturen auszuhalten (Abb. 3,17). Soweit Terrassen den heutigen Tälern folgen, stößt ihre Identifizierung und Ausscheidung nicht auf größere Schwierigkeiten. Dies kann jedoch dort der Fall sein, wo sie als Abtragungsreste, z. B. auf einer Hochfläche, erhalten geblieben sind. Sie dürfen hier nicht mit Restschottern verwechselt werden, die aus einer ehemaligen Überdeckung eines losen, geröllführenden Sandsteines nach seiner Abtragung verblieben sind. Liegen sie selbst auf einem im Untergrund anstehenden Sandstein, der konglomeratführend ist, dürfen sie nicht fälschlicherweise als in ihm auftretende Konglomeratlinsen angesehen werden. Deshalb ist stets die genaue Überprüfung ihrer Komponentenzusammensetzung erforderlich. Die Komponenten können neben einem eventuell vorhandenen Fossilinhalt in den Schottern und der Höhenlage, sofern sie nicht tektonisch bedingt ist, Auskunft über das Alter der Terrassen geben. Hangschutt kann in einem stärker betonten Relief noch größere Flächen vor dem jeweiligen Hangfuß bedecken, zumal wenn er durch

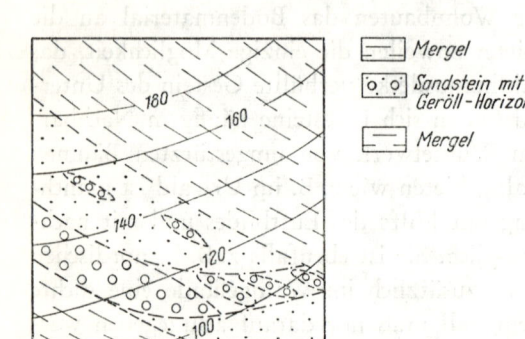

Abb. 145. Falsche Beurteilung von Geröll-Lagen. Deshalb falsche Verbindung von ihnen untereinander.

eine Solifluktion wie z. B. zur Pleistozänzeit weiter transportiert wurde (Abb. 129). Aufgeschüttete künstliche Halden wird man meistens an ihrer Form wie ihrer Zusammensetzung oder daran erkennen, daß sie mit einem Steinbruch, Stollenmundloch usw. in Verbindung stehen. Alle Schuttanhäufung werden durch besondere Signaturen, so z. B. jene des Hangschuttes durch Dreiecke gekennzeichnet (Abb. 129). Soweit die Herkunft des vorherrschenden Gesteines bekannt ist, können diese Dreiecke mit der gleichen Farbe wie es selbst versehen werden. Weitere quartäre Deckschichten wie Decklehm, Löß usw. werden je nach ihrer Mächtigkeit bei der Kartierung gesondert ausgehalten. Die Mächtigkeiten werden, soweit wie möglich, mit dem Erdbohrer festgestellt. Sie können über dem vermutet anstehenden Gestein durch den Abstand der Schraffur in den Farben der Deckschichten oder z. B. durch folgendes Symbol $\frac{2m\ dl}{do}$ d. h. 2 m Löß über Oberdevon kenntlich gemacht werden (Abb. 146). Dies gilt auch überall dort, wo ein stark ausgebildetes, charakteristisches Bodenprofil vorhanden ist. Seine Beschaffenheit ist zuweilen ebenfalls für die Bestimmung des An-

4. Die Durchführung der Kartierung

stehenden im Untergrund von Wichtigkeit. So sind die Böden auf Magmatiten häufig von grusiger Beschaffenheit wie z. B. der Boden auf Granit. Bei Gegenwart von Sandsteinen zeichnen sie sich meist durch einen hohen Sandgehalt aus. Sofern Tonstein oder Tonschiefer anstehen, sind sie tonig-lehmig. Der jeweilige Anteil von Ton oder Sand ist schon nach gewisser Übung zwischen den Fingern (die sog. Fingerprobe) feststellbar.

Auch die Farbe des Bodens, die hier wie bei jeder Ansprache eines Gesteines unter Benutzung von Farbskalen wie z. B. der Osswaldschen Farbskala bestimmt werden sollte, kann ebenfalls zur Beurteilung des Anstehenden und u. U. zu seiner Abgrenzung beitragen. Manche Gesteine bzw. Gesteinsserien haben eine rote Farbe, die sich auch dem Verwitterungsboden über ihnen mitteilen kann und ihn meistens sehr scharf von seiner Umgebung abhebt. Über basischen Magmatiten nimmt er infolge der Verwitterung der vorherrschenden, eisenführenden Mineralien häufig eine tiefbraune wie dunkelbraune Färbung an, so daß sich jene Stellen, an denen ein solches Gestein nahe der Tagesoberfläche ansteht, schon allein hierdurch von seiner Umgebung unterscheidet.

Nicht minder wichtig für eine Kartierung ist die Beachtung der Groß- wie Kleinmorphologie, auf die schon wiederholt hingewiesen wurde (siehe S. 149 ff.). Sie spielt z. B. bei einer Buntsandsteinkartierung eine maßgebliche Rolle. Hier seien nur noch einige Beispiele genannt, die darüber hinaus von Bedeutung sind. Hierzu gehören Rutschungen, die bei starker Durchfeuchtung der Schichten auf mehr oder weniger undurchlässigem Untergrund entstehen (Abb. 49). Sie erzeugen meist eine unruhige Morphologie. Außerdem können sie auch noch, besonders an Steilhängen, eine Störung des stratigraphischen Profiles hervorrufen, indem Sedimente verschiedenen Alters miteinander vermischt werden. Sie können darüber hinaus dazu führen, daß die abgleitenden Sedimente eine ihnen auflagernde Schichtfolge, z. B. überlagernde Kalkschichten, mit sich nehmen oder an vorhandenen Klüften absinken lassen, so daß nach erfolgter Abtragung eines Teilprofiles der stehengebliebenen Schichten der Eindruck erweckt wird, daß die nunmehr tiefer liegende, d. h. abgerutschte Scholle an einer Störung abgesunken sei (Abb. 49).

Zuweilen sind die Abrißstellen infolge von Quellaustritten versumpft. Letztere treten häufig in den Randzonen von Schuttströmen auf (Abb. 66). Sie sind besonders zu beachten, da sie in größerer Anzahl parallel zum Streichen der Schichten (= Schichtquelle) eine Schichtgrenze (Abb. 133), im beliebigen Winkel zu ihnen eine Störung markieren können. Versumpfte Stellen weisen meist auf einen undurchlässigen und damit tonigen, lehmigen oder mergeligen Boden bzw. Untergrund hin.

Unter Berücksichtigung aller beobachtbaren Erscheinungen wird man je nach den vorgefundenen Aufschlußverhältnissen ohne oder mit größeren Schwierigkeiten in der Lage sein, das anstehende Gestein des Untergrundes wie seine Tektonik im Gelände zu ermitteln. Die Beobachtungen am jeweiligen Standort, der genau bestimmt sein und deshalb stets kontrolliert werden muß (s. S. 18 f., 156 ff), trägt man mit Hilfe der zuvor ausgewählten bzw.

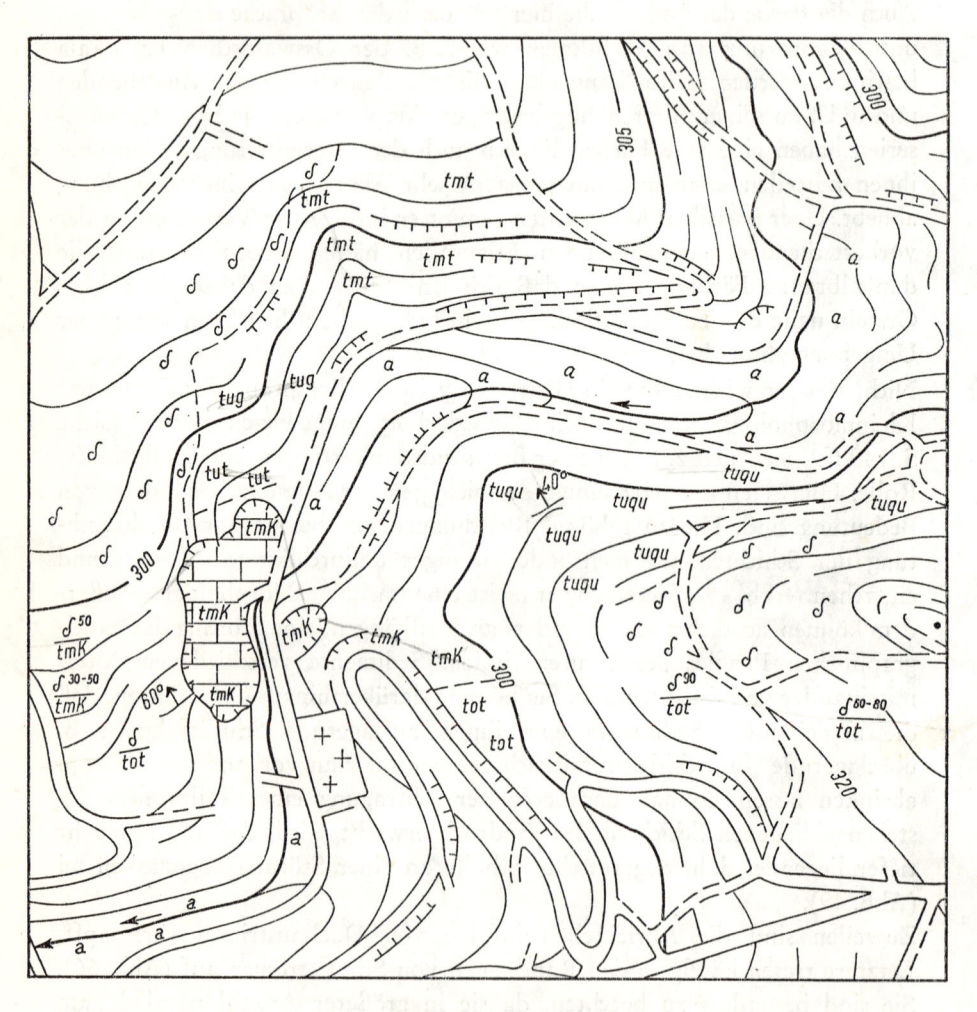

Abb. 146. Ausschnitt aus einer in Ausführung begriffenen geologischen Kartierung unter Benutzung von früher verwendeten Abkürzungen für Gesteinsbezeichnungen wie a = Alluvionen, δ = Löss, tot = Oberdevonische Tonschiefer, tmk = mitteldevonischer Massenkalk, tug = unterdevonische Grauwacke, tut = unterdevonischer Tonschiefer und tuqu = unterdevonischer Quarzit.

4. Die Durchführung der Kartierung

bekannten Abkürzungen von Bezeichnungen für Gesteine wie Formationen, besser noch mit Hilfe von entsprechenden Farben an der betreffenden Stelle in seine Karte ein (Abb. 146). Hierbei können noch zusätzlich Farben für eine bessere Unterscheidung einzelner Horizonte usw. verwendet werden, zumal wenn man vorerst in einem größeren Maßstab kartiert. Sie können je nach der Bedeutung dieser ausgehaltenen Schichten bei der Fertigstellung der Karte im kleineren Maßstab fortfallen. Bei dieser Übertragungsarbeit werden häufig wichtige, aber sehr geringmächtige Gesteinsschichten durch einen stärkeren Strich, als ihrer Mächtigkeit entspricht, hervorgehoben. Die zwischen zwei Gesteinseinheiten auskartierte Grenze wird gleich den Abkürzungen bzw. Symbolen für die Gesteine stets nur mit Bleistift am Ort der Aufnahme in der Karte vermerkt (Abb. 146), um später noch Korrekturen vornehmen zu können. Sofern Aufschlüsse und Lesesteine es erlauben, wird sie bei der Begehung im Gelände fortlaufend ergänzt.

Es ist schon früher darauf hingewiesen worden, daß es unbedingt notwendig ist, das Streichen und Einfallen der Schichten an allen Stellen, wo es möglich ist, einzumessen. Dabei ist es erforderlich, stets mehrere Messungen aus Kontrollgründen durchzuführen. Darüber hinaus ist es möglich, mit Hilfe dieser Streich- und Fall-Werte den Verlauf der Ausstrichgrenze weiterhin durch Konstruktion festzulegen, vor allem dort, wo er mangels von Aufschlüssen etc. nicht zu erfassen ist. Voraussetzung hierfür ist jedoch, daß sich das Streichen und Einfallen der Schicht in dem zu erfassenden Gebiet nicht ändert. Im einzelnen bedient man sich folgender Methode.

Durch den Punkt, an den man im Gelände die Streich- und Fallmessungen durchgeführt hat z. B. Punkt 1 in Abb. 147 zieht man in der Karte das Streichen. Anschließend zieht man Parallelen zu ihm im Abstand der Horizontalprojektion des Einfallwinkels der Schicht (s. S. 62). Im vorliegenden Fall beträgt er b = 45°. Er kann auch aus dem Böschungsmaßstab der Karte entnommen werden (s. S. 22 ff.). Ist ein solcher Maßstab auf der Karte nicht vorhanden, so kann man das für den Einfallswinkel gültige Streckenmaß x ohne Schwierigkeiten selbst nach der Formel $x = \dfrac{h}{\mathrm{tg}\,\alpha}$ berechnen. Hierbei ist h der gegebene senkrechte Abstand zwischen zwei Isohypsen z. B. für die 20 m Isohypse und tg α der Tangens-Wert des gegebenen Einfallswinkels der Schicht. Außerdem kann man die gesuchte Länge der Geraden als Horizontalprojektion des jeweiligen Einfallswinkels auch aus der Konstruktion eines rechtwinkligen Dreiecks entnehmen, gebildet aus α und h (s. S. 24). Mit dem so erhaltenen Wert (a in Abb. 150) zieht man über- wie unterhalb des in der Karte fixierten Meßpunktes, wie schon oben ausgeführt, Parallelen zu der durch ihn gelegten Streichlinie. Sie schneiden die Höhenlinien. Man markiert jene Schnittpunkte unter ihnen, die sie mit der Isohypse gleicher Höhenlage bilden z. B. in Abb. 147 die 180 m Streichlinie mit der 180 m Höhenlinie. Diese Kreuzungspunkte als Ausbisse der Schichtgrenze verbindet man (s. S. 164) miteinander und erhält somit den Verlauf der Ausstrichgrenze. Man kann auch den Abstand der Horizontalprojektion des Einfallswinkels der Schicht auf der Senkrechten eines Gitters nach unten wie oben mehrmals auftragen und dann seine Waagerechte an die durch den Meßpunkt gezogene Streichrichtung legen. Anschließend fährt man an der Streichlinie mit der waagerechten Gitterlinie nach rechts wie links so lange entlang, bis sich die Abstandsmarkierungen auf der Ordinate mit der über wie unter der Streichlinie liegenden ersten, zweiten und weiteren gleich hohen Isohypse schneiden. Die so erhaltenen Schnittpunkte verbindet man

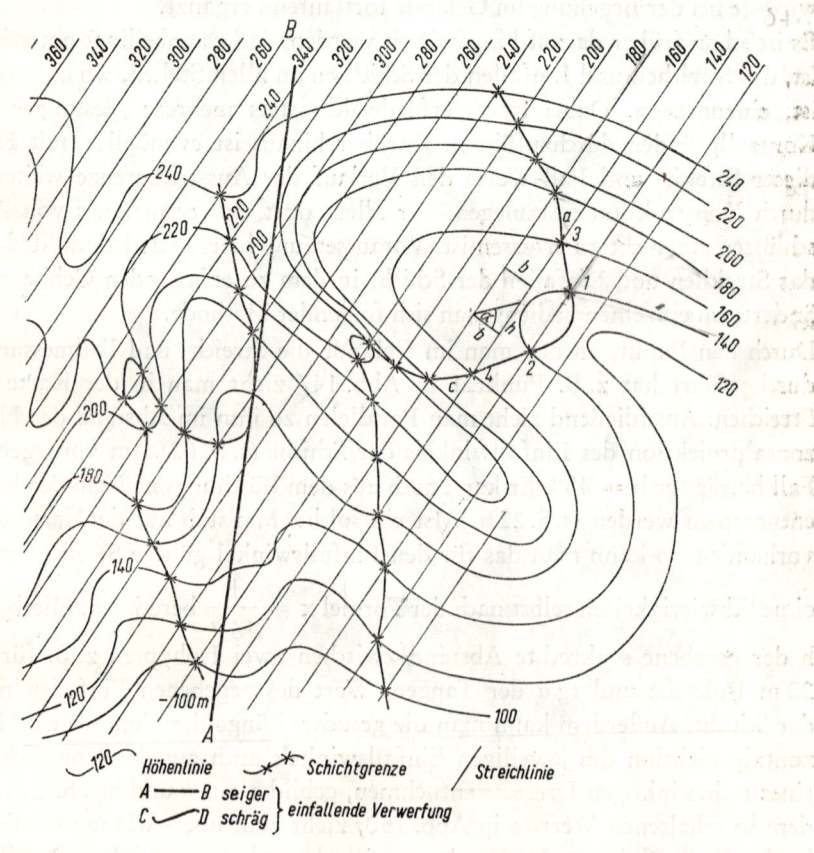

Abb. 147. Konstruktion von Austrichgrenzen einer Schicht und von Verwerfungen (Erläuterung s. Text).

4. Die Durchführung der Kartierung

wiederum in der schon zuvor beschriebenen Weise und bekommt somit die Ausstrichlinie der Schichtgrenze. Ihr Verlauf rechts in der Abb. 147 weist darauf hin, daß sie nach Südosten einfällt (s. hierzu auch S. 60).

Wie die Ausstrichgrenze einer Schicht, so wird auch der Verlauf einer Störung konstruiert z. B. CD in Abb. 147 mit 65°. Die Horizontalprojektion dieses Winkels ist bei dem gegebenen Maßstab b_1. Im Fall der Verwerfung AB ist sie gleich Null, denn diese Störung fällt seiger ein und schneidet deshalb alle morphologischen Einheiten senkrecht. Sie hat die Schichten um 100 m nach Westen in die Tiefe verworfen. Infolgedessen liegt z. B. der Schnittpunkt der Schichtgrenze, der in der östlichen, relativ gehobenen Scholle auf der Streichlinie 240 m zutage kommt, in der um 100 m abgesenkten Scholle westlich der Störung wohl auf derselben Streichlinie, aber um 100 m tiefer, d. h. der Ausstrichpunkt fällt zusammen mit dem Schnittpunkt mit der 140 m Isohypse. Auf diese Weise kann man also auch die Ausstrichgrenze der Schicht in der abgesenkten Scholle in ihrem weiteren Verlauf konstruieren, sofern keine Rotation der Scholle erfolgt ist. Abb. 148 weist ein ähnliches Beispiel auf, das aber noch im wesentlichen Abschnitt des Kartenausschnittes durch den Leser ergänzt werden soll.

Diese Methoden setzen voraus, daß zumindest jeweils an einem Punkt das Streichen, Einfallen und die Einfallsrichtung bekannt sind.
Die zuletzt genannten Werte kann man ebenfalls erhalten und aus ihnen die Ausstrichkurve konstruieren, wenn drei Punkte einer Ausstrichgrenze gegeben sind. Sie dürfen jedoch nicht auf einer Geraden liegen. Hierfür gibt es verschiedene Fälle, die z. T. schon auf S. 65 erwähnt worden sind und hier durch drei weitere Beispiele ergänzt werden. Zwei Punkte sind auf ein und derselben Höhenlinie (A und B auf der 300 m Höhenlinie in Abb. 149), der dritte auf einer Isohypse darunter oder darüber (C auf der 500 m Isohypse in Abb. 149) gegeben. Man verbindet A mit B und erhält das Streichen. Hierzu zieht man eine Parallele durch C. Beide Streichlinien liegen also in einem Höhenabstand von 200 m. Um den Einfallswinkel der Ausstrichfläche als Horizontalprojektion bezogen auf einen Höhenabstand von 100 m zu bekommen, fällt man von C nach E (Abb. 149) ein Lot, das man halbiert. Durch den so erhaltenen Punkt G zieht man als Streichen die Parallele zu AB und außerdem eine Senkrechte, deren Abstand a (Abb. 149) die Horizontalprojektion des Einfallswinkels der Fläche darstellt. Mit Hilfe von a kann man weitere Streichlinien konstruieren (s. auch S. 62).
Sind drei Punkte A, C und D auf drei verschiedenen Höhenlinien gegeben, dann verbindet man den tiefst- mit dem höchstliegendsten Punkt (also A

mit C in Abb. 149). Den gegebenen Verhältnissen entsprechend halbiert man diese Gerade und erhält den Punkt F. Ihn verbindet man mit D und erhält somit die Streichlinie D D$_1$ (Abb. 152) als das Streichen, zu dem man Parallelen durch C und A legt. Damit ist auch die Größe von a als der Horizontalprojektion des Einfallswinkels gegeben. Die Konstruktion links in der Abb. 149 zeigt den Fall, daß, wenn zwei Punkte (H und K) auf zwei

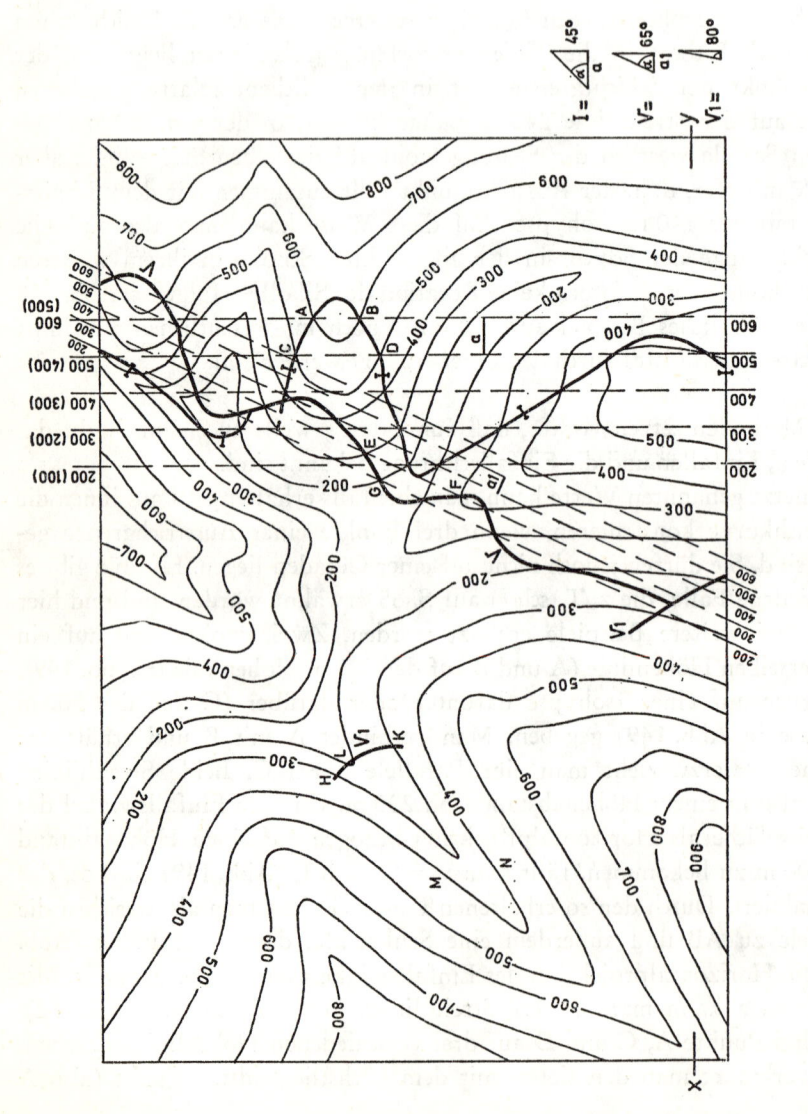

Abb. 148. Konstruktion der Austrichgrenze einer Schicht und Verwerfung (Erläuterung s. Text).

4. Die Durchführung der Kartierung

verschiedene Höhenlinien und das Streichen (HH_1 in Abb. 149) wie die Einfallsrichtung bekannt sind, der Einfallswinkel als Horizontalprojektion (c in Abb. 149) ermittelt werden kann. Wenn man den Verlauf einer Ausstrichgrenze kartiert hat (A bis A_7 in Abb. 150) und somit ihr Streichen wie Einfallen kennt, so kann man bei Kenntnis irgendeines Punktes (B) einer anderen Fläche, sofern die zuvor genannten Werte sich nicht ändern, die

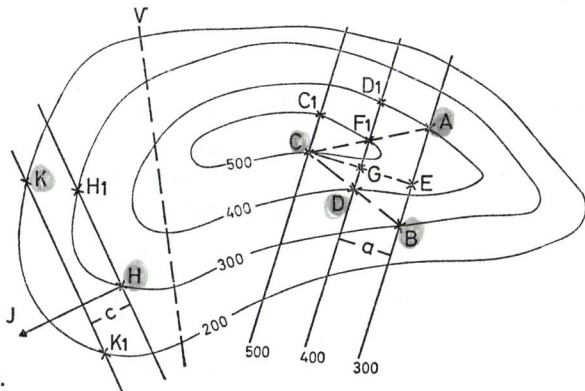

Abb. 149. Erläuterung s. Text.

ihm entsprechende Grenzlinienkurve leicht feststellen. Hierzu verfährt man wie folgt. Liegt der Punkt B der anderen Fläche z. B. auf der 350 m Isohypse und schneidet die schon fixierte Ausstrichgrenze AA_2 mit ihren Streichlinien die darüber liegenden Höhenlinien von 400, 300 und 200 m in der gegebenen Einfallsrichtung (Abb. 150), so fällt man von B aus eine Senkrechte auf diese Streichlinien. Auf ihr trägt man in entgegengesetzter Richtung, also in der Fallrichtung, bezogen auf einen Höhenabstand von 100 m, die Hälfte der zuvor ermittelten Horizontalprojektion des Einfallswinkels der zuerst genannten Ausstrichgrenze ab und erhält den Punkt B_1 (Abb. 150). Durch ihn zieht man eine Parallele zu den Streichlinien der festgelegten Grenzlinienkurve und bekommt damit das Streichen für die Fläche des Ausstrichpunktes B auf der 300 m Isohypse. Im Abstand der schon ermittelten Horizontalprojektion des Einfallswinkels der Fläche AA_7 legt man die weiteren Streichlinien wie ihre Schnittpunkte mit den entsprechenden Isohypsen fest und erhält damit den Verlauf der Schichtfläche von Punkt B (Abb. 150).
Desgleichen kann man die Ausstrichgrenze von Schichten konstruktiv ermitteln, wenn sie einen Sattel oder Mulde bilden (Abb. 151). Vorausset-

zung hierfür ist, daß die Achse dieser tektonischen Struktur möglichst horizontal liegt und ihr Streichen an einem Punkt a (Abb. 151) im Gelände eingemessen werden kann. Außerdem muß das Streichen und Einfallen der Schichten auf den jeweiligen Flanken des Sattels bzw. der Mulde bekannt sein und darf sich nicht in der auszukartierenden Fläche ändern. Zur weiteren Ausführung der gestellten Aufgabe trägt man am Ausstrichpunkt a der Achse in der Karte ihr Streichen ein. Durch diesen Punkt oder in gewisser Entfernung von ihm zieht man hierzu eine Waagerechte. Sie bildet die Basis des Profiles, das man aus den oben genannten Werten entsprechend dem Maßstab der Karte als Querschnitt für die Mulde bzw. den Sattel entwirft (in Abb. 151 die 100 m Höhenlinie). Es weist Schnittpunkte zwischen den im Maßstab der Karte ausgezeichneten Isohypsen und der Profillinie der Strukturen auf. Von ihnen aus zieht man Gerade parallel der Mulden- bzw. Sattelachse. Ihre Kreuzungspunkte mit denselben Höhenlinien wie im Profil stellen die jeweiligen Ausbisse der Schicht dar. Ihre Verbindung untereinander ergibt unter Berücksichtigung der Einfallsrichtung die Aus-

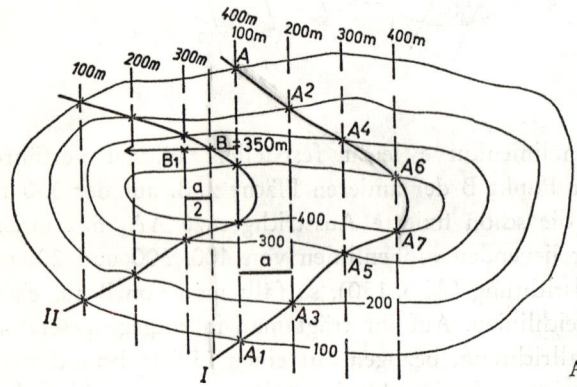

Abb. 150. Erläuterung s. Text.

strichgrenze. Die Konktruktion in Abb. 151 zeigt trotz horizontaler Lage der Achse ein scheinbar umlaufendes Streichen der Ausstrichgrenze in der Mulde an. In diesen Fällen sind die Umbiegungen aber durch den morphologischen Anschnitt an zwei entgegengesetzt fallenden Talhängen hervorgerufen. Sie beweisen, wie wichtig es ist, stets bei der Auswertung der Ausstrichgrenze die Morphologie zu berücksichtigen (s. auch S. 62 ff.). Ist die Sattel- bzw. Muldenachse geneigt, so bedarf es zum Entwurf dieser Grenzlinie einiger Hilfskonstruktionen, die genauer in dem Lehrbuch der Angewandten Geologie von BENTZ (1961) beschrieben worden sind.

4. Die Durchführung der Kartierung

Die zuvor erwähnten Beispiele einer Vervollständigung einer geologischen Karte kommen besonders dort in Frage, wo sich die Kartierung im wesentlichen auf die Aufnahme von Profilen in den Tälern beschränken muß, weil die zwischenliegenden Gebiete nicht aufgeschlossen oder schwer zugänglich sind. In diesem Fall entsteht also eine Karte aus einer Anzahl von Profilen. Deshalb kann sie auch nicht in jedem Fall dieselbe Genauigkeit für sich in Anspruch nehmen wie eine vollständig geologisch auskartierte, topographische Unterlage.

Mit Hilfe der zuvor genannten Methoden (s. S. 187 ff.) ist auch die Kontrolle einer schon festgelegten Grenze empfehlenswert, denn hierdurch können mögliche Fehler der vorausgegangenen Kartierung überprüft und korrigiert werden. Auf jeden Fall ist eine Nachprüfung der ausgezogenen Ausstrichgrenzen vor ihrer Übernahme in die Reinkarte durchzuführen, um Widersprüche zwischen ihrem Verlauf und den Angaben in den Erläuterungen zur Karte zu vermeiden. Hierzu findet auch eine Nachprüfung der Notizen im Feldbuch statt.

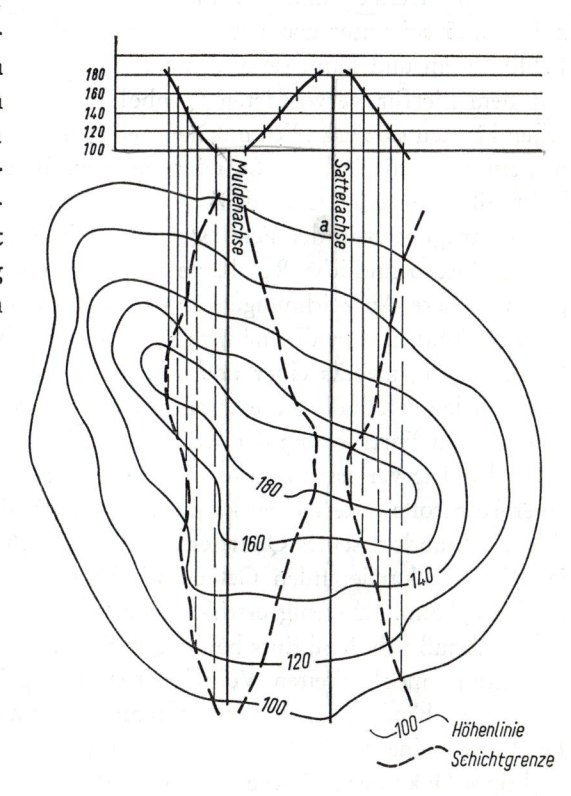

Abb. 151. Erläuterung s. Text.

Ebenfalls ist es wichtig, Fossilfundpunkte mit dem entsprechenden Zeichen (s. Abb. 17) in der Karte zu markieren. Je nach den gegebenen Verhältnissen kann man ihre Ausbeute sofort vornehmen oder sie bei einer später noch beabsichtigten Kontrollbegehung durchführen. Ihr Material wie jenes wichtiger, aber im Gelände nicht genau bestimmbarer Gesteinsproben muß auf jeden Fall für spätere Untersuchungen erfaßt werden. Bei den Fossilien ist darauf zu achten, daß, so weit wie möglich, Fossilkern und Abdruck gesammelt werden. Bei ihrem Auftreten in Lesesteinen muß berücksichtigt werden, ob sie aus dem Anstehenden bzw. den Deckschichten stammen oder ortsfremden Ursprunges sind.

Die an Ort und Stelle festgestellten oder sich aus der Kartierung ergebenden Störungen werden als beobachtet mit ausgezogener, als vermutet mit gestrichelter Linie in die Karte eingetragen (s. Signaturen). Verlaufen sie z. B. unter Alluvionen hindurch, die also von der Störung selbst nicht betroffen worden sind, so wird die betreffende Störung an dieser Stelle als Strich-Punkt Strich Linie durchgezogen. Die hier und dort gemessenen Werte für Streichen und Einfallen trägt man in der üblichen Schreibweise z. B. 20/25 SE unter genauer Ortsangabe (Rechts- wie Hoch-Wert) in das Feldbuch ein und kann sie auch an der entsprechenden Stelle in der Karte mit dem hierfür verwendeten Symbol ⋏ 25° vermerken. Hiervon abgesehen können sie zusätzlich mit dem weiterhin ermittelten tektonischen Elementen wie Sattelachsen, Schieferung usw. in einem Sonderblatt für die Tektonik eingezeichnet werden.

Die Eintragungen in der Feldkarte sollten im Quartier, so oft wie möglich, in die dort befindliche Reinkarte übertragen werden. Damit werden zugleich frühere Aufzeichnungen in der Karte einer Kontrolle unterworfen. Hierbei können für die nächste Begehung noch fragliche Stellen in der Grenzziehung zwecks einer nochmaligen Überprüfung im Gelände festgelegt werden. Deshalb ist es stets sehr zweckmäßig, seinen Anmarsch im Gelände zur Fortführung der Arbeiten an dem Punkt, den man am vorhergehenden Tag verlassen hat, so zu legen, daß man fragliche Stellen nochmals einer Kontrolle unterziehen kann. Selbstverständlich wird man grundsätzlich den Standort seines Quartiers, wenn möglich, so wählen, daß man den jeweils auszukartierenden Geländeschnitt ohne allzu großen Zeitaufwand erreichen kann. In wenig erschlossenen oder noch wenig erforschten Landschaften muß sich diese Entscheidung nach den jeweiligen Gegebenheiten wie Unterkunftsmöglichkeiten, Verkehrserschließung, Klima usw. richten.

Wie schon häufiger betont, trägt man zusammen mit der Anlegung der Feldkarte seine Geländebeobachtungen in das Feldbuch ein. Es ist ein wichtiges Dokument für die Erstellung der Reinkarte, insbesondere für die Niederschrift der Erläuterung zur Karte. Deshalb muß es sorgfältig aufbewahrt werden. Es sollte die Adresse des Eigentümers enthalten, um es ihm bei einem vorübergehenden Verlust wieder zustellen zu können. Es ist empfehlenswert, nur eine der beiden Seiten eines jeden Blattes für die

4. Die Durchführung der Kartierung

Notizen zu benutzen und die andere Seite für nachträgliche Ergänzungen, für den Entwurf von Skizzen oder das Einkleben von Fotos freizuhalten. Die Eintragungen sollten jeweils mit der auch in der Karte vermerkten Nummer des Beobachtungsstandortes, anschließend mit dem jeweiligen Datum des Aufnahmetages beginnen. Es ist nicht unwichtig, wenn anschließend in Stichworten die Witterung, die an dem betreffenden Tag im Gelände herrschte, geschildert wird, da sie z. B. für die Beurteilung der Bodenfarbe usw. von Bedeutung sein kann. Dieser kurzen Schilderung kann eine Angabe über die Wegstrecke folgen, die man beabsichtigt, an diesem Tag zurückzulegen. Die folgende Ortsbezeichnung des Beobachtungsstandortes muß genauer charakterisiert werden z. B. Wegeinschnitt, Sandgrube usw. in der Gemarkung „Rossel", also mit topographischen Bezeichnungen, die aus der Karte zu entnehmen sind. Wenn er von besonderer Bedeutung ist wie z. B. ein Fossilfundpunkt, muß er noch zusätzlich durch die Angabe des Rechts- und Hochwertes ergänzt werden. Anschließend folgt die Beschreibung der am Standort gemachten Beobachtungen. Hierbei muß auf die korrekte Ansprache des Gesteins der allergrößte Wert gelegt werden. Sie wird nach verschiedenen Gesichtspunkten durchgeführt. Die hierbei eingehaltene Reihenfolge in der Nennung der jeweils wichtigsten Kennzeichen ist sehr unterschiedlich. In Fällen, in denen man die stratigraphische Stellung der Schicht weiß, wird sie zuerst genannt. Es folgt anschließend die petrographische Charakterisierung. Sie wird sehr verschiedenartig durchgeführt. Häufig wird zuerst der Name des Gesteins, dann Korngröße, Farbe usw. genannt. So weit es sich, wie im vorliegenden Fall, um Eintragungen in das Feldbuch handelt, kann man auch eine andere Reihenfolge wählen wie z. B. Farbe, Korngröße, sofern erforderlich charakteristischer makroskopischer bzw. unter der Lupe erkennbarer, zweithäufigster Bestandteil, Name des Gesteins, sofern möglich Angabe der Mächtigkeit und schließlich Beobachtungen über das Gefüge usw., also z. B. folgende Schreibweise: ein roter, grobkörniger, feldspatführender Sandstein von 10 m Mächtigkeit mit Schrägschichtung. Diese Angaben können durch weitere, die zur Kennzeichnung des Gesteins oder einer Schichtabfolge wichtig sind, ergänzt werden. Hierzu gehören vor allem auch Hinweise auf die Fossilführung und ihre Fundumstände.

Die geologischen Landesämter gebrauchen bei der geologischen Kartierung für die Aufstellung von Schichtverzeichnissen Symbole, die auch für eine elektronische Datenverarbeitung verwendbar sind.

Desweiteren müssen in das Feldbuch die zur Feststellung der Lagerungsverhältnisse etc. durchgeführten Beobachtungen und Messungen niedergeschrieben werden. Sie können je nach der Beschaffenheit des Aufschlusses durch eine Skizze mit und ohne Fotoaufnahme ergänzt und unterbaut werden. Zuweilen müssen sie sehr umfangreich sein, besonders dann, wenn sie über eine elektronische Datenverarbeitung ausgewertet werden sollen.

Wenn Proben während der Kartierung gesammelt worden sind, so muß ihre Numerierung wie Bezeichnung mit den entsprechenden Vermerken im Feldbuch übereinstimmen. Ihre Beschriftung wie Verpackung muß zwecks Vermeidung von Verwechslungen sehr sorgfältig geschehen.

Vor Abschluß der Geländearbeiten ist es erforderlich, nochmals alle Aufzeichnungen in der Karte wie im Feldbuch zu prüfen, um zweifelhafte Gesteinsansprachen und Messungen noch einmal kontrollieren zu können. Das aufgesammelte Material ist zu sichten und für einen Transport, sofern erforderlich, auch für einen Versand einzupacken.

Nach der Rückkehr aus dem Arbeitsgebiet erfolgt die weitere Ausarbeitung der Karte für eine Veröffentlichung wie die Niederschrift ihrer Erläuterung.

Das geologische Kartieren setzt also gründliche Kenntnisse vor allem in der Geologie, Paläontologie und Mineralogie voraus. Es verlangt eine gute Orientierungs- und Beobachtungsgabe im Gelände wie die Befähigung einer räumlichen Vorstellung. Letztere kann nicht häufig genug geübt werden. Hierzu gehört auch der Entwurf von Blockbildern, der sowohl bei der Geländearbeit wie unter Benutzung einer fertiggestellten geologischen Karte ausgeführt werden kann. Über ihn wird im anschließenden, letzten Kapitel dieses Buches berichtet werden.

Fragen, welche aus der vorangegangenen Darstellung beantwortet werden können:

1. Aus welchen wichtigen Bestandteilen besteht der Geologenkompaß?
2. Wie ermittelt man mit dem Geologenkompaß das Streichen und Einfallen einer Schicht?
3. Warum ist auf dem Kompaßboden Ost und West vertauscht?
4. Wie erfaßt man die unter 2 genannten Werte mit dem Clar-Kompaß?
5. Was versteht man unter Missweisung bzw. Deklination und unter der Nadelabweichung?
6. Wie erfaßt man mit dem Geologenkompaß den nach Geographisch-Nord oder nach Karten-Nord ausgerichteten Streichwert einer Schicht?
7. Wie führt man im Gelände eine barometrische Höhenmessung mit Hilfe des Aneroides durch?

4. Die Durchführung der Kartierung

8. Welche Methoden stehen zur Anfertigung einer Karstenskizze zur Verfügung?
9. Wie wird eine vereinfachte Meßtischaufnahme durchgeführt?
10. Was versteht man unter einem Vorwärts- und Rückwärtseinschneiden?
11. Wie vollzieht sich eine Routenaufnahme?
12. Wie führt man eine Orientierung im Gelände durch?
13. Welche wichtigen Merkmale sind bei der Aufnahme eines Aufschlusses in einem Magmatit zu berücksichtigen?
14. Welche wichtigen Merkmale sind bei der Aufnahme eines Aufschlusses in einer Sedimentabfolge zu berücksichtigen?
15. An welchen Merkmalen erkennt man in einem Aufschluß eine Faltung?
16. Welche tektonischen Elemente sind bei einem Sattel oder einer Mulde in einem Aufschluß einzumessen?
17. Woran erkennt man in einem Aufschluß die Tendenz zum umlaufenden Streichen?
18. Wenn nur das scheinbare Einfallen einer Schichtfläche festgestellt werden kann, wie kann man ihren wahren Neigungswert ermitteln?
19. An welchen Merkmalen ist eine Schieferungsfläche von einer Schichtfläche in einem Aufschluß unterscheidbar?
20. Welche Gefügeerscheinungen in einem Aufschluß einer Sedimentabfolge können für die Feststellung einer inversen Lagerung der Schichten benutzt werden?
21. Von welchen Faktoren ist der Verlauf der Austrichgrenze einer Schicht oder einer Verwerfung im Gelände abhängig?
22. Wie und unter welchen Voraussetzungen kann mit Hilfe des an einem Punkt im Gelände eingemessenen Streichen und Einfallens einer Schichtgrenze ihr Verlauf im Gelände konstruktiv ermittelt werden?
23. Was ist bei einer Festlegung einer Schichtgrenze mit Hilfe von Lesesteinen zu beachten?
24. An welchen Merkmalen in einem Aufschluß einer Sedimentabfolge kann man die auf- oder abschiebende Tendenz einer Störung erkennen?

VI. Das Blockbild

Die Darstellung von Profilen findet auch bei dem Entwurf des Blockbildes oder Blockdiagrammes Verwendung. In den letzten Jahrzehnten ist es zunehmend in der Geographie und Geologie benutzt worden. Von den auf Abb. 152 dargestellten Arten von Blockbildern sollen im folgenden nur die Parallelprojektion (SCHUSTER, 1954) und die Parallelperspektive (G. WAGNER, 1961) Erwähnung finden, weil bei ihnen die meisten Maße unverzerrt bleiben.

1. Die Parallelprojektion

Sie eignet sich zur Herstellung vor allem von einfachen Blockbildern. Bei ihr sind in der vorderen und hinteren Fläche des Blockes alle Maße, parallel und nicht parallel zu den Kanten, unverkürzt und alle Eintragungen winkeltreu. Alle Maße auf der Ober- und Unterfläche, parallel der waagerechten Vorderkante des Blockes, und auf allen übrigen Flächen jene parallel den senkrechten Seitenkanten sind ebenfalls nicht verkürzt (Abb. 153, rechts im Bild).
Zur Herstellung eines Blockbildes nach dieser Projektion zeichnet man unter Benutzung von Millimeterpapier die Vorderseite eines Würfels in der Projektion als Aufriß d. h. als unverzerrtes Quadrat oder eines Rechteckes und seine rechte Seite wie Oberfläche mit ihren schräg aufwärts nach hinten verlaufenden Kanten (Abb. 153). Je steiler sie verlaufen, um so mehr vergrößert sich das projektive Blickfeld der Oberfläche und verkleinert sich jenes der Seitenfläche. Im vorliegenden Fall schließen sie mit den Kanten der Vorderfläche einen Winkel von 45° ein = 45°-Blockdiagramm und sind gegenüber jenen verkürzt. Bei dieser Darstellung bilden sie die Diagonalen des Millimeterpapiers, wodurch sich der Block sehr leicht konstruieren läßt. Wie schon aus dem Namen dieser Projektion hervorgeht, schneiden sie sich nicht in einem Fluchtpunkt auf dem Horizont, sondern sind untereinander parallel (Abb. 153 rechts im Bild u. 152). Infolgedessen tritt nach rückwärts auch keine Verkürzung der senkrecht zu ihnen verlaufenden Kanten ein, wie es bei der echten Perspektive der Fall ist (Abb. 153 links im Bild).

1. Die Parallelprojektion

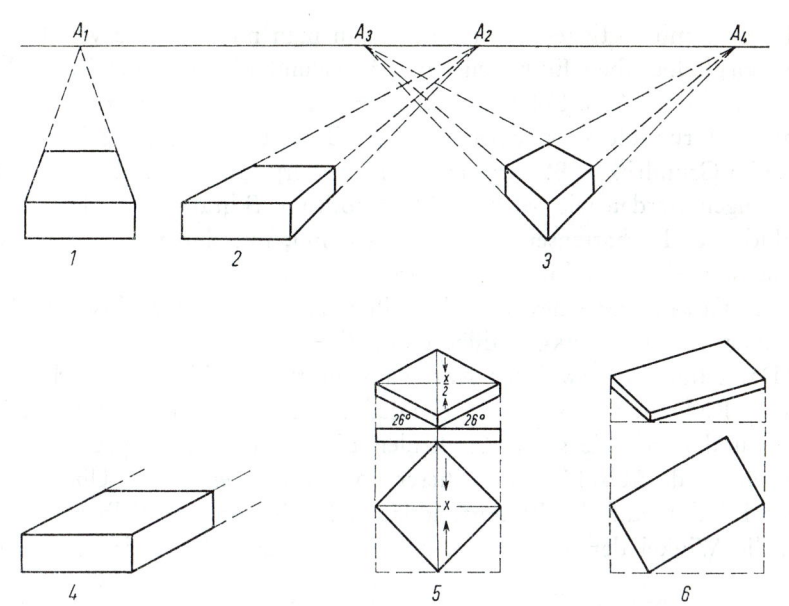

Abb. 152. Die verschiedenen Darstellungsarten von Blockbildern 1 bis 3 echte Perspektive. 4. Parallelprojektion. 5. Quadratischer Block in Grund und Aufriß und in Parallesperspektive. 6. Rechteckiger Block, um 30° verkantet, in Grundriss und Parallelperspektive (entnommen mit Genehmigung des Verlages und Autors aus Wagner, „Raumbilder zur Erd- und Landschaftsgeschichte Südwestdeutschlands" 1961).

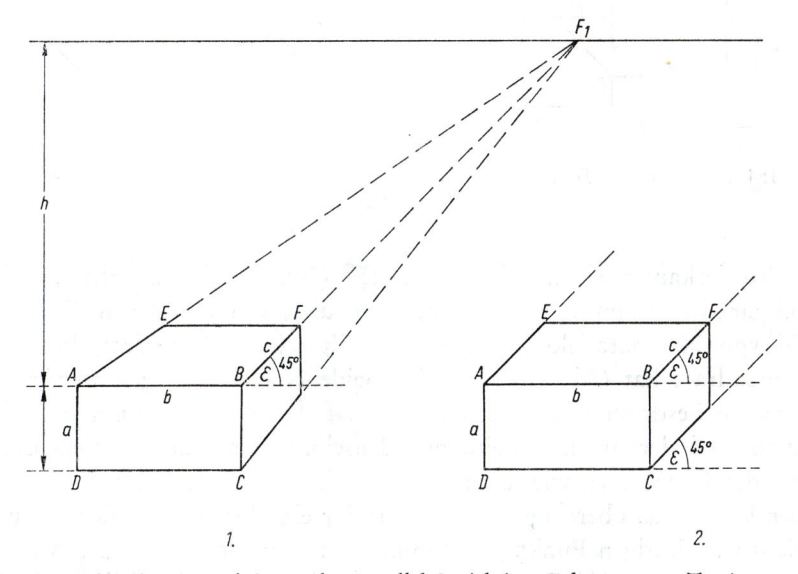

Abb. 153. Links echte Perspektive, rechts Parallel-Projektion (Erläuterung s. Text).

Auf dem somit fertiggestellten Block kann man nunmehr die verschiedensten morphologischen Einheiten einzeichnen und räumlich zur Darstellung bringen, wie es Abb. 154 zeigt. Meistens benötigt man hierzu nicht den gesamten Grundblock, sondern nur einen Teil von ihm bzw. seiner Oberfläche im Grundriß, z. B. wenn man ihr nur Berge aufsetzt (Abb. 154). Ihre Böschungen werden wie bei den Tälern noch mit Schraffen versehen, wobei die Licht- und Schattenseiten zu beachten sind. Hierdurch wird die Blockzeichnung noch raumbildhafter gestaltet.

Bei der Gewinnung eines 45°-Blockbildes aus der topographischen Karte geht man von der Blockgrundfläche aus. Ihre Größe entspricht dem jeweils zur Darstellung ausgewählten Kartenausschnitt. Er bildet am zweckmäßigsten ein Rechteck oder Quadrat, das durch eine Zentimeteraufteilung seiner Seiten und durch die sie verbindenden Linien in ein Netzquadrat umgewandelt wird (Abb. 155 a). In dieser Form erleichtert es die Übertragung seines Inhaltes auf die Blockgrundfläche. Sie ist ein Parallelogramm, bei dem die Winkel der verkürzten, nach rückwärts verlaufenden Seiten mit

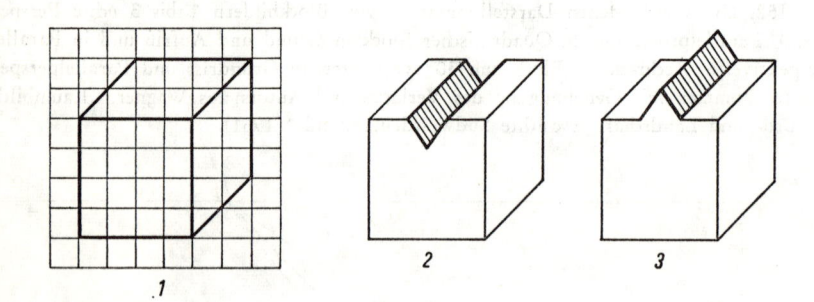

Abb. 154. Erläuterung s. Text.

den Vorderkanten einen Winkel von 45° (Abb. 155 b) einschließen (45°-Blockparallelogramm). Anschließend wird diese Grundfläche in die gleiche Zahl von Netzparallelogrammen unterteilt wie das Quadrat der Karte Netzquadrate hat (Abb. 155 a u. b). Beide Netzeinteilungen werden zur genaueren Festlegung ihrer Gitterlinien auf der einen Seite mit denselben Zahlen, auf der anderen Seite mit denselben Buchstaben versehen. Mit Hilfe der Gitterlinien wie ihren Schnittpunkten untereinander, den zusätzlichen Linien etc. überträgt man nun die für eine Darstellung der Morphologie usw. wichtigen Punkte, Höhenlinien etc. aus der Karte in das Parallelogramm, wie es Abb. 155 b zeigt. Wo Punkte entsprechend ihrer Höhen-

1. Die Parallelprojektion

Abb. 155. Entwicklung eines Blockbildes aus einem Ausschnitt aus einer topographischen Karte.

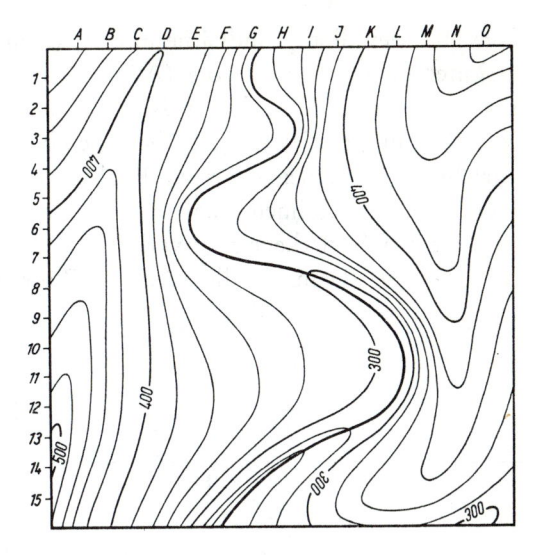

a. Einteilung des Kartenausschnittes durch ein Quadratnetz.

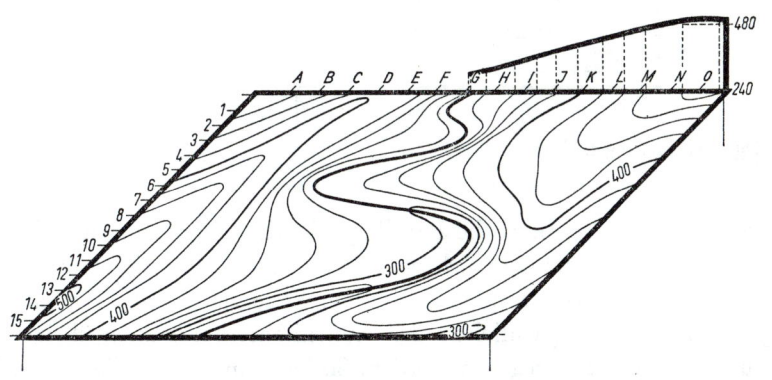

b. Übertragung des Inhaltes des Kartenausschnittes auf die Blockgrundfläche mit Errichtung von Loten zur Darstellung der dritten Dimension.

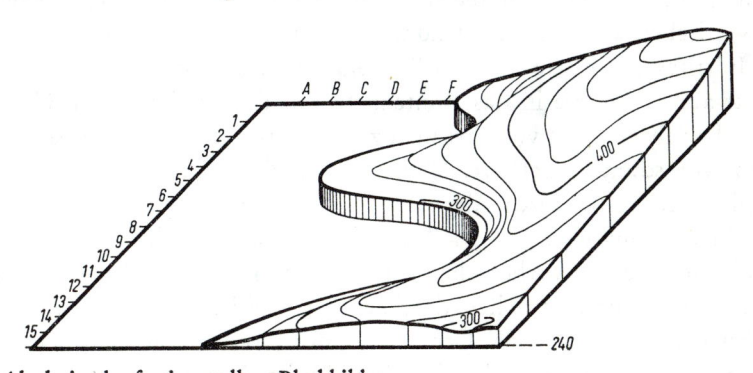

c. Ein Abschnitt des fertiggestellten Blockbildes.

lage über der Blockgrundfläche in den Raum hineingestellt werden müssen, errichtet man in ihnen Lote (Abb. 155 a u. b) und trägt auf ihnen entsprechend dem Maßstab der Karte oder einer ihm gegenüber gewählten Vergrößerung die jeweilige Höhenlage ab. Anschließend verbindet man die einzelnen, zusammengehörigen Punkte z. B. einer Höhenlinie und erhält hiermit eine dreidimensionale Darstellung der Morphologie und zugleich auf der Vorderfläche ein unverkürztes wie auf der Seitenfläche ein verkürztes Profil. Damit ist diese Art von Blockbild fertiggestellt (Abb. 155 c).

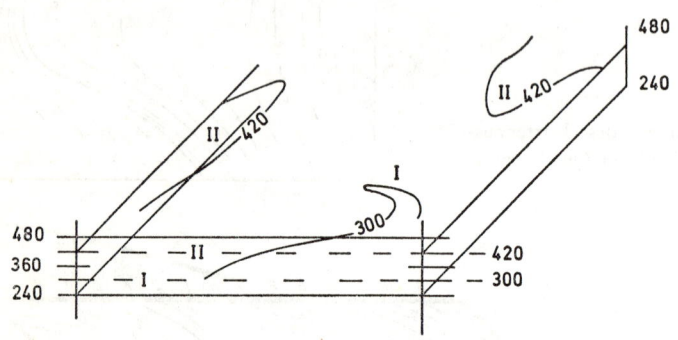

Abb. 156. Erläuterung s. Text.

Häufiger wird die isometrische Parallelprojektion für Blockbilder benutzt, weil bei ihr die Längenmaße nicht verändert werden und nicht nur alle Eintragungen auf der vorderen und hinteren Seitenfläche, sondern auch alle aufgetragenen Maße, parallel zu den Außenkanten, auf allen übrigen Flächen unverzerrt wiedergegeben werden. So kann man z. B. die isometrische 60° – Blockraute benutzen. Sie besteht als Grundfläche aus vier gleichlangen Kanten, die sich jeweils unter einem Winkel von 60° bzw. 160° schneiden. Sie wird ebenfalls wie das Quadrat der Karte unterteilt. Die Übertragung des Inhaltes der Karte auf das Rautennetz ist sehr einfach, da man jeden Punkt aus der Karte in das Rautennetz mit dem Zirkel genau übertragen kann. Darüber hinaus verfährt man zur weiteren Erstellung des Blockbildes, wie zuvor schon ausgeführt. Wichtig ist, daß man bei dieser Darstellung aus ihm die Maße durch Abgreifen parallel zu den Außenkanten wieder entnehmen kann, weshalb diese Methode bevorzugt wird.

In diesem wie im vorhergehenden Fall kann die räumliche Darstellung noch genauer und schneller durchgeführt werden, wenn man über den beiden vorderen Ecken des Grundrisses des Blockes Lote errichtet und auf diesen Kanten des entstehenden Blockbildes Vertikalmaßstäbe aufträgt, welche die Höhendifferenz zwischen tiefsten und höchsten Punkt des wiederzugebenden Kartenausschnittes umfassen (Abb. 156). Diese Zeichnung ohne den Inhalt des Geländeausschnittes fertigt man gesondert auf einem Transparentpapier an. Dann legt man sie auf den verzerrten Ausschnitt aus der topographischen Karte so auf, daß ihre tiefste Isohypse mit der gleichwertigen Linie des Vertikalmaßstabes zur Deckung kommt (I in Abb. 156) und überträgt diese Höhenlinie aus der Karte auf das Transparentpapier wie alle weiteren Punkte etc. gleicher Höhenlage. Anschließend verschiebt man über den Kartenausschnitt das Transparentpapier auf die nächsthöhere und weiterhin folgende Isohypse und verfährt in gleicher Weise wie zuvor geschildert (II in Abb. 156). Hierbei werden jene Höhenlinien oder Teile von ihnen nicht ausgezogen, die von einer höherliegenden Isohypse geschnitten werden, weil sie durch sie im Raumbild verdeckt liegen und deshalb nicht sichtbar sind. Durch Schattierung der Hänge usw. kann das Blockbild, das endgültig durch die Verbindung der Endpunkte der Isohypsen entsteht, noch räumlicher in seiner Wirkung gestaltet werden.

2. Die Parallelperspektive

Die folgenden Ausführungen beschäftigen sich ausschließlich mit der von G. WAGNER 1960 veröffentlichten Methode, da sie verhältnismäßig einfach und schnell durchführbar ist und sehr raumbildhaft wirkende Blockbilder ergibt.
Ihre Konstruktion geht vom Grundriß eines um 45° verkanteten Rechteckes oder Würfels aus (Abb. 152,5), der sich sehr leicht auf Millimeterpapier entwerfen läßt. Darüber hinaus zeichnet man ihn in Parallelperspektiven (Abb. 152,5) d. h. die Seitenkannten des zugehörigen Blockes schneiden sich nicht in einem jeweiligen Fluchtpunkt, wie es bei der echten Perspektive (Abb. 152,1—3) der Fall ist, sondern verlaufen parallel zueinander. Bei dem Entwurf des Quadrates des obigen Grundrisses in Parallelperspektive d. h. bei seiner Überführung in einen Rhombus verlängert man seine durch die vordere Kante gehende Diagonale (Abb. 152,5). Verkürzt man sie auf die Hälfte, beträgt der Winkel zwischen den nach hinten schräg verlaufenden Rhombusseiten mit einer Waagerechten, die durch die von ihnen gebildete stumpfe Ecke verläuft, 26° 34′(Abb. 152,5). Dabei verändern sich die Kantenlängen (Abb. 152,5). Jedoch die waagerechte Diagonale wird unverkürzt aus dem verkanteten Würfelgrundriß übernommen. Über

den Ecken des Rhombus errichtet man die Senkrechten. Man verbindet ihre Endpunkte und der Block ist fertiggestellt.

Auf seiner Basisfläche kann man dieselben Operationen wie in den zuvor geschilderten Fällen durchführen. So verfährt man für den Entwurf des Abbildes aus einer topographischen Karte d. h. für die Übertragung der Punkte etc. aus ihr in das Rautennetz in der gleichen Weise wie bei der Parallelprojektion (Abb. 155). Häufig ist eine Überhöhung des Blockbildes zur Wiedergabe von Einzelheiten wie besonders größerer Landschaftsräume unvermeidbar. Um letztere darzustellen ist es manchmal notwendig, zur Konstruktion dieser Blockbilder von Rechtecken auszugehen, wie es in Abb. 152,6 dargestellt ist.

Zur Anfertigung eines Blockes in isometrischer Parallelperspektive kann man ebenfalls ein Koordinatennetz benutzen, daß in diesem Fall aus gleichabständigen Senkrechten und mit ihnen unter einem Winkel von 30° sich kreuzenden Diagonalen besteht. Solche Netze kann man sich sehr leicht selbst entwerfen oder auch käuflich erwerben.

Will man geologische Gegebenheiten oder bemerkenswerte Einzelheiten hervorheben, so kann man den Block zeichnerisch in einzelne Teile zerlegen, sie voneinanderrücken oder gegeneinander abheben. Auch in einem solchen Fall ist es stets empfehlenswert, zunächst den Grundblock zu zeichnen und dann ihn in die gewünschten Teile aufzugliedern.

Da auf manchen Blockbildflächen Winkelverzerrungen auftreten, müssen die Werte des Streichens und Einfallens von Schichten in einem auf ihnen übertragenen Punkt A zuvor als Tangenswerte berechnet werden. Diese Werte werden zur Konstruktion von Dreiecken zwecks Feststellung des verzerrten Streichens und Einfallens benutzt. Das Streichen wird wie folgt ermittelt. Zu einer Seitenkante des Blockes, die als N-S-Linie bestimmt wird, legt man durch den oben genannten Punkt A eine Parallele als Ankathete. Auf ihr wird von A aus unter Berücksichtigung des durch die Blockbildfläche gegebenen Maßstabes eine Strecke abgetragen. In dem so gewonnenen Punkt B wird die Gegenkathete errichtet. Ihre Länge beträgt tg α. Man erhält den Punkt C. Er wird mit A verbunden und die Strecke AC stellt das Streichen dar. Die Fall-Linie wie den Fallwinkel bekommt man, indem durch B eine Parallele zu den senkrechten Kanten des Blockes gezogen wird. Die Länge dieser Gegenkathete eines zweiten rechtwinkligen Dreiecks entspricht dem Tangenswert des Einfallwinkels der Schicht in Punkt A. Man erhält somit den Endpunkt D dieser Strecke. Ihn verbindet man mit A. Dann ist AD die Fall-Linie und CAD der Einfallswinkel (s. auch Gwinner 1961).

2. Die Parallelperspektive

Fragen, welche aus der vorangegangenen Darstellung beantwortet werden können:

1. Wie entwirft man ein Blockbild nach der Parallelprojektion?
2. Wie führt man den Entwurf eines Blockbildes nach der Parallesperspektive durch?
3. Welche Unterschiede bestehen zwischen beiden unter 1 und 2 genannten Konstruktionen?
4. Welche Methoden kann man unter Benutzung der Isohypsen in einer topographischen Karte zur Darstellung eines Reliefs im Blockbild benutzen?

Sachregister

A
Abschiebung s. Verwerfung
Aequidistanz 20 f.
Alluvionen 183
Altgrad 141
Anaeroid 146 f.
Anvisieren 157 f., 174
Aufnahmebasis 131
Aufschiebung 79, 81 f.,
  streichend 81 f.
  diagonal 81
Auskeilen 59
Ausstrichbreite 51, 67 f.,
  72, 90
Ausstrichgrenze 40, 45, 51,
  57 f., 186 f.
Azimut
  ebenes 18
  geographisches 18, 142
  magnetisches 18

B
Beule 76
Bildmittelpunkt 130, 133
Bildnadir 130
Blattverschiebung s.
  Horizontalverschiebung
Blockbild 112, 198 f.
Böschungsmaßstab 11, 22 f.
Böschungsschraffen 5
Böschungswinkel 20 f., 66 f.
Bruchstrichsymbol 44, 50,
  184

C

D
Decke 79, 85
Deklination 17, 142
Deckschichten 50 f., 181,183
Diagonalverschiebungen 91
Diskordanz
  Erosions- 77

tektonische Winkel- 52,
  78, 85
Doline 55

E
Effusion s. Oberflächenguß
Einfallswinkel der
  Böschung 69
  tektonisch 49, 56
  wahrer 49, 64 f., 69, 105,
    114 f., 163 f.
  scheinbarer 67, 105, 111,
    117, 166

F
Fall-Linie 164 f.
Fallrichtung 164
Falten 71 f.
Faltenspiegel 76, 175
Fazies 53
Faziesgrenze 53
Feldbuch 148, 194
Feldkarte 139, 114, 194
Fenster 85, 111
Festgestein 50 f., 54
  sedimentär 50 f.
Firstpunkt 72
Flächeninhalt 4
Flexur 77

G
Ganggestein 54
Gauss-Krügersche
  Koordinaten 9, 13
Gefällsmesser 144
Gehängelehm 56
Geländenadir 130
Geographisches Azimut 18
Geographische Karten 7 f.
Geographische Koordinaten
  13
Geographisch-Nord 16 f.,
  141 f.

Geologische Karten 33 f.
Geologenkompaß s.
  Kompaß
Gitternetz 13 f., 17
Gitter-Nord 16 f., 141 f.
Gradabteilungskarte 8, 9
Graben 95, 112
Grenzlinie 57 f., 101
Grenzlinienkurve s. Ausstrichgrenze

H
Hackenschlagen 174, 181
Handgefällmesser 146, 159
Härtling 133, 152
Harnisch 176
Hauptmeridian 13 f.
Hochwert 15 f.
Höhenlinien 5, 10, 20 f.,
  58 f.
Höhenmaßstab 27
Höhenmesser
  s. Anaeroid
Höhenschichtenkarten 5
Horizontalglas 146
Horizontalverschiebung
  86 f.
Horizontalwinkel 19
Horst. 95, 112

I
Inklination 141
Intrusion 54, 56, 58, 77, 153
Isohypse 59
Isoklinalfaltung 73
Isopachenkarte 40

J

K
Karst 55, 135, 149
Karten-Nord 17 f.
Kartentypen 7
Kegelprojektion 10

Sachregister

Kennziffer
  der topograph. Karte 11, 13, 46
  des Maßstabes 2
Kern
  der Mulde 72
  des Sattels 72
Kippregel 148, 156 f.
Klinometer 145
Klippe 85
Kluft 178
Kompaß 49, 140 f., 159 f.
Korngröße 169
Kornform 169
Kornrundung 170
Kreuzlinie 19, 117 f.

L
Legende
  der topographischen Karte 6, 12
  der geologischen Karte 42 f., 49
Leitfolge
Leitschicht 171
  stratigraphisch 175
  tektonisch 82, 88
Lesesteine 137, 180, 182 f.
Load casts 175
Lockergesteine 47, 50 f.
Löß 43, 56
Luftbild 130 f., 139, 156
Lupe 146

M
Mächtigkeit der Schicht
  wahre 49, 67 f., 99, 117, 178
  scheinbare 105, 111, 176
Magmatit 43, 47, 54, 152
Magnetisch-Nord 12, 17, 141 f.
Maßstab 2, 4, 6, 11
Meridiankonvergenz 17
Meßtischaufnahme 8, 156
Meßtischblatt 2, 8
Metamorphit 43, 54, 179
Mißweisung 17, 142

Mittelmeridian 13 f.
Modul 2, 3, 4
  des Maßstabes 2
Moräne 51
Mulde,
  morphologisch 151
  tektonisch 71 f.

N
Nadelabweichung 12, 17, 142
Nadelwinkel 18
Neigungsmaßstab
  morphologisch 23 f., 28
  tektonisch 173
Neigungsmesser 144, 164
Neigungswinkel 23 f.
Neugrad 141
Normal-Null 20

O
Oberflächenerguß 55, 168

P
Parallelperspektive 203 f.
Parallelprojektion 118 f.
Patent-Bussole 18 f.
Photobasis 131, 133
Planzeiger 15
Planimeter 20
Plutonit 58, 168
Polyederprojektion 8, 10

Qu
Quelle 55, 155, 185
Querprofil 50, 104 f.

R
Randausstattung der topo. Karte 11 f.
Raster 50
Raute 203
Rechtswert 15 f.
Reduktionsmaßstab 3
Reinkarte 139, 193 f.
Reliefumkehr 76, 95, 111
Richtungswinkel 142
Rückwärtseinschneiden 158
Rundhöcker 153

S
Sattel 71 f.
Sattelachse 72, 166, 176, 192
Schichtkopf 174, 181
Schichtquelle 155
Schichtlücke 52, 55, 77, 79, 85
Schichtstufe 150
Schichtunterdrückung 89, 111
Schichtverdoppelung 89, 90
Schieferung 57, 172, 174
Schraffen 5
Schrägschichtung 57, 173 f., 175, 179
Schuppenbau 82
Schutthalden 56
Schwemmkegel 56
Signaturen 6, 51 f.
Signenkennzeichen 42 f., 47 f., 52 f.
Spalte 178
  Fliederspalte 178
Spezialfaltung 74, 111
Solifluktion 51, 174
Sprunghöhe
  seigere 84 f., 98 f.
  flache 84 f., 98 f.
Sprungstelle 14
Sprungweite 84 f., 98 f., 119
Stereobildpaar 131
Stereoskop 132 f.
Stereoskopisches Sehen 131 f.
Streichen 56
  wahres 48, 62, 65, 114 f., 163 f.
  scheinbares 104
Streichlinien 64
Streichkurven 121 f.
Striemung 166, 176
Subrosion 49, 55
Symbol 42 f., 47 f.

T
Taschenkompaß 18
Transgression 58, 111

Transporteur 18
Transversalmaßstab 3
Terrassen 154, 162, 183
Teufe 108, 116
Tiefscholle 88
Treppe, geologische 94
Tuff 52 f., 54
Tunnel 117, 154, 171

U
Überhöhung des Profiles 27 f., 107
Übersichtskarten 8 f., 34 f.
Überschiebung 48, 79, 83 f.
Überschiebungsweite 83 f.
Umlaufendes Streichen 64, 71, 176

V
Vergenz 175
Vergrößerung des Maßstabes
Verkleinerung des Maßstabes
Versetzungsbetrag
 vertikal
 lateral 91, 100
 horizontal 86, 99
Verwerfung 79, 87 f.
Verwerfungsfläche 89, 98
 synthetisch 89
 homothetisch 81, 89
 antithetisch 82, 90
Visieren 142, 145, 156 f., 163
Visiereinrichtung 142, 145

Vorwärtseinschneiden 158
Vulkanit 168 f.

W
Winkeldiskordanz
 Erosion 77
 tektonisch 78
Winkelmeßscheibe 18

X

Y

Z
Zähllinie 20
Zeugenberge 150
Zopfartige Verpflechtung der Falten 74
Zylinderprojektion 13

Literaturverzeichnis

1. ADLER, R. E.: Geländevermessungen mit einfachen Hilfsmitteln. – Breithaupt-Mitteilungen, Kassel.
2. ADLER, R., W. FENCHEL, H. J. MARTINI und A. PILGER (1960): Einige Grundlagen der Tektonik II. Die Tektonischen Trennflächen. – Clausthaler Tektonische Hefte, H. 5., 67 Abb., 1 tab., Clausthal-Zellerfeld 1960.
3. ADLER, R., W. FENCHEL und A. PILGER (1961): Statistische Methoden in der Tektonik II. Das Schmidtsche Netz und seine Anwendung im Bereich des makroskopischen Gefüges. – Clausthaler Tektonische Hefte., H. 4, 79 Abb., Clausthal-Zellerfeld 1961.
4. ADLER, R., W. FENCHEL, A. PILGER (1962): Statistische Methoden in der Tektonik I. – Clausthaler Tektonische Hefte, H. 2, Clausthal-Zellerfeld 1962.
5. Bennison, G. M. (1969): An introduction to Geological Structures and Maps. – Sec. ed. Edward Arnold, LTD, London 1969.
6. BENTZ, A. (1961): Lehrbuch der Angewandten Geologie, 1. Bd., Allgemeine Methoden. 468 Abb., 75 Tab., und 3 Taf. – Ferdinand Enke Verlag, Stuttgart 1961.
7. BLACKADAR, R. G. (1968): Guide for the preparation of Geological Maps and Reports. – Geological Surv. of Canada, Dept. of Energy, Mines and Resources. Ottawa, 1968.
8. BLYTH, F. G. H.: Geological Maps and Their Interpretation. – Edward Arnold, LTD, London.
9. Bonte, A. (1962): Introduction a la lectures des Cartes Géologiques. 3. Ed. – Masson et Cie., Paris 1962.
10. CLAR, E. (1954): Ein zweikreisiger Geologen- und Bergmannskompaß zur Messung von Flächen und Linearen. – Verhdlg. Geol. Bundesanstalt, Wien 1954.
11. Dennison, J. M. (1968): Analysis of Geologic Structures. – W. W. Nortoton & Comp., New York 1968.
12. ENGELS, BR. (1959): Die kleintektonische Arbeitsweise unter besonderer Berücksichtigung ihrer Anwendung im deutschen Paläozoikum. – Geotekt. Forsch., 13, I–II, 1–129, Stuttgart 1959.
13. FÜCHTBAUER, H. u. G. MÜLLER (1970): Sedimente und Sedimentgesteine, Teil II in Sedimentpetrologie von W. v. ENGELHARDT, H. FÜCHTBAUER, G. MÜLLER. 326 Abb. u. 66 Tab. — E. Schweizerbartsche Verlagsbuchhandlung (Nägele u. Obermiller), Stuttgart 1970.
14. GWINNER, M. (1965): Geometrische Grundlagen der Geologie. 262 Abb. u. 10 Tab. – E. Schweizerbartsche Verlagsbuchhandlung (Nägele u. Obermiller), Stuttgart 1965.
15. IMHOF, E. (1968): Gelände und Karte. 3., umgearbeitete Auflage, 20 mehrfarbige Karten- und Bildtaf. u. 338 einfarb. Abb. – Eugen Rentsch Verlag, Erlenbach-Zürich und Stuttgart 1968.
16. KÄRMER, FR. u. H. KUNZ (1970): Die Streichlinien-Schablonen in der geologischen Praxis. – Der Aufschluß, Jg. 21, H. 9. Heidelberg 1970.

17. KRONBERG, P. (1967): Photogeologie. Eine Einführung in die geologische Luftbildauswertung. – Clausthaler Tektonische Hefte, H. 6, 130 Abb. – Verlag Ellen Pilger, Clausthal-Zellerfeld 1967.
18. LAHEE, H. F. (1961): Field Geology. 6. Ed. – Mc Graw-Hill Book Comp., Inc., New York 1961.
19. LANG, H. D. (1970): Geologische und bodenkundliche Kartenwerke in der Bundesrepublik Deutschland. – Geol. Jb., 88, S. 681–686, 1 Tab., 4 Taf. Hannover 1970.
20. LOOK, E. R. u. R. VINKEN mit Beitrag v. S. BRESSAU (1971): Elektronische Datenverarbeitung bei Aufnahme und Herstellung von geologischen Karten. – Bundesanstalt f. Bodenforsch., Geol. Landesämter d. Bundesrepublik Deutschland, Hannover 1971.
21. MURAWSKI, H. (1963): Geologisches Wörterbuch, gegr. v. C. CH. BERINGER, 5. ergänzte u. erweiterte Auflage, 61 Abb., 10 Tab. – Ferdinand Enke Verlag, Stuttgart 1963.
22. PILGER, A. u. R. ADLER (1958): Einige Grundlagen der Tektonik I. – Clausthaler Tektonische Hefte, H. 1, 30 Abb., Clausthal-Zellerfeld 1958.
23. PFLUG, R. (1966): Kartenunterlagen aus Luftbildern. — N. Jb. Geol. Paläont., Mh., 5, S. 255–259, Stuttgart 1966.
24. PLATT, I. J. (1966): Selected Exercises upon Geological Maps. – 2. Impr., Thomas Murby & Co., London 1966.
25. RICHTER, D. u. H.-D. SPANGENBERG (1967): Vorschläge zu einer international-einheitlichen Darstellung tektonischer Zeichen. – N. Jb. Geol. Paläont., Abhh., 129, 3, S. 257–271, Stuttgart 1967.
26. SCHÖNDORF, FR. (1938): Praktische Auswertung geologischer Karten. 3. Auflage, 66 Abb. – Verlag Gebr. Borntraeger, Berlin 1959.
27. SCHUSTER, M. (1954): Das Geographische und Geologische Blockbild. – Eine Einführung in dessen Erzeichnung. 257 Abb. – Akademie-Verlag, Berlin 1954.
28. STUTZER, O. (1924): Geologisches Kartieren und Prospektieren. 2. umgearbeitete und erweiterte Auflage – Verlag Gebrüder Borntraeger, Berlin 1924.
29. WAGENBRETH, O. (1958): Geologisches Kartenlesen und Profilzeichnen. 189 Bilder u. 3 Farbtaf. – B. G. Teubner Verlagsgesellschaft, Leipzig 1958.
30. WAGNER, G. u. A. KOCH (1961): Raumbilder zur Erd- und Landschaftsgeschichte Südwestdeutschlands. – Das Bild in Forschung und Lehre. Veröffentlichungen der Landesbildstellen Baden und Württemberg. Bd. III. – Verlag Repro-Druck GmbH, Schmiden bei Stuttgart 1961.
31. WALTHER W. H., u. P. HOPPE: „Die kartographischen Aufgaben und Arbeiten der Geologischen Landesämter und der Bundesanstalt für Bodenforschung" in „Deutsche Kartographie der Gegenwart in der Bundesrepublik Deutschland...
32. WILHELMY, H. (1966): Kartographie in Stichworten (Hirts Stichwortbücher). – Verlag Ferdinand Hirt, Kiel 1966.

Anhang

Farbtafeln Abb. 114—120

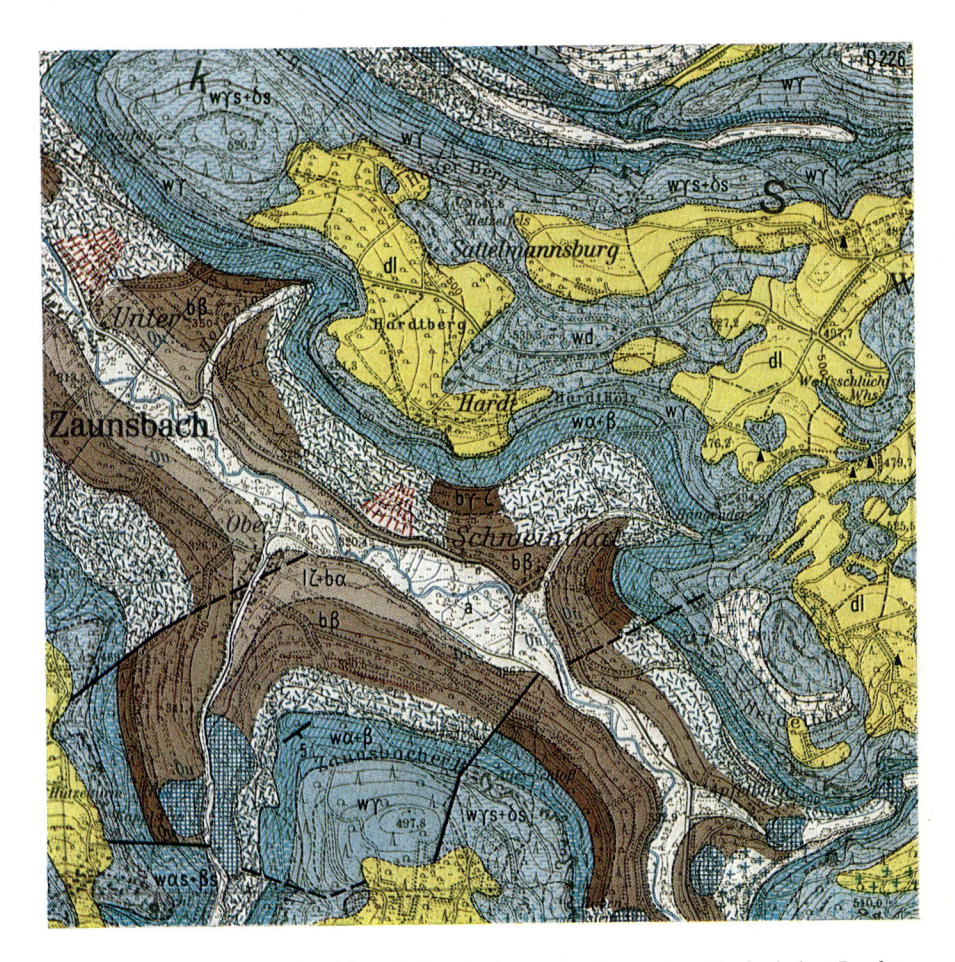

Abb. 114 Ausschnitt, veröffentlicht mit Genehmigung des Bayerischen Geologischen Landesamtes, aus: Geologische Karte von Bayern 1:25000, Blatt 6233 *Ebermannstadt*. Geologische Aufnahme Klaus W. Müller 1954—1956. Herausgegeben vom Bayerischen Geologischen Landesamt, München 1959.

a Talboden, Hangschutt aus Malmkalken, Dolomitblockfelder, Kalktuff, dl pleistozäner Lehm, wd Frankendolomit, wγs + δs Malm-Gamma- u. Delta-Schwammfazies, wδ Malm-Delta-Kalke, wγ Malm-Gamma-Mergelkalke, wαs + wβs Malm-Alpha- u. -Beta-Schwammfazies, wα + β Malm-Alpha- u. -Beta-Mergelkalke u. Kalke, bγ−ζ Dogger-Gamma- bis Zeta-Kalke und Tone, bβ Doggersandstein, lζ + bα Lias-Zeta- und Dogger-Alpha-Tone.

Ausschnitt aus der Topographischen Karte 1:25000 Balingen (7719) des Landes Baden-Württemberg (gedruckt mit Genehmigung des Landesvermessungsamtes Baden-Württemberg, Stuttgart).

Abb. 115. Ausschnitt, veröffentlicht mit Genehmigung des Niedersächsischen Landesamtes f. Bodenforschung, aus: Geologische Karte von Preußen und benachbarten deutschen Ländern 1:25000, Blatt *Sibbesse*. Geologisch bearbeitet durch A. v. Koenen 1905—1913 und F. Schucht 1913. Nachträge für die 2. Auflage von O. Grupe. Herausgegeben von der Preußischen Geologischen Landesanstalt Berlin, 1929.

a Holozän, d1 Lösslehm, dm Geschiebemergel, dg2 pleistozäne Schotter, kro2β Oberkreide-Plänerkalke, kro2α Oberkreide-Plänermergel u. Kalke, kro1β Oberkreide-Cenomankalke, kro1α Oberkreide-Cenomanmergel m. Kalken, kru2γ2 Unterkreide Flammenmergel, kru2γ1 Unterkreide Minimuston, kru2β Unterkreide-Hilssandstein, kru1n Unterkreide-Neokomton, jbu Untere Braune Juratone, jlo Bituminöse Schiefer, Kalke u. Tone des Oberen Lias.

Ausschnitt aus der Topographischen Karte 1:25000 Sibbesse (3925) des Landes Niedersachsen (gedruckt mit Genehmigung des Niedersächsischen Landesverwaltungsamtes-Landesvermessung, Hannover).

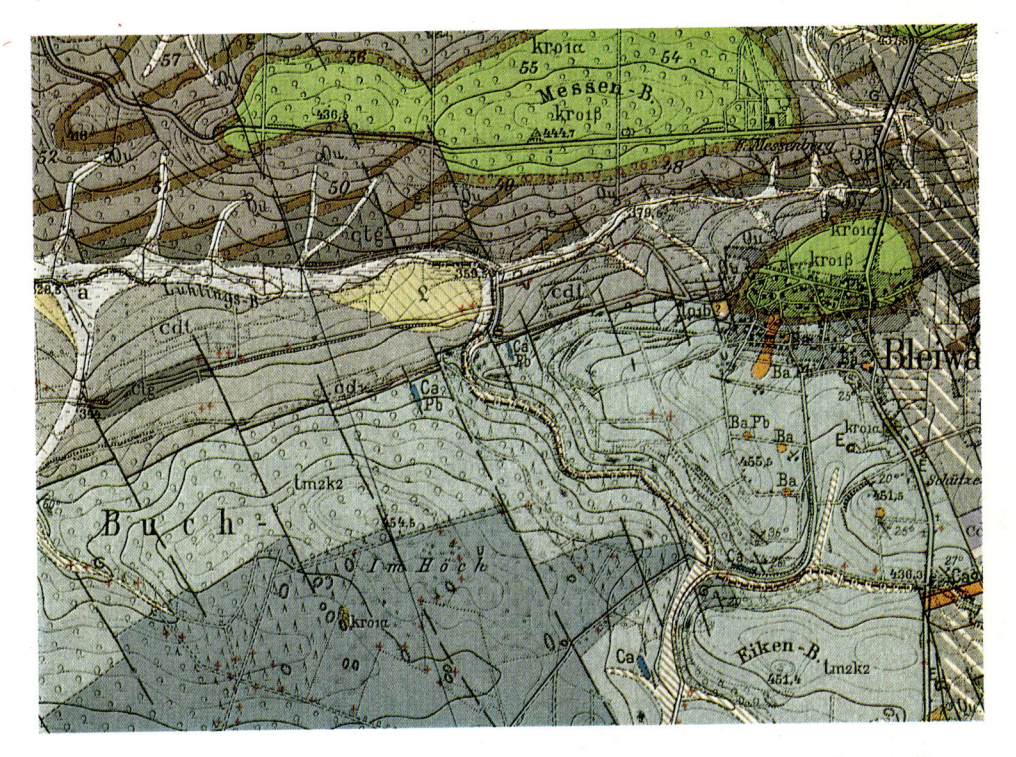

Abb. 116. Ausschnitt, veröffentlicht mit Genehmigung des Niedersächsischen Landesamtes f. Bodenforschung, aus: Geologische Karte von Preußen und benachbarten deutschen Ländern 1:25000, Blatt 2586 *Madfeld*. Geologisch bearbeitet durch W. Paeckelmann und F. Kühne, abgeschlossen 1928. Herausgegeben von der Preußischen Geologischen Landesanstalt Berlin, 1936.

\\\ Abschlämmassen der Trockentäler, a Talböden der Gewässer, L Lehm mit Gesteinschutt, kro1β Oberkreidekalke, kro1α Oberkreidemergel, cn1 Oberkarbonische Grauwacken, ctg Oberkarbonischer Grauwackenschiefer, cdt Kulmtonschiefer, cdx Kulmkieselkalk, tm2k2 Obermitteldevonischer hellgrauer Massenkalk, tm2k1 obermittel devonischer dunkler Massenkalk, B Barium-, Pb Blei-Vorkommen.

Ausschnitt aus der Topographischen Karte 1:25000 Madfeld (2586) des Landes Nordrhein-Westfalen (gedruckt mit Genehmigung des Landesvermessungsamtes Nordrhein-Westfalen, Bad Godesberg).

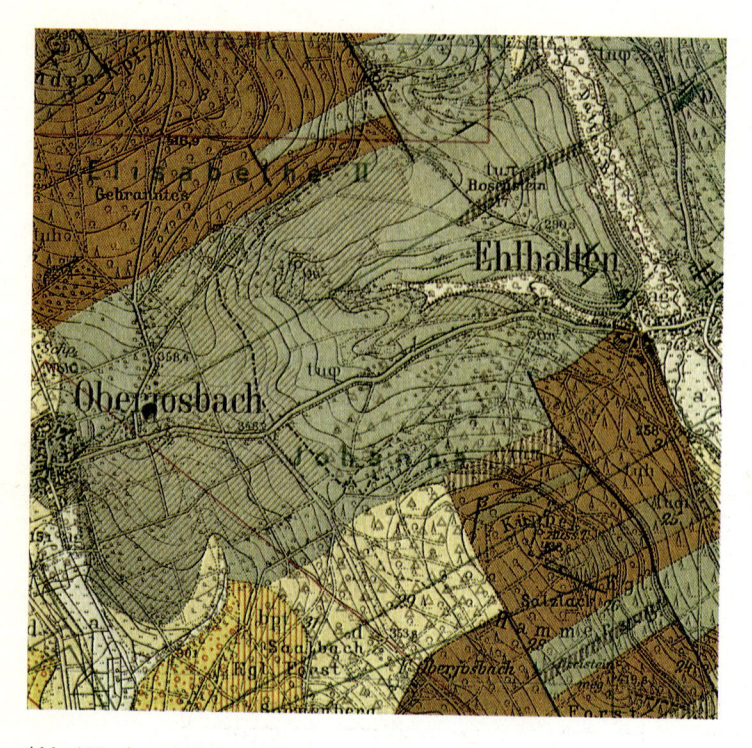

Abb. 117. Ausschnitt, veröffentlicht mit Genehmigung des Hessischen Landesamtes f. Bodenforschung, aus: Geologische Karte von Preußen und benachbarten Bundesstaaten 1:25000, Blatt *Königstein* a. Taunus. Geologisch bearbeitet von A. Leppla 1910—1920. Herausgegeben von der Preußischen Geologischen Landesanstalt Berlin, 1922.

a Talboden, △△ Gehängeschutt, ag Pleistozäner Kies und Schotter, bp + bpt Pliozäner Sand, Kies und Ton, D Diabas, tuq1 Unterdevonischer unterer Taunusquarzit, tuh Unterdevonischer Hermeskeilsandstein, tuφ Unterdevonische Bunte Schiefer des Gedinne, tuπ Grüne Quarzite und Sandsteine in den Bunten Schiefern.

Ausschnitt aus der Topographischen Karte 1:25000 Königstein (5816) des Landes Hessen (gedruckt mit Genehmigung des Hessischen Landesvermessungsamtes, Wiesbaden).

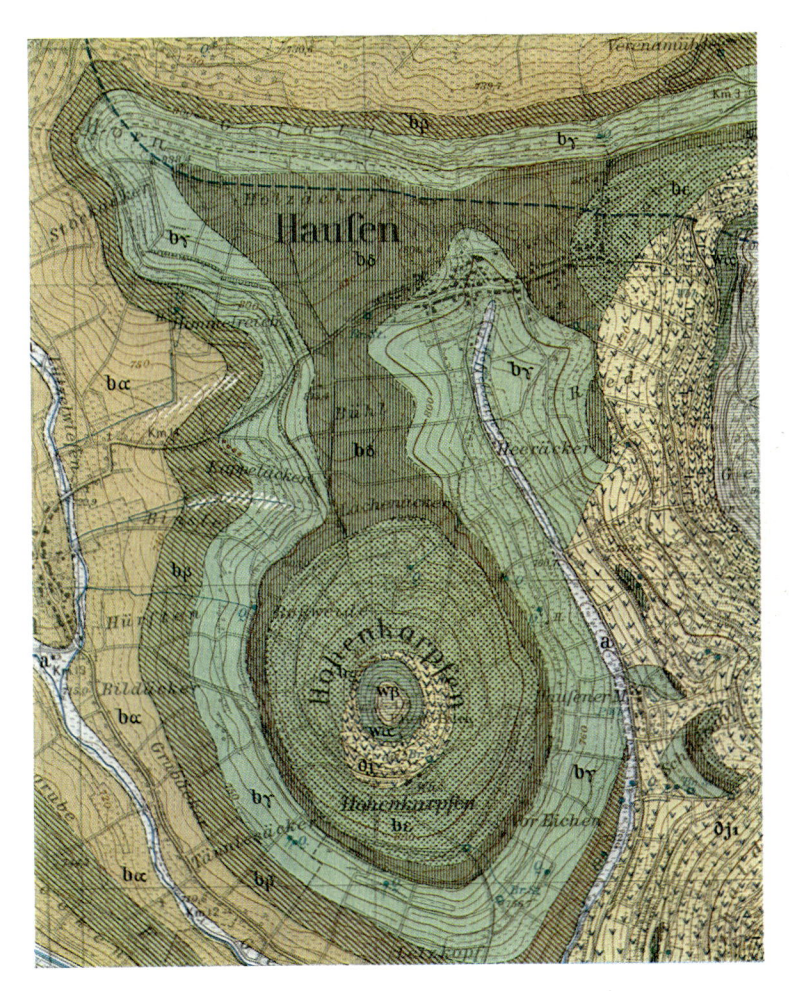

Abb. 118. Ausschnitt, veröffentlicht mit Genehmigung des Geologischen Landesamtes für Baden-Württemberg, aus: Geologische Karte von Baden-Württemberg 1:25000, Blatt 7918 Spaichingen. Geologische Aufnahme von Karl C. Berz unter Mitarbeit von Arthur Roll, abgeschlossen im Sommer 1934. Herausgegeben vom Geologischen Landesamt in Baden-Württemberg 1971.

a Talboden, δj + δj1 Pleistozäner Juragesteinschutt, wβ Weissjura-Beta-Kalke, wα Weissjura-Alpha-Tonmergel, bζ Braunjura-Zeta-Tonmergel, bε Braunjura-Epsilon-Tonmergel, bδ Braunjura-Delta-Mergelkalke, bγ Braunjura-Gamma-Tone mit Kalken u. Kalksandsteinen, bβ Braunjura-Beta-Tone mit Kalken, bα Braunjura-Alpha-Tone.

Ausschnitt aus der Topographischen Karte 1:25000 Spaichingen (7918) des Landes Baden-Württemberg (gedruckt mit Genehmigung des Landesvermessungsamtes Baden-Württemberg Stuttgart).

Abb. 119. Ausschnitt, veröffentlicht mit Genehmigung des Geologischen Landesamtes für Baden-Württemberg, aus: Geologische Karte von Preußen und benachbarten Ländern 1:25000, Bl. Thanheim (Balingen). Geologisch bearbeitet durch Th. Schmierer 1913–1915. Herausgegeben von der Preußischen Geologischen Landesanstalt, Berlin.

dj Alluvium (Decken von Juraschutt), wβ Kalke des Weissjura-Beta, wα Mergel mit Kalksteinbänken des Weissjura-Alpha, bζ Tone des Braunjura-Zeta, bε Tone des Braunjura-Epsilon, bδ Mergelkalke u. Tone des Braunjura-Delta, bγ Mergelige Tone mit Kalksandstein lagen des Braunjura-Gamma, bβ glimmerige Tone mit Kalksandsteinlagen des Braunjura-Beta, bα Tone, zuweilen sandig und mit glimmerigen Sandsteinen, des Braunjura-Alpha.

Ausschnitt aus der Topographischen Karte 1:25000 Balingen (7719) des Landes Baden-Württemberg (gedruckt mit Genehmigung des Landesvermessungsamtes Baden-Württemberg, Stuttgart).

Abb. 120. Ausschnitt, veröffentlicht mit Genehmigung des Geologischen Landesamtes f. Baden-Württemberg, aus: Geologische Spezialkarte von Württemberg 1:25000, Blatt 118 *Sulz*. Geologische Aufnahme von Axel Schmidt, abgeschlossen 1911. Herausgegeben vom Württ. Statistischen Landesamt, 1909, Einzelne Nachträge 1931.

    a Talboden, mo2 Nodosenkalke des Oberen Muschelkalkes, mo1 Trochitenkalk des Oberen Muschelkalkes, mm Dolomitische Mergel und Zellendolomit des Mittleren Muschelkalkes, mu3 Welliger Kalk (Oberes Wellengebirge) des Unteren Muschelkalkes, mu2 Dolomitische Mergelschiefer mit Dolomitlagen (Mittleres Wellengebirge) des Unteren Muschelkalkes, mu1 Dolomitische Mergelschiefer mit Dolomitplatten (Unteres Wellengebirge) des Unteren Muschelkalkes, sor Rötton (Oberer Buntsandstein), so Plattensandstein des Oberen Buntsandstein, smc2 Konglomeratführender Sandstein (Hauptkonglomerat) des Mittleren Buntsandstein.

Ausschnitt aus der Topographischen Karte 1:25000 Sulz (7617) des Landes Baden-Württemberg (gedruckt mit Genehmigung des Landesvermessungsamtes, Baden-Württemberg, Stuttgart).